The Safety Technology and Management of Hazardous Chemicals

危险化学品安全技术与管理

王小辉 主编 赵淑楠 副主编

化学工业出版社
·北京·

本书共分八章，主要介绍了危险化学品基础知识、危险化学品生产与使用安全技术、危险化学品包装与运输安全、危险化学品储存安全、危险化学品重大危险源管理、职业危害与防护、典型危险化学品事故案例分析等内容。

本书可供安全技术与管理、安全健康与环保、消防安全、职业卫生与健康等行业的技术人员、管理人员阅读，同时也可作为高职高专学校化学化工、环境及相关专业的教学用书和参考书。

图书在版编目（CIP）数据

危险化学品安全技术与管理/王小辉主编．—北京：化学工业出版社，2016.8（2023.2重印）
ISBN 978-7-122-27952-1

Ⅰ.①危…　Ⅱ.①王…　Ⅲ.①化工产品-危险物品管理-安全管理　Ⅳ.①TQ086.5

中国版本图书馆CIP数据核字（2016）第204187号

责任编辑：刘兴春　卢萌萌　　　装帧设计：张　辉
责任校对：王素芹

出版发行：化学工业出版社（北京市东城区青年湖南街13号　邮政编码100011）
印　　装：天津盛通数码科技有限公司
787mm×1092mm　1/16　印张$14\frac{1}{2}$　字数330千字　　2023年2月北京第1版第9次印刷

购书咨询：010-64518888　　　售后服务：010-64518899
网　　址：http://www.cip.com.cn
凡购买本书，如有缺损质量问题，本社销售中心负责调换。

定　　价：48.00元　　

前言

我国于2014年12月1日修订实施了《中华人民共和国安全生产法》；2011年12月1日修订实施了《危险化学品安全管理条例》；2010年5月1日实施了《化学品分类和危险性公示　通则》；2015年5月1日修订实施了《建筑设计防火规范》；2012年实施了《危险货物分类和品名编号》；2013年修订实施了《毒害性商品储存养护技术条件》、《易燃易爆商品储存养护技术条件》、《腐蚀性商品储存养护技术条件》等，在以上国内最新的法规标准的基础上，结合高职教育人才培养模式，“以能力培养”为导向，组织编写了《危险化学品安全技术与管理》。

本书共八章，第一章为绪论，主要介绍了危险化学品安全管理的现状及开展安全教育的重要性等；第二章至第八章，采用模块化的编写方式，内容包括：危险化学品基础知识、危险化学品生产与使用安全技术、危险化学品包装与运输安全、危险化学品储存安全、危险化学品重大危险源管理、职业危害与防护、典型危险化学品事故案例分析。内容选取上注重理论与实践相结合、安全技术与安全管理相结合，侧重于培养学生的核心能力。

本书系统性、针对性强，可作为高职高专的安全技术与管理、安全健康与环保、消防安全、职业卫生与健康等专业的专业课程教材，同时也可作为化工、环保企业的工程技术人员、科研人员和安全管理人员的培训用书。

本书编写具体分工如下：王小辉负责编写第二章至第七章，赵淑楠负责编写第一章、第八章。另外，邓金华、李豪、李慧、杨硕等参加了本书的部分编写工作，在此表示感谢。全书最后由王小辉统稿、定稿。

限于编者水平和编写时间，在书中难免会出现一些疏漏与不当之处，敬请广大读者批评指正。

编者

2016年5月

CONTENTS
目录

绪论

Chapter 01

近年来，危险化学品安全管理中出现了一些新情况新问题，一是2003年、2008年国务院进行了两次机构改革，有关部门在危险化学品安全管理方面的职责分工发生了变化；二是危险化学品安全管理中暴露出一些薄弱环节，如使用危险化学品从事生产的企业发生事故较多，可用于制造爆炸物品的危险化学品公共安全问题较为突出等；三是执法实践中反映出现行条例的一些制度不够完善，如对有的违法行为的处罚机关规定不够明确，对有的违法行为的处罚与行为的性质和危害程度不完全适应等。为了适应这些新情况新问题，更加有效地加强对危险化学品的安全管理，2011年12月1日颁布实施了新修订的《危险化学品安全管理条例》，2014年12月1日颁布实施了新修订的《中华人民共和国安全生产法》。

第一节 《危险化学品安全管理条例》剖析

《危险化学品安全管理条例》（以下简称《条例》）突出四项备案制度（企业责任）、六项名单公告制度（政府责任）、七项其他法律规章（企业责任、政府责任）、十五项审查、审批制度（企业责任、政府责任）。

1. 四项备案制度（企业责任）

备案制度是指依照法定程序报送有关机关备案，对符合法定条件的，有关机关应当予以登记的法律性要求。为了保障《条例》在实施过程中能合法有效的对危险化学品进行安全管理，预防和减少危险化学品事故，针对危险化学品安全管理的实际情况，结合危险化学品生产、储存、经营、运输过程中所存在的危险特性和风险程度，《条例》共确立了四项备案制度。

（1）安全评价报告以及整改方案的落实情况备案（县级安全监管部门或港口行政部门）

《条例》第二十二条规定：生产、储存危险化学品的企业，应当将安全评价报告以及整改方案的落实情况报所在地县级人民政府安全生产监督管理部门备案。在港区内储存危险化学品的企业，应当将安全评价报告以及整改方案的落实情况报港口行政管理部门备案。

（2）储存剧毒化学品以及储存数量构成重大危险源的其他危险化学品的备案（县级安全监管部门或港口行政部门、公安机关）

《条例》第二十五条规定：对剧毒化学品以及储存数量构成重大危险源的其他危险化

学品，储存单位应当将其储存数量、储存地点以及管理人员的情况，报所在地县级人民政府安全生产监督管理部门（在港区内储存的，报港口行政管理部门）和公安机关备案。

（3）剧毒化学品、易制爆危险化学品销售情况备案（县级公安机关）

《条例》第四十一条规定：剧毒化学品、易制爆危险化学品的销售企业、购买单位应当在销售、购买后5日内，将所销售、购买的剧毒化学品、易制爆危险化学品的品种、数量以及流向信息报所在地县级人民政府公安机关备案，并输入计算机系统。

（4）危险化学品事故应急预案（市级安全监管部门）

《条例》第七十条规定：危险化学品单位应当将其危险化学品事故应急预案报所在地设区的市级人民政府安全生产监督管理部门备案。

2. 六项名单公告制度（政府责任）

为了贯彻国家相关政策，进一步突出重点、强化监管，需要对监管对象确定范围，以便落实责任，更好的实施危险化学品的安全监管工作。在《条例》中共提出了6项名单公告制度，其中有1项属于引用。

（1）危险化学品目录（国务院安全生产监督管理部门会同国务院工业和信息化、公安、环境保护、卫生、质量监督检验检疫、交通运输、铁路、民用航空、农业主管部门确定）

《条例》第三条规定：危险化学品目录，由国务院安全生产监督管理部门会同国务院工业和信息化、公安、环境保护、卫生、质量监督检验检疫、交通运输、铁路、民用航空、农业主管部门，根据化学品危险特性的鉴别和分类标准确定、公布，并适时调整。

（2）实施重点环境管理的危险化学品（环境保护主管部门确定）

《条例》第六条（四）规定：环境保护主管部门负责废弃危险化学品处置的监督管理，组织危险化学品的环境危害性鉴定和环境风险程度评估，确定实施重点环境管理的危险化学品，负责危险化学品环境管理登记和新化学物质环境管理登记；依照职责分工调查相关危险化学品环境污染事故和生态破坏事件，负责危险化学品事故现场的应急环境监测。

（3）易制爆危险化学品（国务院公安部门规定）

《条例》第二十三条规定：生产、储存剧毒化学品或者国务院公安部门规定的可用于制造爆炸物品的危险化学品（以下简称易制爆危险化学品）的单位，应当如实记录其生产、储存的剧毒化学品、易制爆危险化学品的数量、流向，并采取必要的安全防范措施，防止剧毒化学品、易制爆危险化学品丢失或者被盗；发现剧毒化学品、易制爆危险化学品丢失或者被盗的，应当立即向当地公安机关报告。

（4）危险化学品使用量的数量标准（国务院安全生产监督管理部门会同国务院公安部门、农业主管部门确定）

《条例》第二十九条规定：使用危险化学品从事生产并且使用量达到规定数量的化工企业（属于危险化学品生产企业的除外，下同），应当依照本《条例》的规定取得危险化学品安全使用许可证。

前款规定的危险化学品使用量的数量标准，由国务院安全生产监督管理部门会同国务院公安部门、农业主管部门确定并公布。

（5）禁止通过内河运输的剧毒化学品以及其他危险化学品（国务院交通运输主管部门会同国务院环境保护主管部门、工业和信息化主管部门、安全生产监督管理部门规定）

《条例》第五十四条规定：禁止通过内河运输的剧毒化学品以及其他危险化学品的范围，由国务院交通运输主管部门会同国务院环境保护主管部门、工业和信息化主管部门、安全生产监督管理部门，根据危险化学品的危险特性、危险化学品对人体和水环境的危害程度以及消除危害后果的难易程度等因素规定并公布。

（6）列入国家实行生产许可证制度的工业产品目录的危险化学品（国务院工业产品生产许可证主管部门会同国务院有关部门制定）

《条例》第十四条规定：生产列入国家实行生产许可证制度的工业产品目录的危险化学品的企业，应当依照《中华人民共和国工业产品生产许可证管理条例》的规定，取得工业产品生产许可证。

3. 七项其他法律规章（企业责任、政府责任）

为了更好地与相关法律法规适应，同时也避免法规条文的臃肿，在《条例》中共涉及七项已经发布的法律法规，相对于国务院令第344号来说全部为新增内容。更体现了法规制定的关联性，完整性。

（1）《中华人民共和国港口法》（中华人民共和国主席令第5号），自2004年1月1日起施行。

《条例》第三十三条规定：依照《中华人民共和国港口法》的规定取得港口经营许可证的港口经营人，在港区内从事危险化学品仓储经营，不需要取得危险化学品经营许可。

《条例》第九十二条规定：未向港口行政管理部门报告并经其同意，在港口内进行危险化学品的装卸、过驳作业的，依照《中华人民共和国港口法》的规定进行处罚。

（2）《中华人民共和国邮政法》（中华人民共和国主席令第12号），自2009年10月1日起施行。

《条例》第八十七条规定：邮政企业、快递企业收寄危险化学品的，依照《中华人民共和国邮政法》的规定处罚。

（3）《中华人民共和国工业产品生产许可证管理条例》（中华人民共和国国务院令第440号），自2005年9月1日起施行。

《条例》第十四条规定：生产列入国家实行生产许可证制度的工业产品目录的危险化学品的企业，应当依照《中华人民共和国工业产品生产许可证管理条例》的规定，取得工业产品生产许可证。

《条例》第十八条规定：生产列入国家实行生产许可证制度的工业产品目录的危险化学品包装物、容器的企业，应当依照《中华人民共和国工业产品生产许可证管理条例》的规定，取得工业产品生产许可证；其生产的危险化学品包装物、容器经国务院质量监督检验检疫部门认定的检验机构检验合格，方可出厂销售。

（4）《安全生产许可证条例》（中华人民共和国国务院令第397号），自2004年1月13日起正式施行。

《条例》第十四条规定：危险化学品生产企业进行生产前，应当依照《安全生产许可证条例》的规定，取得危险化学品安全生产许可证。

（5）《中华人民共和国内河交通安全管理条例》（国务院令第355号），自2002年8月1日起施行。

《条例》第九十二条规定：有下列情形之一的，依照《中华人民共和国内河交通安全管理条例》的规定处罚：①通过内河运输危险化学品的水路运输企业未制订运输船舶危险化学品事故应急救援预案，或者未为运输船舶配备充足、有效的应急救援器材和设备的；②通过内河运输危险化学品的船舶的所有人或者经营人未取得船舶污染损害责任保险证书或者财务担保证明的；③船舶载运危险化学品进出内河港口，未将有关事项事先报告海事管理机构并经其同意的；④载运危险化学品的船舶在内河航行、装卸或者停泊，未悬挂专用的警示标志，或者未按照规定显示专用信号，或者未按照规定申请引航的。

（6）《企业事业单位内部治安保卫条例》（中华人民共和国国务院令第421号），自2004年12月1日起施行。

《条例》第七十八条规定：生产、储存剧毒化学品、易制爆危险化学品的单位未设置治安保卫机构、配备专职治安保卫人员的，依照《企业事业单位内部治安保卫条例》的规定处罚。

（7）《生产安全事故报告和调查处理条例》（中华人民共和国国务院令第493号），自2007年6月1日起施行。

《条例》第九十四条规定：危险化学品单位发生危险化学品事故，其主要负责人不立即组织救援或者不立即向有关部门报告的，依照《生产安全事故报告和调查处理条例》的规定处罚。

4. 十五项审查、审批制度（企业责任、政府责任）

（1）危险化学品生产企业的安全生产许可制度

《条例》第十四条规定：危险化学品生产企业进行生产前，应当依照《安全生产许可证条例》的规定，取得危险化学品安全生产许可证。

目前已经发布的相关法规有：《危险化学品生产企业安全生产许可证实施办法》（原国家安全监管局令第10号），根据《条例》规定需要修订。

（2）危险化学品安全使用许可制度

《条例》第二十九条规定：使用危险化学品从事生产并且使用量达到规定数量的化工企业（属于危险化学品生产企业的除外，下同），应当依照本条例的规定取得危险化学品安全使用许可证。

目前没有发布与此相关的法规，根据《条例》规定需要制定。

（3）危险化学品经营许可制度

《条例》第三十三条规定：国家对危险化学品经营（包括仓储经营，下同）实行许可制度。未经许可，任何单位和个人不得经营危险化学品。

目前已经发布的相关法规有：《危险化学品经营许可证管理办法》（中华人民共和国国家经济贸易委员会令第36号），根据《条例》规定需要修订。

（4）危险化学品禁止与限制制度

《条例》第五条规定：任何单位和个人不得生产、经营、使用国家禁止生产、经营、使用的危险化学品。

国家对危险化学品的使用有限制性规定的，任何单位和个人不得违反限制性规定使用危险化学品。

《条例》第四十条规定：禁止向个人销售剧毒化学品（属于剧毒化学品的农药除外）和易制爆危险化学品。

《条例》第四十九条规定：未经公安机关批准，运输危险化学品的车辆不得进入危险化学品运输车辆限制通行的区域。危险化学品运输车辆限制通行的区域由县级人民政府公安机关划定，并设置明显的标志。

《条例》第五十四条规定：禁止通过内河封闭水域运输剧毒化学品以及国家规定禁止通过内河运输的其他危险化学品。

前款规定以外的内河水域，禁止运输国家规定禁止通过内河运输的剧毒化学品以及其他危险化学品。

《条例》第五十八条规定：通过内河运输危险化学品，危险化学品包装物的材质、型式、强度以及包装方法应当符合水路运输危险化学品包装规范的要求。国务院交通运输主管部门对单船运输的危险化学品数量有限制性规定的，承运人应当按照规定安排运输数量。

目前没有发布与此相关的法规，根据《条例》规定需要制定。

（5）建设项目安全条件审查与论证制度

《条例》第十二条规定：新建、改建、扩建生产、储存危险化学品的建设项目（以下简称建设项目），应当由安全生产监督管理部门进行安全条件审查。

建设单位应当对建设项目进行安全条件论证，委托具备国家规定的资质条件的机构对建设项目进行安全评价，并将安全条件论证和安全评价的情况报告报建设项目所在地设区的市级以上人民政府安全生产监督管理部门；安全生产监督管理部门应当自收到报告之日起 45 日内做出审查决定，并书面通知建设单位。具体办法由国务院安全生产监督管理部门制定。

新建、改建、扩建储存、装卸危险化学品的港口建设项目，由港口行政管理部门按照国务院交通运输主管部门的规定进行安全条件审查。

目前已经发布的相关法规有：《危险化学品建设项目安全许可实施办法》（国家安全生产监督管理总局令第 8 号），根据《条例》规定需要修订。

（6）作业场所和安全设施、设备安全警示制度

《条例》第二十条规定：生产、储存危险化学品的单位，应当在其作业场所和安全设施、设备上设置明显的安全警示标志。

目前已经发布的相关法规有：《作业场所职业健康监督管理暂行规定》（国家安全生产监督管理总局第 23 令），即将发布的有《化学品作业场所安全警示标志编制规范》。

（7）人员培训考核与持证上岗制度

《条例》第四条规定：危险化学品单位应当具备法律、行政法规规定和国家标准、行业标准要求的安全条件，建立、健全安全管理规章制度和岗位安全责任制度，对从业人员进行安全教育、法制教育和岗位技术培训。从业人员应当接受教育和培训，考核合格后上岗作业；对有资格要求的岗位，应当配备依法取得相应资格的人员。

目前已经发布的相关法规有：《生产经营单位安全培训规定》（国家安全生产监督管理总局令第 3 号）、《特种作业人员安全技术培训考核管理规定》（国家安全生产监督管理总

局令第 30 号）等。根据《条例》规定需要对《生产经营单位安全培训规定》进行修订。

（8）剧毒化学品、易制爆危险化学品准购、准运制度

《条例》第三十八条规定：依法取得危险化学品安全生产许可证、危险化学品安全使用许可证、危险化学品经营许可证的企业，凭相应的许可证件购买剧毒化学品、易制爆危险化学品。民用爆炸物品生产企业凭民用爆炸物品生产许可证购买易制爆危险化学品。

前款规定以外的单位购买剧毒化学品的，应当向所在地县级人民政府公安机关申请取得剧毒化学品购买许可证；购买易制爆危险化学品的，应当持本单位出具的合法用途说明。

《条例》第三十九条规定：剧毒化学品购买许可证管理办法由国务院公安部门制定。

《条例》第五十条规定：通过道路运输剧毒化学品的，托运人应当向运输始发地或者目的地县级人民政府公安机关申请剧毒化学品道路运输通行证。

剧毒化学品道路运输通行证管理办法由国务院公安部门制定。

目前已经发布的相关法规有：《剧毒化学品购买和公路运输许可证件管理办法》（公安部 77 号令）。

（9）从事危险化学品运输企业的资质认定制度

《条例》第四十三条规定：从事危险化学品道路运输、水路运输的，应当分别依照有关道路运输、水路运输的法律、行政法规的规定，取得危险货物道路运输许可、危险货物水路运输许可，并向工商行政管理部门办理登记手续。

目前已经发布的相关法规有：《中华人民共和国道路运输条例》（国务院令第 406 号公布）、《中华人民共和国内河交通安全管理条例》（中华人民共和国国务院令第 355 号）。

（10）危险化学品登记制度

《条例》第六十六条规定：国家实行危险化学品登记制度，为危险化学品安全管理以及危险化学品事故预防和应急救援提供技术、信息支持。

目前已经发布的相关法规有：《危险化学品登记管理办法》（中华人民共和国国家经济贸易委员会令第 35 号），根据《条例》关于“危险化学品登记”方面部分内容的改变，需要重新修订。

（11）危险化学品和新化学物质环境管理登记

《条例》第九十八条规定：危险化学品环境管理登记和新化学物质环境管理登记，依照有关环境保护的法律、行政法规、规章的规定执行。

目前已经发布的相关法规有：《新化学物质环境管理办法》（环境保护部 2010 年第 7 号令）及《新化学物质申报登记指南》、《新化学物质监督管理检查规范》、《新化学物质常规申报表及填表说明》、《新化学物质简易申报表及填表说明》、《新化学物质科学研究备案表及填表说明》和《新化学物质首次活动情况报告表及填表说明》等六项实施配套文件［环办（2010）124 号］。没有与“危险化学品环境管理登记”相关的法律规章，需要重新制定。

（12）危险化学品环境释放信息报告制度

《条例》第十六条规定：生产实施重点环境管理的危险化学品的企业，应当按照国务院环境保护主管部门的规定，将该危险化学品向环境中释放等相关信息向环境保护主管部

门报告。环境保护主管部门可以根据情况采取相应的环境风险控制措施。

目前没有发布与此相关的法规，根据《条例》规定需要制定。

（13）化学品危险性鉴定制度

《条例》第一百条规定：化学品的危险特性尚未确定的，由国务院安全生产监督管理部门、国务院环境保护主管部门、国务院卫生主管部门分别负责组织对该化学品的物理危险性、环境危害性、毒理特性进行鉴定。根据鉴定结果，需要调整危险化学品目录的，依照本条例第三条第二款的规定办理。

目前没有发布与此相关的法规，根据《条例》规定需要制定。

（14）危险化学品事故应急救援管理制度

《条例》第七十三条规定：有关危险化学品单位应当为危险化学品事故应急救援提供技术指导和必要的协助。

目前已经发布的相关法规有：《生产安全事故应急预案管理办法》（国家安全生产监督管理总局令第17号）、《生产安全事故应急演练指南》（AQ/T 9007—2011）、《生产经营单位安全生产事故应急预案编制导则》（AQ/T 9002—2006），即将发布的有《危险化学品单位事故应急预案编制通则》，目前已发布征求意见稿。

（15）法律责任追究制度

《条例》第七章中第七十五条、第七十六条、第七十七条、第七十九条、第八十条、第八十二条、第八十六条、第八十七条、第八十八条、第九十三条、第九十五条、第九十六条，有12条提到了相关法律责任追究问题，针对此需要制定相关“法律责任追究”方面的规章文件，以保障《条例》的充分合理的实施与运用。

第二节 《化工（危险化学品）企业保障生产安全十条规定》剖析

《化工（危险化学品）企业保障生产安全十条规定》已经于2013年7月15日由国家安全生产监督管理总局局长办公会议审议通过，自2013年9月18日起施行。

具体内容包括：①必须依法设立、证照齐全有效；②必须建立健全并严格落实全员安全生产责任制，严格执行领导带班值班制度；③必须确保从业人员符合录用条件并培训合格，依法持证上岗；④必须严格管控重大危险源，严格变更管理，遇险科学施救；⑤必须按照《危险化学品企业事故隐患排查治理实施导则》要求排查治理隐患；⑥严禁设备设施带病运行和未经审批停用报警联锁系统；⑦严禁可燃和有毒气体泄漏等报警系统处于非正常状态；⑧严禁未经审批进行动火、进入受限空间、高处、吊装、临时用电、动土、检维修、盲板抽堵等作业；⑨严禁违章指挥和强令他人冒险作业；⑩严禁违章作业、脱岗和在岗做与工作无关的事。

《化工（危险化学品）企业保障生产安全十条规定》（以下简称《十条规定》）由5个必须和5个严禁组成，紧抓化工（危险化学品）企业生产安全的主要矛盾和关键问题，规范了化工（危险化学品）企业安全生产过程中集中多发的问题，其主要特点如下。

（1）重点突出，针对性强

《十条规定》在归纳总结近年来造成危险化学品生产安全事故主要因素的基础上，从企业必须依法取得相关证照、建立健全并落实安全生产责任制等安全管理规章制度、严格从业人员资格及培训要求等方面强调了化工（危险化学品）企业保障生产安全的最基本的规定，突出了遏制危险化学品生产安全事故的关键因素。

（2）编制依法，执行有据

《十条规定》中的每一个必须、每一个严禁，都是以《中华人民共和国安全生产法》、《危险化学品安全管理条例》及其配套规章等重要法规标准为依据，都是有法可依的，化工（危险化学品）企业必须严格执行。违反了规定，就要依法进行处罚。

（3）简明扼要，便于普及。

（4）《十条规定》的内容只有十句话，239 个字，言简意赅，一目了然。虽然这些内容过去都有规定，但散落在多项法规标准之中，许多化工（危险化学品）企业负责人、安全管理人员和从业人员对其不够熟悉。《十条规定》明确将法规标准中规定的化工（危险化学品）企业应该做、必须做的最基本的要求规范出来，便于企业及相关人员记忆和执行。

为深刻领会、准确理解《十条规定》的内容和要求，现逐条进行简要解释说明如下。

1. 必须依法设立、证照齐全有效

依法设立要求：企业的设立应当符合国家产业政策和当地产业结构规划；企业的选址应当符合当地城乡规划；新建化工企业必须按照有关规定进入化工园区（或集中区），必须经过正规设计、必须装备自动监控系统及必要的安全仪表系统，周边距离不足和城区内的化工企业要搬迁进入化工园区。

证照齐全主要指各种企业安全许可证照，包括建设项目“三同时”审查和各类相应的安全许可证不仅要齐全，还要确保在有效期内。

依法设立是企业安全生产的首要条件和前提保障。安全生产行政审批是危险化学品企业准入的首要关口，是检查企业是否具备基本安全生产条件的重要环节，是安全监管部门强化安全生产监管的重要行政手段。而非法生产行为一直是引发事故，特别是较大以上群死群伤事故的主要原因之一。例如，2013 年 3 月 1 日，辽宁省某商贸有限责任公司硫酸储罐爆炸泄漏事故，导致 7 人死亡、2 人受伤。事故企业未取得工商注册，在项目建设过程中，除办理了临时占地手续外，项目可研、环评、安全评价、设计等相关手续均未办理。

2. 必须建立健全并严格落实全员安全生产责任制，严格执行领导带班值班制度

安全生产责任制是生产经营单位安全生产的重要制度，建立健全并严格落实全员安全生产责任制，是企业加强安全管理的重要基础。严格领导带班值班制度是强化企业领导安全生产责任意识，及时掌握安全生产动态的重要途径，是及时应对突发事件的重要保障。

安全生产责任制不健全、不落实，领导带班值班制度执行不严格往往是事故发生的首要潜在因素。例如，2012 年 12 月 31 日，山西省某煤化工公司苯胺泄漏事故，造成区域环境污染事件，直接经济损失约 235.92 万元。事故直接原因虽然是事故储罐进料管道上的金属软管破裂导致的，但经调查发现安全生产责任制不落实（当班员工 18 个小时不巡检）和领导带班值班制度未严格落实是导致事故发生的重要原因。

3. 必须确保从业人员符合录用条件并培训合格，依法持证上岗

化工生产、储存、使用过程中涉及到品种繁多、特性各异的危险化学品，涉及复杂多样的工艺技术、设备、仪表、电气等设施。特别是近年来，化工生产呈现出装置大型化、集约化的发展，对从业人员提出了更高的要求。因此，从业人员的良好素质是化工企业实现安全生产必须具备的基础条件。只有经过严格的培训，掌握生产工艺及设备操作技能、熟知本岗位存在的安全隐患及防范措施、需要取证的岗位依法取证后，才能承担并完成自己的本职工作，保证自身和装置的安全。

不符合录用条件、不具备相关知识和技能、不持证上岗的“三不”人员从事化工生产极易发生事故。例如，2012 年 2 月 28 日，河北省石家庄市某化工有限公司重大爆炸事故，造成 29 人死亡、46 人受伤，直接经济损失 4459 万元。事故暴露出的主要问题之一就是公司从业人员不具备化工生产的专业技能。该公司车间主任和重要岗位员工多为周边村里的农民（初中以下文化程度），缺乏化工生产必备的专业知识和技能，未经有效的安全教育培训即上岗作业，把危险程度较低的生产过程变成了高度危险的生产过程，针对突发异常情况，缺乏及时有效应对紧急情况的知识和能力，最终导致事故发生。

4. 必须严格管控重大危险源，严格变更管理，遇险科学施救

严格管控危险化学品重大危险源是有效预防、遏制重特大事故的重要途径和基础性、长效性措施。2011 年 12 月 1 日起施行的《危险化学品重大危险源监督管理暂行规定》（国家安全监管总局令第 40 号）明确提出了对危险化学品重大危险源要完善监测监控手段和落实安全监督管理责任等要求。由于构成危险化学品重大危险源的危险化学品数量较大，一旦发生事故，造成的后果和影响十分巨大。例如，2008 年 8 月 26 日，广西某化工股份有限公司爆炸事故，造成 21 人死亡、59 人受伤，厂区附近 3 公里范围共 11500 多名群众疏散，直接经济损失 7586 万元。事后调查发现，该起事故与罐区重大危险源监控措施不到位有直接关系，事故储罐没有安装液位、温度、压力测量监控仪表和可燃气体泄漏报警仪表。

变更管理是指对人员、工作过程、工作程序、技术、设施等永久性或暂时性的变化进行有计划的控制，确保变更带来的危害得到充分识别，风险得到有效控制。变更按内容分为工艺技术变更、设备设施变更和管理变更等。变更管理在我国化工企业安全管理中是薄弱环节。发生变更时，如果未对风险进行分析并采取安全措施，就极易形成重大事故隐患，甚至造成事故。例如，2010 年 7 月 16 日，辽宁省大连市某石油国际储运有限公司原油罐区发生的输油管道爆炸事故，造成严重环境污染和 1 名作业人员失踪、1 名消防战士牺牲。该起事故是未严格执行变更管理程序导致事故发生的典型案例。事故单位的原油硫化氢脱除剂的活性组分由有机胺类变更为双氧水，脱除剂组分发生了变更，加注过程操作条件也发生了变化，但企业没有针对这些变更进行风险分析，也没有制订风险控制方案，导致了在加剂过程中发生火灾爆炸事故，大火持续燃烧 15 个小时，泄漏原油流入附近海域。

在作业遇险时，不能保证自身安全的情况下盲目施救，往往会使事故扩大，造成施救者受到伤害甚至死亡。例如，2012 年 5 月 26 日，江苏省某化学有限公司中毒事故，导致 2 人死亡。事故原因是尾气吸收岗位因有毒气体外逸并在密闭空间积聚，导致当班操作人员中毒，当班职工在组织救援的过程中因防范措施不当，盲目施救，致使3名救援人员在施救过程中相继中毒。

5. 必须按照《危险化学品企业事故隐患排查治理实施导则》的要求排查治理隐患

隐患是事故的根源。排查治理隐患，是安全生产工作的最基本任务，是预防和减少事故的最有效手段，也是安全生产的重要基础性工作。

《危险化学品企业事故隐患排查治理实施导则》对企业建立并不断完善隐患排查体制机制、制订完善管理制度、扎实开展隐患排查治理工作提出了明确要求和细致的规定。隐患排查走过场、隐患消除不及时，都可能成为事故的诱因。例如，2011年11月6日，吉林省某石油化工股份有限公司气体分馏车间发生爆炸引起火灾，造成4人死亡、1人重伤、6人轻伤。事故后调查发现，事故发生时，气体分馏装置存在硫化氢腐蚀，事发前曾出现硫化氢严重超标现象，企业没有据此缩短设备监测检查周期，排查隐患，加强维护保养，充分暴露出企业隐患治理工作没有落实到位，为事故发生埋下伏笔。

6. 严禁设备设施带病运行和未经审批停用报警联锁系统

设备、设施是化工生产的基础，设备、设施带病运行是事故的主要根源之一。例如，2010年5月9日，上海某炼油事业部储运2号罐区石脑油储罐火灾事故，造成1613#罐罐顶掀开，1615#罐罐顶局部开裂，经济损失60余万元。事故直接原因是1613#油罐铝制浮盘腐蚀穿孔，造成罐内硫化亚铁遇空气自燃。事故企业2003年至事发时只做过一次内壁防腐，石脑油罐罐壁和铝制浮盘已严重腐蚀，一直带病运行，最终导致了事故的发生。

报警联锁系统是规范危险化学品企业安全生产管理、降低安全风险、保证装置的平稳运行、安全生产的有效手段，是防止事故发生的重要措施，也是提升企业本质安全水平的有效途径。未经审批、随意停用报警联锁系统会给安全生产造成极大的隐患。例如，2011年7月11日，广东省惠州市某公司芳烃联合装置火灾事故，造成重整生成油分离塔塔底泵的轴承、密封及进出口管线及附近管线、电缆及管廊结构等损毁。直接原因是重整生成油分离塔塔底泵非驱动端的止推轴承损坏，造成轴剧烈振动和轴位移，导致该泵非驱动端的两级机械密封的严重损坏造成泄漏，泄漏的介质遇到轴套与密封端盖发生硬摩擦产生的高温导致着火。但是调查发现，事故发生的一个重要原因是由于DCS通道不足，仪表系统没有按照规范设置泵的机械密封油罐低液位信号，进入控制室的信号只设置了状态显示，没有声光报警，致使控制室值班人员未能及时发现异常情况。

7. 严禁可燃和有毒气体泄漏等报警系统处于非正常状态

可燃气体和有毒气体泄漏等报警系统是可燃有毒气体泄漏的重要预警手段。可燃和有毒气体含量超出安全规定要求但不能被检测出时，极易发生事故。例如，2010年11月20日，某化工股份有限公司聚合厂房内发生了空间爆炸，造成4人死亡、2人重伤、3人轻伤，经济损失2500万元。虽然事故直接原因是位于聚合厂房四层南侧待出料的9号釜顶部氯乙烯单体进料管与总排空管控制阀下连接的上弯头焊缝开裂导致氯乙烯泄漏，泄漏的氯乙烯漏进9号釜一层东侧出料泵旁的混凝土柱上的聚合釜出料泵启动开关，产生电气火花，引起厂房内的氯乙烯气体空间爆炸，但是本应起到报警作用的泄漏气体检测仪却没有发出报警，未起到预防事故发生的作用，最终导致了事故的发生。

8. 严禁未经审批进行动火、进入受限空间、高处、吊装、临时用电、动土、检维修、盲板抽堵等作业

化工企业动火、进入受限空间、高处、吊装、临时用电、动土、检维修、盲板抽堵等作业均具有很大的风险。严格执行八大作业的安全管理，就是要审查作业过程中风险是否分析全面，确认作业条件是否具备、安全措施是否足够并落实，相关人员是否按要求现场确认、签字。同时，必须加强作业过程监督，作业过程中必须有监护人进行现场监护。作业过程中因审批制度不完善、执行不到位导致人身伤亡的事故时有发生。例如，2010 年 6 月 29 日，辽宁省辽阳市某公司炼油厂原油输转站 1 个 3 万立方米的原油罐在清理罐作业过程中，发生可燃气体爆燃事故，致使罐内作业人员 3 人死亡、7 人受伤。事故的主要原因之一就是作业现场负责人在没有监护人员在场的情况下，带领作业人员进入作业现场作业，同时，在“有限空间作业票”和“进入有限空间作业安全监督卡”上的安全措施未落实，用阀门代替盲板，就签字确认，使工人在存在较大事故隐患的环境里作业，导致了事故的发生。

9. 严禁违章指挥和强令他人冒险作业

违章指挥，往往会造成额外的风险，给作业者带来伤害，甚至是血的教训，违章指挥和强令他人冒险作业是不顾他人安全的恶劣行为，经常成为事故的诱因。例如，2010 年 7 月 28 日，江苏省南京市某公司在平整拆迁土地过程中，挖掘机挖穿了地下丙烯管道，丙烯泄漏后遇到明火发生爆燃事故，造成 22 人死亡、120 人住院治疗，事故还造成周边近两平方公里范围内的 3000 多户居民住房及部分商店玻璃、门窗不同程度受损。事故的主要原因之一就是因为现场施工安全管理缺失，施工队伍盲目施工，现场作业负责人在明知拆除地块内有地下丙烯管道的情况下，不顾危险，违章指挥，野蛮操作，造成管道被挖穿，从而酿成重大事故。

10. 严禁违章作业、脱岗和在岗做与工作无关的事

作业人员在岗期间，若脱岗、酒后上岗，从事与工作无关的事，一旦生产过程中出现异常情况，不能及时发现和处理，往往造成严重后果。例如，2008 年 9 月 14 日，辽宁省辽阳市某石油化工有限公司爆炸事故，造成 2 人死亡、1 人下落不明、2 人受轻伤。事故原因是在滴加异辛醇进行硝化反应的过程中，当班操作工违章脱岗，反应失控时未及时发现和处置导致的。

第三节 《化工（危险化学品）企业安全检查重点指导目录》剖析

化工企业、危险化学品企业安全检查有哪些重点，这是很多安监人员和企业安全员长期存在疑惑的问题。

为进一步规范化工（危险化学品）企业安全生产管理，指导和强化地方政府安全监管工作，更好地推动化工（危险化学品）生产、经营企业安全生产主体责任落实，国家安全监管总局组织制定了《化工（危险化学品）企业安全检查重点指导目录》（以下简称《目录》，见表1-1)。《目录》适用于化工企业和危险化学品生产、经营（带仓储设施）企业，作为安全监管部门组织安全督查及企业开展隐患排查的重点内容。

表1-1　化工（危险化学品）企业安全检查重点指导目录

序号	检查重点内容	违反条文	处罚依据
人员和资质管理			
1	企业安全生产行政许可手续不齐全或不在有效期内的	《危险化学品安全管理条例》第十四条、第二十九条、第三十三条	《危险化学品安全管理条例》第七十七条：未依法取得危险化学品安全生产许可证从事危险化学品生产的，依照《安全生产许可证条例》的规定处罚。 违反本条例规定，化工企业未取得危险化学品安全使用许可证，使用危险化学品从事生产的，由安全生产监督管理部门责令限期改正，处10万元以上20万元以下的罚款；逾期不改正的，责令停产整顿。 违反本条例规定，未取得危险化学品经营许可证从事危险化学品经营的，由安全生产监督管理部门责令停止经营活动，没收违法经营的危险化学品以及违法所得，并处10万元以上20万元以下的罚款；构成犯罪的，依法追究刑事责任。 《安全生产许可证条例》第十九条：违反本条例规定，未取得安全生产许可证擅自进行生产的，责令停止生产，没收违法所得，并处10万元以上50万元以下的罚款；造成重大事故或者其他严重后果，构成犯罪的，依法追究刑事责任。 第二十条：违反本条例规定，安全生产许可证有效期满未办理延期手续，继续进行生产的，责令停止生产，限期补办延期手续，没收违法所得，并处5万元以上10万元以下的罚款；逾期仍不办理延期手续，继续进行生产的，依照本条例第十九条的规定处罚
2	企业未依法明确主要负责人、分管负责人安全生产职责或主要负责人、分管负责人未依法履行其安全生产职责的	《安全生产法》第十九条	《安全生产法》第九十一条：生产经营单位的主要负责人未履行本法规定的安全生产管理职责的，责令限期改正；逾期未改正的，处二万元以上五万元以下的罚款，责令生产经营单位停产停业整顿
3	企业未设置安全生产管理机构或配备专职安全生产管理人员的	《安全生产法》第二十一条	《安全生产法》第九十四条：生产经营单位有下列行为之一，责令限期改正，可以处五万元以下的罚款；逾期未改正的，责令停产停业整顿，并处五万元以上十万元以下的罚款，对其直接负责的主管人员和其他直接责任人员处一万元以上二万元以下的罚款： （一）未按照规定设置安全生产管理机构或者配备安全生产管理人员的
4	企业的主要负责人、安全负责人及其他安全生产管理人员未按照规定经考核合格的	《安全生产法》第二十四条	《安全生产法》第九十四条：生产经营单位有下列行为之一的，责令限期改正，可以处五万元以下的罚款；逾期未改正的，责令停产停业整顿，并处五万元以上十万元以下的罚款，对其直接负责的主管人员和其他直接责任人员处一万元以上二万元以下的罚款： （二）危险物品的生产、经营、储存单位以及矿山、金属冶炼、建筑施工、道路运输单位的主要负责人和安全生产管理人员未按照规定经考核合格的

续表

序号	检查重点内容	违反条文	处罚依据
人员和资质管理			
5	企业未对从业人员进行安全生产教育培训或者安排未经安全生产教育和培训合格的从业人员上岗作业的	《安全生产法》第二十五条	《安全生产法》第九十四条：生产经营单位有下列行为之一的，责令限期改正，可以处五万元以下的罚款；逾期未改正的，责令停产停业整顿，并处五万元以上十万元以下的罚款，对其直接负责的主管人员和其他直接责任人员处一万元以上二万元以下的罚款： （三）未按照规定对从业人员、被派遣劳动者、实习学生进行安全生产教育和培训，或者未按照规定如实告知有关的安全生产事项的
6	从业人员对本岗位涉及的危险化学品危险特性不熟悉的	《安全生产法》第二十五条	《安全生产法》第九十四条：生产经营单位有下列行为之一的，责令限期改正，可以处五万元以下的罚款；逾期未改正的，责令停产停业整顿，并处五万元以上十万元以下的罚款，对其直接负责的主管人员和其他直接责任人员处一万元以上二万元以下的罚款： （三）未按照规定对从业人员、被派遣劳动者、实习学生进行安全生产教育和培训，或者未按照规定如实告知有关的安全生产事项的
7	特种作业人员未按照国家有关规定经专门的安全作业培训并取得相应资格上岗作业的	《安全生产法》第二十七条	《安全生产法》第九十四条：生产经营单位有下列行为之一的，责令限期改正，可以处五万元以下的罚款；逾期未改正的，责令停产停业整顿，并处五万元以上十万元以下的罚款，对其直接负责的主管人员和其他直接责任人员处一万元以上二万元以下的罚款： （七）特种作业人员未按照规定经专门的安全作业培训并取得相应资格，上岗作业的
8	选用不符合资质的承包商或未对承包商的安全生产工作统一协调、管理的	《安全生产法》第四十六条	《安全生产法》第一百条：生产经营单位将生产经营项目、场所、设备发包或者出租给不具备安全生产条件或者相应资质的单位或者个人的，责令限期改正，没收违法所得；违法所得十万元以上的，并处违法所得二倍以上五倍以下的罚款；没有违法所得或者违法所得不足十万元的，单处或者并处十万元以上二十万元以下的罚款；对其直接负责的主管人员和其他直接责任人员处一万元以上二万元以下的罚款；导致发生生产安全事故给他人造成损害的，与承包方、承租方承担连带赔偿责任。 生产经营单位未与承包单位、承租单位签订专门的安全生产管理协议或者未在承包合同、租赁合同中明确各自的安全生产管理职责，或者未对承包单位、承租单位的安全生产统一协调、管理的，责令限期改正，可以处五万元以下的罚款，对其直接负责的主管人员和其他直接责任人员可以处一万元以下的罚款；逾期未改正的，责令停产停业整顿
9	将火种带入易燃易爆场所或存在脱岗、睡岗、酒后上岗行为的	《安全生产法》第五十四条	《安全生产法》第九十九条：生产经营单位未采取措施消除事故隐患的，责令立即消除或者限期消除；生产经营单位拒不执行的，责令停产停业整顿，并处十万元以上五十万元以下的罚款，对其直接负责的主管人员和其他直接责任人员处二万元以上五万元以下的罚款。 《安全生产法》第一百零四条：生产经营单位的从业人员不服从管理，违反安全生产规章制度或者操作规程的，由生产经营单位给予批评教育，依照有关规章制度给予处分；构成犯罪的，依照刑法有关规定追究刑事责任

续表

序号	检查重点内容	违反条文	处罚依据
工艺管理			
10	在役化工装置未经正规设计且未进行安全设计诊断的	《安全生产法》第三十八条	《安全生产法》第九十九条:生产经营单位未采取措施消除事故隐患的,责令立即消除或者限期消除;生产经营单位拒不执行的,责令停产停业整顿,并处十万元以上五十万元以下的罚款,对其直接负责的主管人员和其他直接责任人员处二万元以上五万元以下的罚款
11	新开发的危险化学品生产工艺未经逐级放大试验到工业化生产或首次使用的化工工艺未经省级人民政府有关部门组织安全可靠性论证的	《危险化学品生产企业安全生产许可证实施办法》(国家安全监管总局令第41号)	《安全生产法》第九十九条:生产经营单位未采取措施消除事故隐患的,责令立即消除或者限期消除;生产经营单位拒不执行的,责令停产停业整顿,并处十万元以上五十万元以下的罚款,对其直接负责的主管人员和其他直接责任人员处二万元以上五万元以下的罚款
12	未按规定制订操作规程和工艺控制指标的	《安全生产法》第十八条	《安全生产法》第九十一条:生产经营单位的主要负责人未履行本法规定的安全生产管理职责的,责令限期改正;逾期未改正的,处二万元以上五万元以下的罚款,责令生产经营单位停产停业整顿
13	生产、储存装置及设施超温、超压、超液位运行的	《安全生产法》第三十八条	《安全生产法》第九十九条:生产经营单位未采取措施消除事故隐患的,责令立即消除或者限期消除;生产经营单位拒不执行的,责令停产停业整顿,并处十万元以上五十万元以下的罚款,对其直接负责的主管人员和其他直接责任人员处二万元以上五万元以下的罚款
14	在厂房、围堤、窨井等场所内设置有毒有害气体排放口且未采取有效防范措施的	《安全生产法》第三十八条、《工业企业设计卫生标准》(GBZ1)第6.1.5.1条	《安全生产法》第九十九条:生产经营单位未采取措施消除事故隐患的,责令立即消除或者限期消除;生产经营单位拒不执行的,责令停产停业整顿,并处十万元以上五十万元以下的罚款,对其直接负责的主管人员和其他直接责任人员处二万元以上五万元以下的罚款
15	涉及液化烃、液氨、液氯、硫化氢等易燃易爆及有毒介质的安全阀及其他泄放设施直排大气的(环氧乙烷的排放应采取安全措施)	《安全生产法》第三十三条、《固定式压力容器安全技术监察规程》(TSG R0004—2009)第8.2(3)条	《安全生产法》第九十六条:生产经营单位有下列行为之一的,责令限期改正,可以处五万元以下的罚款;逾期未改正的,处五万元以上二十万元以下的罚款,对其直接负责的主管人员和其他直接责任人员处一万元以上二万元以下的罚款;情节严重的,责令停产停业整顿;构成犯罪的,依照刑法有关规定追究刑事责任: (二)安全设备的安装、使用、检测、改造和报废不符合国家标准或者行业标准的
16	液化烃、液氨、液氯等易燃易爆、有毒有害液化气体的充装未使用万向节管道充装系统的	《安全生产法》第三十八条	《安全生产法》第九十九条:生产经营单位未采取措施消除事故隐患的,责令立即消除或者限期消除;生产经营单位拒不执行的,责令停产停业整顿,并处十万元以上五十万元以下的罚款,对其直接负责的主管人员和其他直接责任人员处二万元以上五万元以下的罚款
17	浮顶储罐运行中浮盘落底的	《安全生产法》第三十八条	《安全生产法》第九十九条:生产经营单位未采取措施消除事故隐患的,责令立即消除或者限期消除;生产经营单位拒不执行的,责令停产停业整顿,并处十万元以上五十万元以下的罚款,对其直接负责的主管人员和其他直接责任人员处二万元以上五万元以下的罚款

续表

序号	检查重点内容	违反条文	处罚依据
设备设施管理			
18	安全设备的安装、使用、检测、维修、改造和报废不符合国家标准或行业标准；或使用国家明令淘汰的危及生产安全的工艺、设备的	《安全生产法》第三十三条、第三十五条	《安全生产法》第九十六条：生产经营单位有下列行为之一的，责令限期改正，可以处五万元以下的罚款；逾期未改正的，处五万元以上二十万元以下的罚款，对其直接负责的主管人员和其他直接责任人员处一万元以上二万元以下的罚款；情节严重的，责令停产停业整顿；构成犯罪的，依照刑法有关规定追究刑事责任： （二）安全设备的安装、使用、检测、改造和报废不符合国家标准或者行业标准的； （六）使用应当淘汰的危及生产安全的工艺、设备的
19	油气储罐未按规定达到以下要求的： (1)液化烃的储罐应设液位计、温度计、压力表、安全阀，以及高液位报警和高液位自动连锁切断进料措施；全冷冻式液化烃储罐还应设真空泄放设施和高、低温度检测，并应与自动控制系统相连； (2)气柜应设上、下限位报警装置，并宜设进出管道自动联锁切断装置； (3)液化石油气球形储罐液相进出口应设置紧急切断阀，其位置宜靠近球形储罐； (4)丙烯、丙烷、混合C4、抽余C4及液化石油气的球形储罐应设置注水措施	《安全生产法》第三十三条；《石油化工企业设计防火规范》（GB50160）第6.3.11条、第6.3.12条；《液化烃球形储罐安全设计规范》(SH3136)第6.1条、第7.4条	《安全生产法》第九十六条：生产经营单位有下列行为之一的，责令限期改正，可以处五万元以下的罚款；逾期未改正的，处五万元以上二十万元以下的罚款，对其直接负责的主管人员和其他直接责任人员处一万元以上二万元以下的罚款；情节严重的，责令停产停业整顿；构成犯罪的，依照刑法有关规定追究刑事责任： （二）安全设备的安装、使用、检测、改造和报废不符合国家标准或者行业标准的
20	涉及危险化工工艺、重点监管危险化学品的装置未设置自动化控制系统；或者涉及危险化工工艺的大型化工装置未设置紧急停车系统的	《危险化学品生产企业安全生产许可证实施办法》(国家安全监管总局令第41号)第九条	《安全生产法》第九十九条：生产经营单位未采取措施消除事故隐患的，责令立即消除或者限期消除；生产经营单位拒不执行的，责令停产停业整顿，并处十万元以上五十万元以下的罚款，对其直接负责的主管人员和其他直接责任人员处二万元以上五万元以下的罚款
21	有毒有害、可燃气体泄漏检测报警系统未按照标准设置、使用或定期检测校验；以及报警信号未发送至有操作人员常驻的控制室、现场操作室进行报警的	《安全生产法》第三十三条、《石油化工企业可燃气体和有毒气体检测报警设计规范》(GB50493)	《安全生产法》第九十六条：生产经营单位有下列行为之一的，责令限期改正，可以处五万元以下的罚款；逾期未改正的，处五万元以上二十万元以下的罚款，对其直接负责的主管人员和其他直接责任人员处一万元以上二万元以下的罚款；情节严重的，责令停产停业整顿；构成犯罪的，依照刑法有关规定追究刑事责任： （二）安全设备的安装、使用、检测、改造和报废不符合国家标准或者行业标准的

续表

序号	检查重点内容	违反条文	处罚依据
设备设施管理			
22	安全联锁未正常投用或未经审批摘除以及经审批后临时摘除超过一个月未恢复的	《安全生产法》第三十三条	《安全生产法》第九十六条：生产经营单位有下列行为之一的，责令限期改正，可以处五万元以下的罚款；逾期未改正的，处五万元以上二十万元以下的罚款，对其直接负责的主管人员和其他直接责任人员处一万元以上二万元以下的罚款；情节严重的，责令停产停业整顿；构成犯罪的，依照刑法有关规定追究刑事责任： （二）安全设备的安装、使用、检测、改造和报废不符合国家标准或者行业标准的
23	工艺或安全仪表报警时未及时处置的	《安全生产法》第三十八条	《安全生产法》第九十九条：生产经营单位未采取措施消除事故隐患的，责令立即消除或者限期消除；生产经营单位拒不执行的，责令停产停业整顿，并处十万元以上五十万元以下的罚款，对其直接负责的主管人员和其他直接责任人员处二万元以上五万元以下的罚款
24	在用装置（设施）安全阀或泄压排放系统未正常投用的	《安全生产法》第三十三条、《固定式压力容器安全技术监察规程》（TSG R0004—2009）第8.3.5条	《安全生产法》第九十六条：生产经营单位有下列行为之一的，责令限期改正，可以处五万元以下的罚款；逾期未改正的，处五万元以上二十万元以下的罚款，对其直接负责的主管人员和其他直接责任人员处一万元以上二万元以下的罚款；情节严重的，责令停产停业整顿；构成犯罪的，依照刑法有关规定追究刑事责任： （二）安全设备的安装、使用、检测、改造和报废不符合国家标准或者行业标准的
25	涉及放热反应的危险化工工艺生产装置未设置双重电源供电或控制系统未设置不间断电源（UPS）的	《安全生产法》第三十八条、《石油化工企业生产装置电力设计技术规范》（SH3038）、《供配电系统设计规范》（GB50052）	《安全生产法》第九十九条：生产经营单位未采取措施消除事故隐患的，责令立即消除或者限期消除；生产经营单位拒不执行的，责令停产停业整顿，并处十万元以上五十万元以下的罚款，对其直接负责的主管人员和其他直接责任人员处二万元以上五万元以下的罚款
安全管理			
26	未建立变更管理制度或未严格执行的	《安全生产法》第四条、第四十一条	《安全生产法》第九十一条：生产经营单位的主要负责人未履行本法规定的安全生产管理职责的，责令限期改正；逾期未改正的，处二万元以上五万元以下的罚款，责令生产经营单位停产停业整顿
27	危险化学品生产装置、罐区、仓库等设施与周边的安全距离不符合要求的	《安全生产法》第三十八条	《安全生产法》第九十九条：生产经营单位未采取措施消除事故隐患的，责令立即消除或者限期消除；生产经营单位拒不执行的，责令停产停业整顿，并处十万元以上五十万元以下的罚款，对其直接负责的主管人员和其他直接责任人员处二万元以上五万元以下的罚款
28	控制室或机柜间面向具有火灾、爆炸危险性装置一侧有门窗的。（2017年前必须整改完成）	《安全生产法》第三十八条、《石油化工企业设计防火规范》（GB50160）第5.2.18条	《安全生产法》第九十九条：生产经营单位未采取措施消除事故隐患的，责令立即消除或者限期消除；生产经营单位拒不执行的，责令停产停业整顿，并处十万元以上五十万元以下的罚款，对其直接负责的主管人员和其他直接责任人员处二万元以上五万元以下的罚款

续表

序号	检查重点内容	违反条文	处罚依据
安全管理			
29	生产、经营、储存、使用危险化学品的车间、仓库与员工宿舍在同一座建筑内或与员工宿舍的距离不符合安全要求的	《安全生产法》第三十九条	《安全生产法》第一百零二条：生产经营单位有下列行为之一的，责令限期改正，可以处五万元以下的罚款，对其直接负责的主管人员和其他直接责任人员可以处一万元以下的罚款；逾期未改正的，责令停产停业整顿；构成犯罪的，依照刑法有关规定追究刑事责任： （一）生产、经营、储存、使用危险物品的车间、商店、仓库与员工宿舍在同一座建筑内，或者与员工宿舍的距离不符合安全要求的
30	危险化学品未按照标准分区、分类、分库存放，或存在超量、超品种以及相互禁忌物质混放混存的	《危险化学品安全管理条例》第二十四条、《常用化学危险品贮存通则》(GB 15603)	《危险化学品安全管理条例》第八十条：生产、储存、使用危险化学品的单位有下列情形之一的，由安全生产监督管理部门责令改正，处五万元以上十万元以下的罚款；拒不改正的，责令停产停业整顿直至由原发证机关吊销其相关许可证件，并由工商行政管理部门责令其办理经营范围变更登记或者吊销其营业执照；有关责任人员构成犯罪的，依法追究刑事责任： （五）危险化学品的储存方式、方法或者储存数量不符合国家标准或者国家有关规定的
31	危险化学品厂际输送管道存在违章占压、安全距离不足和违规交叉穿越问题的	《安全生产法》第三十八条	《安全生产法》第九十九条：生产经营单位未采取措施消除事故隐患的，责令立即消除或者限期消除；生产经营单位拒不执行的，责令停产停业整顿，并处十万元以上五十万元以下的罚款，对其直接负责的主管人员和其他直接责任人员处二万元以上五万元以下的罚款
32	光气、氯气(液氯)等剧毒化学品管道穿(跨)越公共区域的	《危险化学品输送管道安全管理规定》(国家安全监管总局令第43号)	《安全生产法》第九十九条：生产经营单位未采取措施消除事故隐患的，责令立即消除或者限期消除；生产经营单位拒不执行的，责令停产停业整顿，并处十万元以上五十万元以下的罚款，对其直接负责的主管人员和其他直接责任人员处二万元以上五万元以下的罚款
33	动火作业未按规定进行可燃气体分析；受限空间作业未按规定进行可燃气体、氧含量和有毒气体分析；以及作业过程无人监护的	《安全生产法》第四十条、《化学品生产单位特殊作业安全规范》(GB 30871)	《安全生产法》第九十八条：生产经营单位有下列行为之一的，责令限期改正，可以处十万元以下的罚款；逾期未改正的，责令停产停业整顿，并处十万元以上二十万元以下的罚款，对其直接负责的主管人员和其他直接责任人员处二万元以上五万元以下的罚款；构成犯罪的，依照刑法有关规定追究刑事责任： （三）进行爆破、吊装以及国务院安全生产监督管理部门会同国务院有关部门规定的其他危险作业，未安排专门人员进行现场安全管理的。 《安全生产法》第九十九条：生产经营单位未采取措施消除事故隐患的，责令立即消除或者限期消除；生产经营单位拒不执行的，责令停产停业整顿，并处十万元以上五十万元以下的罚款，对其直接负责的主管人员和其他直接责任人员处二万元以上五万元以下的罚款

续表

序号	检查重点内容	违反条文	处罚依据
安全管理			
34	脱水、装卸、倒罐作业时，作业人员离开现场或油气罐区同一防火堤内切水和动火作业同时进行的	《安全生产法》第三十八条	《安全生产法》第九十九条：生产经营单位未采取措施消除事故隐患的，责令立即消除或者限期消除；生产经营单位拒不执行的，责令停产停业整顿，并处十万元以上五十万元以下的罚款，对其直接负责的主管人员和其他直接责任人员处二万元以上五万元以下的罚款
35	在有较大危险因素的生产经营场所和有关设施、设备上未设置明显的安全警示标志的	《安全生产法》第三十二条	《安全生产法》第九十六条：生产经营单位有下列行为之一的，责令限期改正，可以处五万元以下的罚款；逾期未改正的，处五万元以上二十万元以下的罚款，对其直接负责的主管人员和其他直接责任人员处一万元以上二万元以下的罚款；情节严重的，责令停产停业整顿；构成犯罪的，依照刑法有关规定追究刑事责任： （一）未在有较大危险因素的生产经营场所和有关设施、设备上设置明显的安全警示标志的
36	危险化学品生产企业未提供化学品安全技术说明书，未在包装（包括外包装件）上粘贴、拴挂化学品安全标签的。	《危险化学品安全管理条例》第十五条	《危险化学品安全管理条例》第七十八条：有下列情形之一的，由安全生产监督管理部门责令改正，可以处五万元以下的罚款；拒不改正的，处五万元以上十万元以下的罚款；情节严重的，责令停产停业整顿： （三）危险化学品生产企业未提供化学品安全技术说明书，或者未在包装（包括外包装件）上粘贴、拴挂化学品安全标签的
37	对重大危险源未登记建档，或者未进行评估、有效监控的	《安全生产法》第三十七条	《安全生产法》第九十八条：生产经营单位有下列行为之一的，责令限期改正，可以处十万元以下的罚款；逾期未改正的，责令停产停业整顿，并处十万元以上二十万元以下的罚款，对其直接负责的主管人员和其他直接责任人员处二万元以上五万元以下的罚款；构成犯罪的，依照刑法有关规定追究刑事责任： （二）对重大危险源未登记建档，或者未进行评估、监控，或者未制订应急预案的
38	未对重大危险源的安全生产状况进行定期检查，采取措施消除事故隐患的	《危险化学品重大危险源监督管理暂行规定》（国家安全监管总局令第40号）第十六条	《危险化学品重大危险源监督管理暂行规定》第三十五条：危险化学品单位未按照本规定对重大危险源的安全生产状况进行定期检查，采取措施消除事故隐患的，责令立即消除或者限期消除；危险化学品单位拒不执行的，责令停产停业整顿，并处10万元以上20万元以下的罚款，对其直接负责的主管人员和其他直接责任人员处二万元以上五万元以下的罚款
39	易燃易爆区域使用非防爆工具或电器的	《安全生产法》第三十八条	《安全生产法》第九十九条：生产经营单位未采取措施消除事故隐患的，责令立即消除或者限期消除；生产经营单位拒不执行的，责令停产停业整顿，并处十万元以上五十万元以下的罚款，对其直接负责的主管人员和其他直接责任人员处二万元以上五万元以下的罚款
40	未在存在有毒气体的区域配备便携式检测仪、空气呼吸器等器材和设备或者不能正确佩戴、使用个体防护用品和应急救援器材的	《安全生产法》第三十八条、第七十九条	《安全生产法》第九十九条：生产经营单位未采取措施消除事故隐患的，责令立即消除或者限期消除；生产经营单位拒不执行的，责令停产停业整顿，并处十万元以上五十万元以下的罚款，对其直接负责的主管人员和其他直接责任人员处二万元以上五万元以下的罚款

第四节 危险化学品企业安全教育培训要求——《安全生产法》、《生产经营单位安全培训规定》

开展安全教育既是国家法律法规的要求，也是生产经营单位安全管理的需要。《中华人民共和国安全生产法》（2014 年 12 月 1 日实施）中明确规定：生产经营单位应当对从业人员进行安全生产教育和培训，保证从业人员具备必要的安全生产知识，熟悉有关的安全生产规章制度和安全操作规程，掌握本岗位的安全操作技能，了解事故应急处理措施，知悉自身在安全生产方面的权利和义务。未经安全生产教育和培训合格的从业人员，不得上岗作业。“生产经营单位应当建立安全生产教育和培训档案，如实记录安全生产教育和培训的时间、内容、参加人员以及考核结果等情况。”（第二十五条）；“生产经营单位采用新工艺、新技术、新材料或者使用新设备，必须了解、掌握其安全技术特性，采取有效的安全防护措施，并对从业人员进行专门的安全生产教育和培训”（第二十六条）；“生产经营单位的特种作业人员必须按照国家有关规定经专门的安全作业培训，取得相应资格，方可上岗作业；特种作业人员的范围由国务院安全生产监督管理部门会同国务院有关部门确定”（第二十七条）。

开展安全培训教育，是生产经营单位发展经济、适应人员结构变化，是安全生产向广度和深度发展的需要，也是搞好企业安全管理的基础性工作，是掌握各种安全知识与技能，规避职业危害及危险的主要途径。

生产经营单位应当进行安全培训的从业人员包括主要负责人、安全生产管理人员、特种作业人员和其他从业人员。《生产经营单位安全培训规定》对生产经营单位的从业人员培训做了明确的规定。

1. 企业管理人员的安全培训教育

生产经营单位主要负责人和安全生产管理人员应当接受安全培训，具备与所从事的生产经营活动相适应的安全生产知识和管理能力。

危险化学品生产经营单位主要负责人和安全生产管理人员的安全培训大纲及考核标准由国家安全生产监督管理总局统一制定。生产经营单位主要负责人和安全生产管理人员初次安全培训时间不得少于 48 学时，每年再培训时间不得少于 16 学时。

（1）生产经营单位主要负责人安全培训应当包括下列内容：

① 国家安全生产方针、政策和有关安全生产的法律、法规、规章及标准；

② 安全生产管理基本知识、安全生产技术、安全生产专业知识；

③ 重大危险源管理、重大事故防范、应急管理和救援组织以及事故调查处理的有关规定；

④ 职业危害及其预防措施；

⑤ 国内外先进的安全生产管理经验；

⑥ 典型事故和应急救援案例分析；

⑦ 其他需要培训的内容。

（2）生产经营单位安全生产管理人员安全培训应当包括下列内容：

① 国家安全生产方针、政策和有关安全生产的法律、法规、规章及标准；

② 安全生产管理、安全生产技术、职业卫生等知识；

③ 伤亡事故统计、报告及职业危害的调查处理方法；

④ 应急管理、应急预案编制以及应急处置的内容和要求；

⑤ 国内外先进的安全生产管理经验；

⑥ 典型事故和应急救援案例分析；

⑦ 其他需要培训的内容。

2. 其他从业人员的安全培训教育

危险化学品生产经营单位必须对新上岗的临时工、合同工、劳务工、轮换工、协议工等进行强制性安全培训，保证其具备本岗位安全操作、自救互救以及应急处置所需的知识和技能后，方能安排上岗作业。

生产经营单位应当根据工作性质对其他从业人员进行安全培训，保证其具备本岗位安全操作、应急处置等知识和技能。

危险化学品生产经营单位新上岗的从业人员安全培训时间不得少于72学时，每年再培训的时间不得少于20学时。

从业人员在本生产经营单位内调整工作岗位或离岗一年以上重新上岗时，应当重新接受车间（工段、区、队）和班组级的安全培训。

生产经营单位采用新工艺、新技术、新材料或者使用新设备时，应当对有关从业人员重新进行有针对性的安全培训。

（1）厂（矿）级岗前安全培训内容应当包括：

① 本单位安全生产情况及安全生产基本知识；

② 本单位安全生产规章制度和劳动纪律；

③ 从业人员安全生产权利和义务；

④ 事故应急救援、事故应急预案演练及防范措施；

⑤ 有关事故案例等。

（2）车间（工段、区、队）级岗前安全培训内容应当包括：

① 工作环境及危险因素；

② 所从事工种可能遭受的职业伤害和伤亡事故；

③ 所从事工种的安全职责、操作技能及强制性标准；

④ 自救互救、急救方法、疏散和现场紧急情况的处理；

⑤ 安全设备设施、个人防护用品的使用和维护；

⑥ 本车间（工段、区、队）安全生产状况及规章制度；

⑦ 预防事故和职业危害的措施及应注意的安全事项；

⑧ 有关事故案例；

⑨ 其他需要培训的内容。

（3）班组级岗前安全培训内容应当包括：

① 岗位安全操作规程；

② 岗位之间工作衔接配合的安全与职业卫生事项；

③ 有关事故案例；

④ 其他需要培训的内容。

3. 安全培训的组织实施

国家安全生产监督管理总局组织、指导和监督中央管理的生产经营单位的总公司（集团公司、总厂）的主要负责人和安全生产管理人员的安全培训工作。

省级安全生产监督管理部门组织、指导和监督省属生产经营单位及所辖区域内中央管理的工矿商贸生产经营单位的分公司、子公司主要负责人和安全生产管理人员的培训工作；组织、指导和监督特种作业人员的培训工作。

市级、县级安全生产监督管理部门组织、指导和监督本行政区域内除中央企业、省属生产经营单位以外的其他生产经营单位的主要负责人和安全生产管理人员的安全培训工作。

生产经营单位除主要负责人、安全生产管理人员、特种作业人员以外的从业人员的安全培训工作，由生产经营单位组织实施。

具备安全培训条件的生产经营单位，应当以自主培训为主；可以委托具备安全培训条件的机构，对从业人员进行安全培训。

不具备安全培训条件的生产经营单位，应当委托具备安全培训条件的机构，对从业人员进行安全培训。

危险化学品基础知识

Chapter 02

危险化学品是指具有毒害、腐蚀、爆炸、燃烧、助燃等性质，对人体、设施、环境具有危害的剧毒化学品和其他化学品。国家质量监督检验检疫总局和国家标准化管理委员会联合发布了《化学品分类和危险性公示——通则》(GB 13690—2009)，从 2010 年 5 月 1 日开始实施，按照理化危险、健康危险和环境危险对危险化学品共设有 28 个分类，包括 16 个理化危害性分类种类、10 个健康危害性分类种类及 2 个环境危害性分类种类（见表 2-1），用以取代《常用危险化学品的分类标志》(GB 13690—1992) 中的危险化学品 8 类分类标准。根据《危险货物分类和品名编号》(GB 6944—2012) 中的说明，把危险化学品分为 9 类，在 28 个分类的基础上进行了整合（见表 2-2）。本节内容会针对这两个分类分别进行讲述。

表 2-1　基于《化学品分类和危险性公示——通则》(GB 13690—2009) 的危险化学品分类

理化危险	健康危险	环境危险
爆炸物 易燃气体 气溶胶 氧化性气体 加压气体 易燃液体 易燃固体 自反应物质 自热物质和混合物 自燃液体 自燃固体 遇水放出易燃气体的物质 氧化性液体 氧化性固体 有机过氧化物 金属腐蚀物	急性毒性 皮肤腐蚀/刺激 严重眼损伤/眼刺激 呼吸道或皮肤致敏 生殖细胞突变性 致癌性 生殖毒性 特异性靶器官系统毒性(一次接触) 特异性靶器官系统毒性(反复接触) 吸入危害	危害水生环境 危害臭氧层

表 2-2　基于《危险货物分类和品名编号》(GB 6944—2012)

第 1 类	爆炸品
第 2 类	气体
第 3 类	易燃液体
第 4 类	易燃固体、易于自燃的物质和遇水放出易燃气体的物质

续表

第5类	氧化性物质和有机过氧化物
第6类	毒性物质和感染性物质
第7类	放射性物质
第8类	腐蚀性物质
第9类	杂项危险物质和物品

第一节 危险化学品的分类

一、《化学品分类和危险性公示——通则》分类标准

此分类分别从理化危险、健康危险和环境危险三方面进行28种分类。

(一) 理化危险

1. 爆炸物

(1) 定义

爆炸物质（或混合物）：一种固态或液态物质（或物质的混合物），其本身能够通过化学反应产生气体，而产生气体的温度、压力和速度能对周围环境造成破坏。其中也包括烟火物质，即使它们不放出气体。

发火物质（或发火混合物）是这样一种物质或物质的混合物，通过非爆炸自持放热化学反应，产生热、光、声、气体、烟等效应，或所有这些组合来产生效应。

爆炸性物品是含有一种或多种爆炸性物质或混合物的物品。

烟火物品是含有一种或多种烟火物质或混合物的物品。

爆炸物种类包括：①爆炸性物质和混合物；②爆炸性物品，但不包括下述装置：其中所含爆炸性物质或混合物由于其数量或特性，在意外或偶然点燃或引爆后，不会由于迸射、发火、冒烟、发热或巨响而在装置之外产生任何效应；③在①和②中未提及的为产生实际爆炸或烟火效应而制造的物质、混合物和物品。

(2) 爆炸物的分类标准

根据《化学品分类和标签规范　第2部分　爆炸物》(GB 30000.2—2013) 规定，未被划为不稳定爆炸物的本类物质、混合物和物品，根据它们所表现的危险类型划入下列6项：

① 1.1项：有整体爆炸危险的物质、混合物和物品（整体爆炸是指几乎瞬间影响到几乎全部存在质量的爆炸）。

② 1.2项：有迸射危险但无爆炸危险的物质、混合物和物品。

③ 1.3项：有燃烧危险和轻微爆炸危险或轻微迸射危险或同时兼有这两种危险，但没有整体爆炸危险的物质、混合物和物品。

④ 1.4项：不呈现重大危险的物质、混合物和物品：在点燃或引爆时仅产生小危险

的物质、混合物和物品。其影响范围主要限于包件，射出的碎片预计不大，射程也不远。外部火烧不会引起包件几乎全部内装物的瞬间爆炸。

⑤ 1.5 项：有整体爆炸危险的非常不敏感的物质或混合物：这些物质和混合物有整体爆炸危险，但非常不敏感以致在正常情况下引发或由燃烧转为爆炸的可能性非常小。

⑥ 1.6 项：没有整体爆炸危险的极其不敏感的物品：这些物品只含有极其不敏感的物质或混合物，而且其意外引爆或传播的概率微乎其微。

(3) 爆炸物的标签和要素分配（见表 2-3）

表 2-3 爆炸物的标签要素分配

爆炸物						
不稳定爆炸物	1.1 项	1.2 项	1.3 项	1.4 项	1.5 项	1.6 项
GHS： 危险 不稳定 爆炸物	GHS： 危险 爆炸物： 整体爆炸危险	GHS： 危险 爆炸物： 严重迸射危险	GHS： 危险 爆炸物： 燃烧、爆轰或 迸射危险	GHS： 警告 燃烧或 迸射危险	无象形图 底色橙色 危险 遇火可能 整体爆炸	无象形图 底色橙色 无信号词 无危险说明
《规章范本》 无指定象形图 （不允许运输）	UN-MR： 1.1 * 1	UN-MR： 1.2 * 1	UN-MR： 1.3 * 1	UN-MR： 1.4 * 1	UN-MR： 1.5 * 1	UN-MR： 1.6 * 1

注：关于《联合国关于危险货物运输的建议书：规章范本》中象形图要素颜色的说明：

1.1 项、1.2 项和 1.3 项：符号：爆炸的炸弹，黑色；底色：橙色；项号（1.1、1.2 或 1.3，根据情况）和配装组（*）位于下半部，数字“1”位于下角，黑色。

1.4 项、1.5 项和 1.6 项：底色：橙色；数字：黑色；配装组（*）位于下半部，数字“1”位于下角，黑色。

1.1 项、1.2 项和 1.3 项的象形图，也用于具有爆炸次要危险性的物质，但不标明项号和配装组（见“自反应物质和混合物”和“有机过氧化物”）。

2. 易燃气体

(1) 定义

易燃气体：指在 20℃和 101.3kPa 标准压力下，与空气有易燃范围的气体。

化学性质不稳定的气体：指在即使没有空气或氧气的条件下也能起爆炸反应的易燃气体。易燃气体包括化学性质不稳定的气体。

(2) 易燃气体的分类标准

易燃气体可分为 2 类，如表 2-4 所列。

表 2-4　易燃气体的分类

类别	标　　准
类别 1	在 20℃和标准大气压 101.3kPa 时的气体： (1)在与空气的混合物中按体积占 13%或更少时可被点燃的气体； (2)不论易燃下限如何，与空气混合，可燃范围至少为 12 个百分点的气体。
类别 2	在 20℃和标准大气压 101.3kPa 时，除类别 1 中的气体之外，与空气混合时有易燃范围的气体。

注：1. 在法规规定时，氨和甲基溴视为特例。
　　2. 气溶胶不得作为易燃气体分类。

易燃气体因化学性质不稳定，还须做进一步分类，采用《试验和标准手册》第三部分所述的方法，并按下表划分为化学性质不稳定气体的两个类别，见表 2-5。

表 2-5　化学性质不稳定气体的分类

类别	标　　准
A	在 20℃和 101.3kPa 标准压力下化学性质不稳定的易燃气体
B	温度超过 20℃和/或压力大于 101.3kPa 时化学性质不稳定的易燃气体

(3) 易燃气体的标签和要素分配（见表 2-6）

表 2-6　易燃气体的标签要素分配

<table>
<tr><td colspan="5">易燃气体(包括化学不稳定性气体)</td></tr>
<tr><td colspan="2">易燃气体</td><td colspan="2">化学不稳定性气体</td><td rowspan="2">备　　注</td></tr>
<tr><td>类别 1</td><td>类别 2</td><td>类别 A</td><td>类别 B</td></tr>
<tr><td>GHS：
危险
极易燃气体</td><td>无象形图
警告
易燃气体</td><td>无象形图
无附加信号词
无空气也可能
迅速反应</td><td>无象形图
无附加信号词
在升高的大气压
和/或温度无空气也可能
迅速反应</td><td rowspan="2">在《规章范本》中：
(1)图形符号的颜色
a. 图形符号、数字和边线可采用白色而不一定黑色。
b. 背景色两种情况都保持红色。
(2)图中数字“2”为 GB 6944—2012 中的第 2 类。
(3)货物运输图形标志的最小尺寸为 100mm×100mm</td></tr>
<tr><td>UN-MR：
2</td><td colspan="3">《规章范本》中未做要求</td></tr>
</table>

3. 气溶胶

(1) 定义

气溶胶是指喷射罐（任何不可重新灌装的容器，该容器由金属、玻璃或塑料制成）内装强制压缩、液化或溶解的气体（包含或不包含液体、膏剂或粉末），并配有释放装置以使内装物喷射出来，在气体中形成悬浮的固态或液态微粒或形成泡沫、膏剂或粉末或者以液态或气态形式出现。

（2）气溶胶的分类标准

① 如果气溶胶含有任何按GHS分类原则分类为易燃的成分时，该气溶胶应考虑分类为易燃物，即含易燃液体、易燃气体、易燃固体物质的气溶胶为易燃气溶胶，这里易燃成分不包括自燃、自热物质或遇水反应物质，因为这些成分从来不用作气溶胶内装物。

② 易燃气溶胶根据其成分、化学燃烧热，以及酌情根据泡沫试验（用于泡沫烟雾剂）、点火距离试验和封闭空间试验（用于喷雾气溶胶）的结果分为3类：极易燃气溶胶；易燃气溶胶；不易燃气溶胶。

（3）气溶胶的标签和要素分配（见表2-7）

表2-7 气溶胶的标签要素分配

气溶胶			
类别1	类别2	类别3	备　注
GHS： 危险 极易燃气溶胶 带压力容器： 如受热可能爆裂	GHS： 警告 易燃气溶胶 带压力容器： 如受热可能爆裂	无象形图 警告 带压力容器： 如受热可能爆裂	在《规章范本》中： (1)图形符号的颜色 a. 图形符号、数字和边线可采用白色而不一定黑色。 b. 背景色两种情况都保持红色。 (2)图中数字“2”为GB 6944—2012中的第2类。 (3)货物运输图形标志的最小尺寸为100mm×100mm
UN-MR： 2	UN-MR： 2	UN-MR： 2	

4. 氧化性气体

（1）定义

氧化性气体指一般提供氧气，比空气更能导致或促进其他物质燃烧的任何气体。

（2）氧化性气体的分类标准

氧化性气体根据表2-8归类为单一类别。

表2-8 氧化性气体的分类

类别	标　准
1	一般通过提供氧气，比空气更能引起或促使其他物质燃烧的任何气体

（3）氧化性气体的标签和要素分配（见表2-9）

表 2-9 氧化性气体的标签要素分配

氧化性气体	
类别 1	备　注
GHS： 危险 可引起燃烧或加剧燃烧； 氧化剂	在《规章范本》中： (1)图形符号的颜色 a. 图形符号、数字：黑色。 b. 背景：黄色。 (2)图中数字 5.1 为 GB 6944—2012 中的第 5 类第 1 项。 (3)货物运输图形标志的最小尺寸为 100mm×100mm
UN-MR：	

5. 加压气体

(1) 定义

指 20℃下，在压力等于或大于 200kPa（表压）下装入储存器，或是液化气体或冷冻液化气体。加压气体包括压缩气体、液化气体和冷冻液化气体等。

(2) 加压气体的分类

加压气体根据表 2-10 分为 4 类，即压缩气体、液化气体、冷冻液化气体和溶解气体。

表 2-10 加压气体的分类

类别	标　准
压缩气体	在－50℃加压封装时完全是气态的气体；包括所有临界温度≤－50℃的气体
液化气体	在高于－50℃的温度下加压封装时部分是液体的气体，又分为： (1)高压液化气体：临界温度在－50℃和 65℃之间的气体； (2)低压液化气体：临界温度高于 65℃的气体
冷冻液化气体	封装时由于其温度低而部分是液体的气体
溶解气体	加压封装时溶解于液相溶剂中的气体

(3) 加压气体的标签和要素分配（见表 2-11）

6. 易燃液体

(1) 定义

易燃液体指闪点不大于 93℃的液体。

(2) 易燃液体的分类

易燃液体根据表 2-12，分为 4 类。

表 2-11　加压气体的标签要素分配

加压气体				
压缩气体	液化气体	冷冻液化气体	溶解气体	备　注
GHS： 警告 内装加压气体； 遇热可能爆炸	GHS： 警告 内装加压气体； 遇热可能爆炸	GHS： 警告 内装冷冻气体； 可能造成低温 灼伤或损伤	GHS： 警告 内装加压气体； 遇热可能爆炸	在《规章范本》中： (1)不要求用于有毒气体或易燃气体。 (2)图形符号的颜色 a. 图形符号、数字和边线可采用白色而不一定黑色。 b. 背景色两种情况都保持绿色。 (3)图中数字 2 为 GB 6944—2012 中的第 2 类。 (4)货物运输图形标志的最小尺寸为 100mm×100mm。 (5)尺寸也可以缩小
UN-MR： 2	UN-MR： 2	UN-MR： 2	UN-MR： 2	

表 2-12　易燃液体的分类

类别	标　准
1	闪点小于 23℃，且初始沸点不大于 35℃
2	闪点小于 23℃，且初始沸点大于 35℃
3	闪点不小于 23℃且不大于 60℃
4	闪点大于 60℃，且不大于 93℃

(3) 易燃液的标签和要素分配（见表 2-13）

表 2-13　易燃液体标签要素分配

易燃液体				
类别 1	类别 2	类别 3	类别 4	备　注
GHS： 危险 极易燃液体和蒸气	GHS： 危险 高度易燃液体和蒸气	GHS： 警告 易燃液体和蒸气	无象形图 警告 可燃液体	在《规章范本》中： (1)图形符号的颜色 a. 图形符号、数字和边线可用黑色代替白色显示。 b. 背景色两种情况都保持红色。 (2)图中数字 2 为 GB 6944—2012 中的第 3 类。 (3)货物运输图形标志的最小尺寸为 100mm×100mm
UN-MR： 3	UN-MR： 3	UN-MR： 3	UN-MR： 3	

7. 易燃固体

（1）定义

易燃固体指容易燃烧或通过摩擦可能引燃或助燃的固体。易燃固体可为粉状、颗粒状或糊状物质，它们在与燃烧着的火柴等火源短暂接触即可点燃和火焰迅速蔓延的情况下，都非常危险。

（2）易燃固体的分类

易燃固体根据表 2-14，分为 2 类。

表 2-14　易燃固体的分类

类别	标　　准
1	燃烧速率试验： (1)除金属粉末之外的物质或混合物： ① 潮湿部分不能阻燃； ② 燃烧时间＜45s 或燃烧速率＞2.3mm/s。 (2)金属粉末：燃烧时间≤5min
2	燃烧速率试验： (1)除金属粉末之外的物质或混合物： ① 潮湿部分可以阻燃至少 4min； ② 燃烧时间＜45s 或燃烧速率＞2.2mm/s。 (2)金属粉末：5min＜燃烧时间≤10min

（3）易燃固体的标签和要素分配（见表 2-15）

表 2-15　易燃固体的标签要素分配

易燃固体		
类别 1	类别 2	备　　注
GHS： 危险 易燃固体	GHS： 4 警告 易燃固体	在《规章范本》中： 1)图形符号的颜色 a. 符号(火焰)：黑色。 b. 背景：白色，带 7 条垂直的红色条纹。 c. 数字“4”位于下角，黑色。 2)图中数字 4 为 GB 6944—2012 中的第 4 类。 3)货物运输图形标志的最小尺寸为 100mm×100mm
UN-MR：	UN-MR： 4	

8. 自反应物质或混合物

（1）定义

自反应物质或混合物是即使没有氧（空气）也容易发生激烈放热分解的热不稳定液态

或固态物质或者混合物。不包括根据统一分类制度分类为爆炸物、有机过氧化物或氧化物质的物质和混合物。

(2) 自反应物质或混合物的分类标准

自反应物质或混合物根据表2-16，分为7类。

表2-16 自反应物质或混合物的分类

类别	标准
A	任何自反应物质或混合物，如在运输包件中可能起爆或迅速爆燃
B	具有爆炸性的任何自反应物质或混合物，如在运输包件中不会起爆或迅速爆燃，但在该包件中可能发生热爆炸
C	具有爆炸性的任何自反应物质或混合物，如在运输包件中不可能起爆或迅速爆燃或发生热爆炸
D	任何自反应物质或混合物，在实验室中试验时： a. 部分起爆，不迅速爆燃，在封闭条件下加热时不呈现任何剧烈效应； b. 根本不起爆，缓慢爆燃，在封闭条件下加热时不呈现任何剧烈效应； c. 根本不起爆或爆燃，在封闭条件下加热时呈现中等效应
E	任何自反应物质或混合物，在实验室中试验时，既绝不起爆也绝不爆燃，在封闭条件下加热时呈现微弱效应或无效应
F	任何自反应物质或混合物，在实验室中试验时，既绝不在空化状态下起爆也绝不爆燃，在封闭条件下加热时只呈现微弱效应或无效应，而且爆炸力弱或无爆炸力
G	任何自反应物质或混合物，在实验室中试验时，既绝不在空化状态下起爆也绝不爆燃，在封闭条件下加热时显示无效应，而且无任何爆炸力。但该物质或混合物必须是热稳定的(50kg包件的自加速分解温度为60～75℃)，对于液体混合物，所用脱敏稀释剂的沸点不低于150℃。如果混合物不是热稳定的，或所用脱敏稀释剂的沸点低于150℃，则定为F型自反应物质

(3) 自反应物质或混合物的标签和要素分配（见表2-17）

表2-17 自反应物质或混合物的标签要素分配

自反应物质或混合物				
A型	B型	C型和D型	E型和F型	G型
GHS： 危险 加热可能爆炸	GHS： 危险 加热可能起火或爆炸	GHS： 危险 加热可能起火	GHS： 警告 加热可能起火	本危险类别没有分配标签要素

续表

自反应物质或混合物				
A 型	B 型	C 型和 D 型	E 型和 F 型	G 型
同爆炸物 (采用相同的图形符号选择过程)	UN-MR：	UN-MR：	UN-MR：	在《规章范本》中： 未作要求

注：1. 对于 B 型根据《规章范本》中的要求。
2.《规章范本》中的图形符号的颜色：
① 自反应物质图形符号：图形符号（火焰）：黑色；底色：白色带七条垂直红色条纹；数字“4”位于下角：黑色。
② 爆炸品图形符号：图形符号（爆炸的炸弹）：黑色；底色：橙色；数字“1”位于下角：黑色。

9. 自燃液体

(1) 定义

自燃液体指即使数量很小也能在与空气接触后 5min 内着火的液体。

(2) 自燃液体的分类标准

自燃液体根据表 2-18 归类为单一类别。

表 2-18 自燃液体的分类

类别	标 准
1	液体加至惰性载体并暴露在空气中后不到 5min 便燃烧，或者与空气接触不到 5min 便燃烧或使滤纸炭化的液体

(3) 自燃液体的标签和要素分配（见表 2-19）

表 2-19 自燃液体的标签要素分配

自燃液体	
类别 1	备 注
GHS： 危险 暴露在空气中自燃	在《规章范本》中： (1)图形符号的颜色 a. 图形符号(火焰)：黑色。 b. 背景：上半部白色，下半部红色；数字“4”位于下角：黑色。 (2)图中数字 4 为 GB 6944—2012 中的第 4 类。 (3)货物运输图形标志的最小尺寸为 100mm×100mm
UN-MR：	

10. 自燃固体

(1) 定义

自燃固体是指即使数量很小也能在与空气接触后 5min 内着火的固体。

(2) 自燃固体的分类标准

自燃固体根据表 2-20 归类为单一类别。

表 2-20 自燃固体的分类

类别	标 准
1	与空气接触不到 5min 便着火燃烧的固体

(3) 自燃固体的标签和要素分配（见表 2-21）

表 2-21 自燃固体的标签要素分配

<table>
<tr><td colspan="2">自燃固体</td></tr>
<tr><td>类别 1</td><td>备 注</td></tr>
<tr><td>GHS：

危险
暴露在空气中自燃</td><td rowspan="2">在《规章范本》中：
(1)图形符号的颜色
a. 图形符号(火焰)：黑色。
b. 背景：上半部白色，下半部红色。
c. 数字“4”位于下角：黑色。
(2)图中数字 4 为 GB 6944—2012 中的第 4 类。
(3)货物运输图形标志的最小尺寸为 100mm×100mm</td></tr>
<tr><td>UN-MR：

4</td></tr>
</table>

11. 自热物质和混合物

(1) 定义

自热物质和混合物是指除发火液体和固体以外通过与空气发生反应，无需外来能源即可自行发热的固态、液态物质或混合物。这类物质或混合物不同于发火液体或固体，只能在数量较大（以千克计）时并经过较长时间（几小时或几天）后才会着火燃烧。物质或混合物的自热是一个过程，其中物质或混合物与（空气中的）氧气发生反应，产生热量。

如果热产生的速度超过热损耗的速度，该物质或混合物的温度便会上升。经过一段时间的诱导，可能导致自发点火和燃烧。

(2) 自热物质和混合物的分类标准

自热物质和混合物根据表 2-22 分为 2 类。

表 2-22　自热物质和混合物的分类

类别	标　　准
1	用 25mm 立方体试样在 140℃下做试验时取得肯定结果
2	(1)用边长 100mm 立方体试样在 140℃下做试验时取得肯定结果，用边长 25mm 立方体试样在 140℃下做试验取得否定结果，并且该物质或混合物将装在体积大于 $3m^3$ 的包件内； (2)用 100mm 立方体试样在 140℃下做试验时取得肯定结果，用 25mm 立方体试样在 140℃下做试验取得否定结果，用 100mm 立方体试样在 120℃下做试验取得肯定结果，且该物质或混合物将装在体积大于 450L 的包件内； (3)用 100mm 立方体试样在 140℃下做试验时取得肯定结果，用 25mm 立方体试样在 140℃下做试验取得否定结果，并且用 100mm 立方体试样在 100℃下做试验取得肯定结果

注：1. 对于固态物质或混合物的分类试验，试验应该使用所提供形状的物质或混合物。例如，如果以运输为目的，所提供的同一化学品的物理形状不同于前次试验时的物理形状，而且据认为这种形状很可能实质性地改变它在分类试验中的性能，那么对该种物质或混合物也必须以新的形状进行试验。

2. 该标准基于木炭的自燃温度，即 $27m^3$ 的试样立方体的自燃温度 50℃。体积 $27m^3$ 的自燃温度高于 50℃的物质和混合物不划入本危险类别。体积 450L 的自燃温度高于 50℃的物质和混合物不应划入类别 1。

(3) 自热物质和混合物的标签和要素分配（见表 2-23）

表 2-23　自热物质和混合物的标签和要素分配

自热物质和混合物		
类别 1	类别 2	备　　注
GHS： 危险 自热； 可能燃烧	GHS： 警告 数量大时自热； 可能燃烧	在《规章范本》中： (1)图形符号的颜色 a. 图形符号(火焰)：黑色。 b. 背景：上半部白色，下半部红色。 c. 数字“4”位于下角：黑色。 (2)图中数字 4 为 GB 6944—2012 中的第 4 类。 (3)货物运输图形标志的最小尺寸为 100mm×100mm
UN-MR： 4	UN-MR： 4	

12. 遇水放出易燃气体的物质

(1) 定义

遇水放出易燃气体的物质是指与水相互作用后，可能自燃或释放达到危险数量的易燃气体的固态或液态物质或混合物。

(2) 遇水放出易燃气体的物质的分类标准

遇水放出易燃气体的物质根据表 2-24 分为 3 类。

表 2-24　遇水放出易燃气体的物质的分类

类别	标　　准
1	在环境温度下遇水起剧烈反应并且所产生的气体通常显示自燃倾向，或在环境温度下遇水容易起反应，释放易燃气体的速度等于或大于每千克物质在任何 1min 内释放 10L 的任何物质或混合物
2	在环境温度下遇水容易起反应，释放易燃气体的最大速度等于或大于每千克物质每小时释放 20L，并且不符合类别 1 的标准的任何物质或混合物
3	在环境温度下遇水容易起反应，释放易燃气体的最大速度等于或大于每千克物质每小时释放 1L，且不符合类别 1 和类别 2 的标准的任何物质或混合物

注：1. 如果自燃发生在试验程序的任何一个步骤，那么物质或混合物即划为遇水放出易燃气体物质。

2. 对于固态物质或混合物的分类试验，试验应使用所提供形状的物质或混合物。例如，如果为了供应或运输目的，所提供的同一化学品的物理形状不同于前次试验时的物理形状，而且据认为这种形状很可能实质性地改变它在分类试验中的性能，那么该种物质或混合物也应该以新的形状进行试验。

（3）遇水放出易燃气体的物质的标签和要素分配（见表 2-25）

表 2-25　遇水放出易燃气体的物质的标签要素分配

自热物质和混合物			
类别 1	类别 2	类别 3	备　　注
GHS： 危险 遇水放出可自燃的易燃气体	GHS： 危险 遇水放出易燃气体	GHS： 警告 遇水放出易燃气体	在《规章范本》中： (1)图形符号的颜色 a. 图形符号、数字和边线可用黑色代替白色显示。 b. 背景色两种情况都保持蓝色。 (2)图中数字 4 为 GB 6944—2012 中的第 4 类。 (3)货物运输图形标志的最小尺寸为 100mm×100mm
UN-MR： 4	UN-MR： 4	UN-MR： 4	

13. 氧化性液体

（1）定义

氧化性液体是本身未必燃烧，但通常因放出氧气可能引起或促使其他物质燃烧的液体。

（2）氧化性液体的分类标准

氧化性液体物质根据表 2-26 分为 3 类。

（3）氧化性液体的标签和要素分配（见表 2-27）

表 2-26　氧化性液体的分类

类别	标　　准
1	用物质(或混合物)与纤维素之比按重量 1∶1 的混合物进行试验时,可以自燃;或物质与纤维素之比按重量 1∶1 的混合物的平均压力上升时间小于 50%高氯酸与纤维素之比按重量 1∶1 的混合物的平均压力上升时间的任何物质或混合物
2	用物质(或混合物)与纤维素之比按重量 1∶1 的混合物进行试验时,显示的平均压力上升时间小于或等于 40%氯酸钠水溶液与纤维素之比按重量 1∶1 的混合物的平均压力上升时间;并且未满足类别 1 的标准的任何物质或混合物
3	用物质(或混合物)与纤维素之比按质量 1∶1 的混合物进行试验时,显示平均压力上升时间小于或等于 65%硝酸水溶液与纤维素之比按质量 1∶1 的混合物的平均压力上升时间;并且不符合类别 1 和类别 2 的标准的任何物质或混合物

表 2-27　氧化性液体的标签要素分配

氧化性液体			
类别 1	类别 2	类别 3	备　　注
GHS： 危险 引起燃烧或爆炸 强氧化剂	GHS： 危险 可加剧燃烧 氧化剂	GHS： 警告 可加剧燃烧 氧化剂	在《规章范本》中： (1)图形符号的颜色 a. 图形符号(火焰在圆环上)：黑色。 b. 背景：黄色。 (2)图中数字 5.1 为 GB 6944—2012 中的第 5 类第 1 项。 (3)货物运输图形标志的最小尺寸为 100mm×100mm
UN-MR： 5.1	UN-MR： 5.1	UN-MR： 5.1	

14. 氧化性固体

(1) 定义

氧化性固体是指本身不可燃，但通常会释放出氧气，引起或有助于其他物质燃烧的固体。

(2) 氧化性固体的分类标准

氧化性固体的物质根据表 2-28 分为 3 类。

表 2-28　氧化性固体的分类

类别	标　　准
1	以其样品与纤维素之比按重量 4∶1 或 1∶1 的混合物进行试验时,显示的平均燃烧时间小于溴酸钾与纤维素之比按重量 3∶2 的混合物的平均燃烧时间的任何物质或混合物
2	以其样品与纤维素之比按重量 4∶1 或 1∶1 的混合物进行试验时,显示的平均燃烧时间等于或小于溴酸钾与纤维素之比按重量 2∶3 的混合物的平均燃烧时间,并且未满足类别 1 的标准的任何物质或混合物
3	以其样品与纤维素之比按重量 4∶1 或 1∶1 的混合物进行试验时,显示的平均燃烧时间等于或小于溴酸钾与纤维素之比按重量 3∶7 的混合物的平均燃烧时间,并且未满足类别 1 和类别 2 的标准的任何物质或混合物

（3）氧化性固体的标签和要素分配（见表 2-29）

表 2-29　氧化性固体的标签要素分配

氧化性固体			
类别 1	类别 2	类别 3	备　注
GHS： 危险 引起燃烧或爆炸 强氧化剂	GHS： 危险 可加剧燃烧 氧化剂	GHS： 警告 可加剧燃烧 氧化剂	在《规章范本》中： (1)图形符号的颜色 a. 图形符号(火焰在圆环上)：黑色。 b. 背景：黄色。 (2)图中数字 5.1 为 GB 6944—2012 中的第 5 类第 1 项。 (3)货物运输图形标志的最小尺寸为 100mm×100mm
UN-MR： 5.1	UN-MR： 5.1	UN-MR： 5.1	

15. 有机过氧化物

（1）定义

有机过氧化物是含有二价—O—O—结构的液态或固态有机物质，可以看作是一个或两个氢原子被有机基替代的过氧化氢衍生物，也包括有机过氧化物配制品（混合物）。有机过氧化物是热不稳定物质或混合物，容易放热自加速分解。

另外，它们可能具有下列一种或几种性质：①易于爆炸分解；②迅速燃烧；③对撞击或摩擦敏感；④与其他物质发生危险反应。

如果其配制品在实验室试验中容易爆炸、迅速爆燃，或在封闭条件下加热时显示剧烈效应，则有机过氧化物被视为具有爆炸性。

（2）有机过氧化物的分类标准

有机过氧化物根据表 2-30 分为 7 类。

表 2-30　有机过氧化物的分类

类别	标　　准
A	任何有机过氧化物，如在包件中可能起爆或迅速爆燃
B	任何具有爆炸性的有机过氧化物，如在包件中既不起爆也不迅速爆燃，但在该包件中可能发生热爆炸
C	任何具有爆炸性的有机过氧化物，如在包件中不可能起爆或迅速爆燃，也不会发生热爆炸
D	任何有机过氧化物，如果在实验室试验中存在以下 3 种情况则可定为 D 型有机过化氧物： a. 部分起爆，不迅速爆燃，在封闭条件下加热时不呈现任何剧烈效应； b. 根本不起爆，缓慢爆燃，在封闭条件下加热时不呈现任何剧烈效应； c. 根本不起爆或爆燃，在封闭条件下加热时呈现中等效应

续表

类别	标　准
E	任何有机过氧化物，在实验室试验中，绝不会起爆或爆燃，在封闭条件下加热时只呈现微弱效应或无效应
F	任何有机过氧化物，在实验室试验中，绝不会在空化状态下起爆也绝不爆燃，在封闭条件下加热时只呈现微弱效应或无效应，而且爆炸力弱或无爆炸力
G	任何有机过氧化物，在实验室试验中，既绝不在空化状态下起爆也绝不爆燃，在封闭条件下加热时显示无效应，而且无任何爆炸力，定为G型有机过氧化物，但该物质或混合物必须是热稳定的(50kg包件的自加速分解温度为60℃或更高)，对于液体混合物，所用脱敏稀释剂的沸点不低于150℃。如果有机过氧化物不是热稳定的，或者所用脱敏稀释剂的沸点低于150℃，定为F型有机过氧化物

（3）有机过氧化物的标签和要素分配（见表2-31）

表2-31　有机过氧化物的标签要素分配

有机过氧化物				
A型	B型	C型和D型	E型和F型	G型
GHS： 危险 加热引起爆炸	GHS： 危险 加热可能燃烧或爆炸	GHS： 危险 加热可引起燃烧	GHS： 警告 加热可引起燃烧	本危险类别没有分配标签要素
与爆炸物 （采用相同的图形符号选择过程）	UN-MR： 5.2 1	UN-MR： 5.2	UN-MR： 5.2	在《规章范本》中不使用

注：1. 有机过氧化物象形图：符号（火焰黑色或白色；底色：上半部红色，下半部黄色）；数字“5.2”位于下角：黑色；

2. 爆炸品象形图：符号（爆炸的炸弹）：黑色；底色：橙色；数字“1”位于下角：黑色。

16. 金属腐蚀物

（1）定义

金属腐蚀物是指通过化学反应严重损坏，甚至毁坏金属的物质或混合物，包括金属腐蚀性物质和混合物。

（2）金属腐蚀物的分类标准

金属腐蚀物根据表 2-32 归类为单一类别。

表 2-32　金属腐蚀物的分类

类别	标　　准
1	在 55℃试验温度下对钢和铝表面都进行试验时，对这两种材料之一的腐蚀速率超过每年 6.25mm

（3）金属腐蚀物的标签和要素分配（见表 2-33）

表 2-33　金属腐蚀剂的标签要素分配

<table>
<tr><td colspan="2">金属腐蚀物</td></tr>
<tr><td>类别 1</td><td>备　　注</td></tr>
<tr><td>GHS：
警告
可能腐蚀金属</td><td rowspan="2">在《规章范本》中：
(1)图形符号的颜色
a. 图形符号(腐蚀)：黑色。
b. 背景：上半部白色，下半部黑色带白框；数字“8”位于下角：白色。
(2)图中数字 8 为 GB 6944—2012 中的第 8 类。
(3)货物运输图形标志的最小尺寸为 100mm×100mm</td></tr>
<tr><td>UN-MR：
8</td></tr>
</table>

（二）健康危险

1. 急性毒性

（1）定义

急性毒性是指口服或皮肤接触一种物质的单一剂量，或在 24 小时内多剂量施用后，或在吸入接触 4 小时后出现的有害效应。

（2）急性毒性的分类标准

急性毒性物质按照表 2-34 所列的极限标准数值，根据口服、皮肤或吸入途径的急性毒性分为五种毒性类别。急性毒性值用（近似）LD_{50}值（口服、皮肤）、LC_{50}值（吸入）或急性毒性估计值（ATE）表示。

表 2-34　急性毒性危害分类和定义各个类别的急性毒性估计值（ATE）

<table>
<tr><td>类别</td><td>第 1 类</td><td>第 2 类</td><td>第 3 类</td><td>第 4 类</td><td>第 5 类</td></tr>
<tr><td>口服/(mg/kg 体重)</td><td>5</td><td>50</td><td>300</td><td>2000</td><td rowspan="2">5000</td></tr>
<tr><td>皮肤/(mg/kg 体重)</td><td>50</td><td>200</td><td>1000</td><td>2000</td></tr>
</table>

续表

类别	第1类	第2类	第3类	第4类	第5类
气体/(10^{-6}V®)	100	500	2500	20000	具体标准见注4
蒸气/(mg/L)	0.5	2.0	10	20	
粉尘和烟雾	0.05	0.5	1.0	5	

注：1. 气体浓度以体积百分之一表示（10^{-6}V）。

2. 对物质进行分类的急性毒性估计值（ATE），可根据已知的LD_{50}/LC_{50}值推算。

3. 表2-34中的“粉尘”、“烟雾”和“蒸气”定义如下：

① 粉尘是指物质或混合物的固态粒子悬浮在一种气体中（通常是空气）。

② 烟雾是指物质或混合物的液滴悬浮在一种气体中（通常是空气）。

③ 蒸气是指物质或混合物从其液体或固体状态释放出来的气体形态。

粉尘通常通过机械加工形成。烟雾通常由过饱和蒸气凝结形成或通过液体的物理剪切作用形成。粉尘和烟雾中的颗粒尺寸从小于1μm到约100μm不等。

4. 第5类的标准旨在识别急性毒性危险相对较低，但在某些环境下可能对易受害人群造成危险的物质。这类物质经口服或皮肤摄入的LD_{50}其范围预计在2000～5000mg/kg，吸入途径为当量剂量。第5类的具体标准为：

① 如果存在可靠证据表明在LD_{50}（或LC_{50}）在第5类的数值范围内或者其他动物以及人类毒性效应研究表明对人类健康有急性影响的物质划入此类别；

② 对于没有充分理由将其划入更危险类别的物质，通过外推、评估或测量数据，将其划入该类别：

a. 存在可靠信息表明对人类有显著的毒性效应；

b. 通过口服、吸入或皮肤途径进行试验，剂量达到第4类值时，观察到任何致命性的；

c. 当进行试验，剂量达到第4类值时，经专家判断证实有显著的毒性临床征象（腹泻、毛发竖立或未修饰外表除外）的；

d. 经专家判断证实，其他动物研究中，有可靠信息表明可能会出现显著急性效应。

（3）急性毒性物质的标签和要素分配

急性经口毒性物质的标签和要素分配见表2-35，急性经皮肤毒性物质的标签和要素分配见表2-36，急性吸入毒性的物质的标签和要素分配见表2-37。

表2-35　急性经口毒性物质的标签和要素分配

类别1	类别2	类别3	类别4	类别5
GHS： 危险 吞咽致命	GHS： 危险 吞咽致命	GHS： 危险 吞咽会中毒	GHS： 警告 吞咽有害	无象形图 警告 吞咽可能有害
UN-MR： 6	UN-MR： 6	UN-MR： 6	在《规章范本》中未做要求。 说明：对于《规章范本》所列气体，用“2”取代位于象形图下角的数字“6”。 《规章范本》象形图颜色：符号（骷髅和交叉骨）：黑色；背景：白色；数字“6”位于下角：黑色	

表 2-36 急性经皮肤毒性物质的标签和要素分配

类别 1	类别 2	类别 3	类别 4	类别 5
GHS： 危险 皮肤接触会致命	GHS： 危险 皮肤接触会致命	GHS： 危险 皮肤接触会中毒	GHS： 警告 皮肤接触会有害	无象形图 警告 皮肤接触会可能有害
UN-MR： 6	UN-MR： 6	UN-MR： 6	在《规章范本》中未做要求。 说明：对于《规章范本》所列气体，用“2”取代位于象形图下角的数字“6”。 《规章范本》象形图颜色：符号（骷髅和交叉骨）：黑色；背景：白色；数字“6”位于下角：黑色	

表 2-37 急性吸入毒性物质的标签和要素分配

类别 1	类别 2	类别 3	类别 4	类别 5
GHS： 危险 吸入致命	GHS： 危险 吸入致命	GHS： 危险 吸入会中毒	GHS： 警告 吸入有害	无象形图 警告 吸入可能有害
UN-MR： 6	UN-MR： 6	UN-MR： 6	在《规章范本》中未做要求。 说明：对于《规章范本》所列气体，用“2”取代位于象形图下角的数字“6”。 《规章范本》象形图颜色：符号（骷髅和交叉骨）：黑色；背景：白色；数字“6”位于下角：黑色	

2. 皮肤腐蚀/刺激

（1）定义

皮肤腐蚀是对皮肤造成不可逆损伤，即施用试验物质最多 4h 后，可观察到表皮和真皮坏死。腐蚀反应的特征是溃疡、出血、有血的结痂，而且在观察期 14 天结束时，皮肤、完全脱发区域和结痂处由于漂白而褪色。应考虑通过组织病理学来评估可疑的病变。

皮肤刺激是施用试验物质最多 4 小时后对皮肤造成可逆损伤。

（2）皮肤腐蚀/刺激的分类标准

利用已知的皮肤腐蚀/刺激信息（包括以往人类或动物的经验数据），以及结构——活性关系和体外试验，结合分层试验和评估方案对皮肤腐蚀/刺激物质进行分类。分为皮肤腐蚀（第 1 类，细分为 1A、1B、1C 小类）、皮肤刺激（第 2 类）、轻微皮肤刺激（第 3 类），具体分类标准请参考《化学品分类和标签规范 第 19 部分：皮肤腐蚀刺激》（GB

30000.19—2013）中的4.2和4.3。

（3）皮肤腐蚀/刺激的标签和要素分配（见表2-38）

表2-38 皮肤腐蚀/刺激的标签和要素分配

类别1A	类别1B	类别1C	类别2	类别3
GHS： 危险 造成严重皮肤灼伤和眼损伤	GHS： 危险 造成严重皮肤灼伤和眼损伤	GHS： 危险 造成严重皮肤灼伤和眼损伤	GHS： 警告 造成皮肤刺激	无象形图 警告 造成轻微皮肤刺激
UN-MR：	UN-MR：	UN-MR：	在《规章范本》中未做要求。 说明： a. 图形符号，数字：黑色；背景为白色。 b. 图中数字8为GB 6944—2012中的第8类。 c. 货物运输图形标志的最小尺寸为100mm×100mm	

3. 严重眼损伤/眼刺激

（1）定义

严重眼损伤是在眼球前部表面施加试验物质之后，造成眼组织损伤，或严重生理视觉衰退，且在21d内不能完全恢复。

眼刺激是在眼球前部表面施加试验物质之后，眼睛产生变化，但在21天内可完全恢复。

（2）严重眼损伤/眼刺激的分类标准

严重眼损伤/眼刺激分为对眼睛不可逆的影响/对眼睛严重损伤（类别1）和眼睛的可逆效应（类别2）两类；眼睛的可逆效应又分为刺激物（2A）和轻度刺激物（2B）两个子类别，具体分类标准请参考《化学品分类和标签规范 第20部分：严重眼损伤/眼刺激》（GB 30000.20—2013）中的4.2和4.3部分。

（3）严重眼损伤/眼刺激的标签和要素分配（见表2-39）

表2-39 严重眼损伤/眼刺激的标签和要素分配

类别1	类别2A	类别2B
GHS： 危险 造成严重眼损伤	GHS： 警告 造成严重眼刺激	无象形图 警告 造成严重眼刺激
严重眼损伤/眼刺激在《规章范本》中不做要求		

4. 呼吸道或皮肤致敏

(1) 定义

呼吸道致敏是指吸入后会引起呼吸道过敏反应，引起呼吸致敏的物质称为呼吸致敏物。

皮肤致敏是指皮肤接触后引起过敏反应，引起皮肤致敏的物质称皮肤致敏物。

致敏包括两个阶段：第一个阶段是人因接触某种过敏原而引起特定免疫记忆。第二阶段是引发，即过敏者因接触某种过敏原而产生细胞介导或抗体介导的过敏反应。

对于呼吸致敏，诱发之后是引发阶段，与皮肤致敏相同。除此，皮肤致敏还存在一个让免疫系统做出反应的诱发阶段，如随后的接触足以引发可见的皮肤反应（引发阶段）则可能出现临床症状。因此，预测性的试验通常认为该阶段为诱发阶段，对该阶段的反应通过引发阶段加以计量，典型做法是使用斑片试验，但对诱发反应的局部淋巴结试验则采取直接计量。皮肤致敏通常采用诊断性斑片试验进行评估。

“呼吸道或皮肤致敏”危险分类可再分为：呼吸过敏和皮肤过敏。

就皮肤过敏和呼吸过敏而言，引发数值一般低于诱发数值。

(2) 呼吸道或皮肤致敏的分类标准

① 呼吸道致敏物

具体分类标准请参考《化学品分类和标签规范　第21部分：呼吸道或皮肤致敏》(GB 30000.21—2013) 中的5.2.1。呼吸道致敏物质的危险类别和子类别见表2-40。

表 2-40　呼吸道致敏物质的危险类别和子类别

第1类	呼吸道致敏物质
	物质按呼吸道致敏物质分类： ① 如果有人体研究表明，该物质可导致特定的严重呼吸(超)过敏； ② 如果适当的动物试验结果为阳性
1A子类	物质显示在人类中高发生率；或根据动物或其他试验，可能发生人的高过敏率。反应的严重程度可考虑在内
1B子类	物质显示在人身上低度到中度的发生率；或根据动物或其他试验，可能发生人的低度到中度过敏率。反应的严重程度可考虑在内

② 皮肤致敏物

具体分类标准请参考《化学品分类和标签规范　第21部分：呼吸道或皮肤致敏》(GB 30000.21—2013) 中的5.2.2。皮肤致敏物质的危险类别和子类别见表2-41。

表 2-41　皮肤致敏物质的危险类别和子类别

第1类	皮肤致敏物质
	物质按呼吸致敏物分类： ① 如果有人体研究表明，该物质可导致特定的严重皮肤过敏； ② 如果适当的动物试验结果为阳性
1A子类	物质显示在人类中高发生率；或根据动物或其他试验，可能发生人的高过敏率。反应的严重程度可考虑在内
1B子类	物质显示在人身上低度到中度的发生率；或根据动物或其他试验，可能发生人的低度到中度过敏率。反应的严重程度可考虑在内

呼吸道或皮肤致敏混合物分类，详见《化学品分类和标签规范　第21部分：呼吸道或皮肤致敏》（GB 30000.21—2013）中的5.3。

（3）呼吸道或皮肤致敏物的标签和要素分配

呼吸道致敏物的标签和要素分配见表2-42，皮肤致敏物的标签和要素分配见表2-43。

表2-42　呼吸道致敏物的标签要素分配

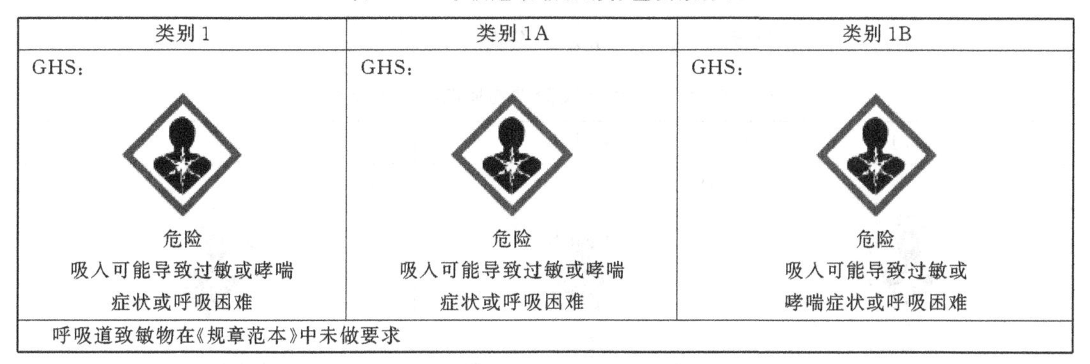

类别1	类别1A	类别1B
GHS： 危险 吸入可能导致过敏或哮喘症状或呼吸困难	GHS： 危险 吸入可能导致过敏或哮喘症状或呼吸困难	GHS： 危险 吸入可能导致过敏或哮喘症状或呼吸困难
呼吸道致敏物在《规章范本》中未做要求		

表2-43　皮肤致敏物的标签要素分配

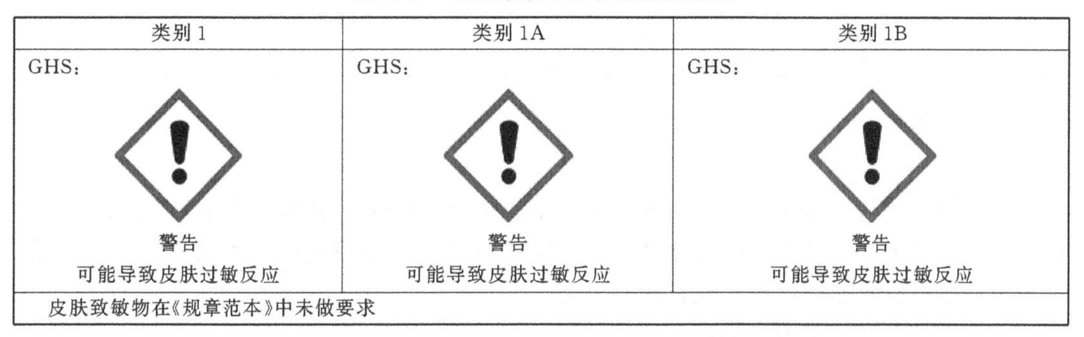

类别1	类别1A	类别1B
GHS： 警告 可能导致皮肤过敏反应	GHS： 警告 可能导致皮肤过敏反应	GHS： 警告 可能导致皮肤过敏反应
皮肤致敏物在《规章范本》中未做要求		

5. 生殖细胞致突变性

（1）定义

生殖细胞致突变性是指可能导致人类生殖细胞发生可传播给后代的突变。这里的突变指的是细胞中遗传物质的数量或结构发生永久性改变。

（2）生殖细胞致突变性的分类标准

生殖细胞致突变性的物质分类见表2-44。

生殖细胞致突变性的混合物分类具体请参考《化学品分类和标签规范　第22部分：生殖细胞致突变性》（GB 30000.22—2013）中的4.3。生殖细胞致突变性的物质分类见表2-44。

表2-44　生殖细胞致突变性的物质分类

类别	分类原则
类别1	已知引起或被认为可能引起人类生殖细胞可遗传突变的物质。 1A类：已引起人类生殖细胞可遗传突变的物质，人类流行病学研究中呈阳性的物质； 1B类：可能引起人类生殖细胞可遗传突变的物质。 ① 哺乳动物体内可遗传生殖细胞致突变性试验呈阳性的； ② 不仅哺乳动物体内体细胞致突变性试验呈阳性的，而且有信息表明物质有引起生殖细胞突变的； ③ 试验结果呈阳性，且已经在在人类生殖细胞中产生了致突变性，则无需证明是否遗传给后代

续表

类别	分类原则
类别 2	由于可能导致人类生殖细胞可遗传突变而引起人们关注的物质，哺乳动物试验或一些体外试验呈阳性的，体外实验包括： ① 哺乳动物体内体细胞致突变性试验； ② 得到体内体细胞生殖毒性试验的阳性结果支持的其他体外致突变性试验

（3）生殖细胞致突变性物质的标签和要素分配（见表 2-45）

表 2-45　生殖细胞致突变性物质的标签要素分配

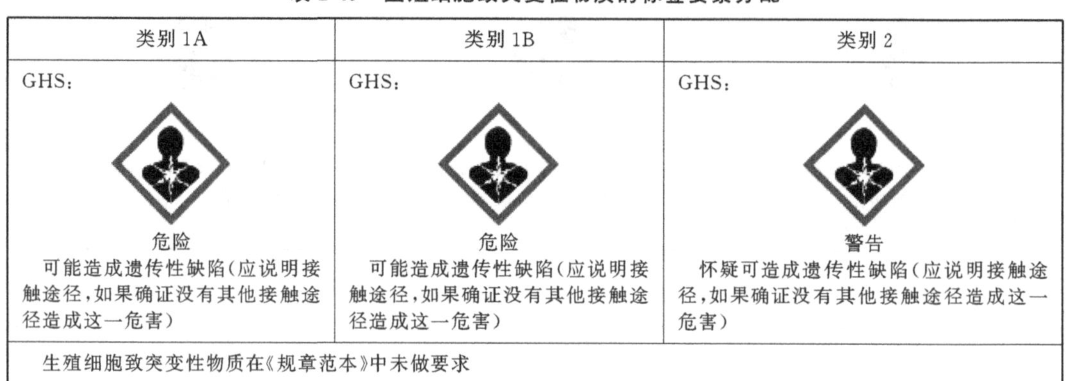

类别 1A	类别 1B	类别 2
GHS： 危险 可能造成遗传性缺陷（应说明接触途径，如果确证没有其他接触途径造成这一危害）	GHS： 危险 可能造成遗传性缺陷（应说明接触途径，如果确证没有其他接触途径造成这一危害）	GHS： 警告 怀疑可造成遗传性缺陷（应说明接触途径，如果确证没有其他接触途径造成这一危害）
生殖细胞致突变性物质在《规章范本》中未做要求		

6. 致癌性

（1）定义

致癌物是指可导致癌症或增加癌症发生率的化学物质或化学物质混合物。在实施良好的动物实验性研究中诱发良性和恶性肿瘤的物质也被认为是假定的或可疑的人类致癌物，除非有确凿证据显示该肿瘤形成机制与人类无关。

（2）致癌性物质的分类标准

根据物质致癌信息的充分程度和附加考虑事项，将致癌物质分为 2 类。某些情况下，可能还要根据致癌的具体途径进行分类。致癌性物质分类见表 2-46。

致癌性混合物分类具体请参考《化学品分类和标签规范　第 23 部分：致癌性》（GB 30000.23—2013）中的 4.3。

表 2-46　致癌性物质分类

类别	分类原则
第 1 类	已知的人类致癌物或已作致癌物对待的物质，根据流行病学或动物数据将物质划为第 1 类。个别物质需要进一步区分： 第 1A 类：已知对人类有致癌可能；对物质的分类主要根据人类现有数据； 第 1B 类：假定对人类有致癌可能；对物质的分类主要根据动物现有数据。 分类应以数据的充分程度及附加的考虑事项为基础。数据包括：已确定导致人类患癌的数据；动物试验数据，即已确定动物患癌的数据。个别情况，需要科学判断某种物质是否具有致癌性
第 2 类	可疑的人类致癌物： 根据人类和/或动物研究得到的数据不能划为第 1 类的的物质划为第 2 类。数据包括：有限导致人类患癌的数据；有限动物患癌的数据

（3）致癌性物质的标签和要素分配（见表 2-47）

表 2-47　致癌性物质的标签和要素分配

类别 1A	类别 1B	类别 2
GHS： 危险 可能致癌 （如果最终证明没有其他接触途径产生这一危险，则说明接触途径。）	GHS： 危险 可能致癌 （如果最终证明没有其他接触途径产生这一危险，则说明接触途径。）	GHS： 警告 怀疑致癌 （如果最终证明没有其他接触途径产生这一危险，则说明接触途径。）
致癌性物质在《规章范本》中未做要求		

7. 生殖毒性

（1）定义

生殖毒性是指对成年雄性和雌性性功能和生育能力造成有害影响，以及对后代发育不利的毒性。对于生殖毒性效应不能明确的物质，一并划为生殖有毒物并附加一般危险说明。

性功能和生育能力的有害影响包括：女性和男性生殖系统的变化，对性成熟期开始的有害效应、配子的形成和输送、生殖周期的正常性、性功能、生育力、分娩、未成熟生殖系统的早衰和与生殖系统完整性有关的其他功能的改变。

发育毒性包括：干扰胎儿在出生前、后正常发育的任何效应，实质上是指怀孕期间引起的有害影响。发育毒性的主要表现包括发育中的生物体死亡、结构畸形、生长改变以及功能缺陷等。

（2）生殖毒性物质的分类标准

根据对性功能和生育能力、发育的影响，将生殖毒性物质分为 2 类，具体见表 2-48。

生殖毒性混合物分类具体请参考《化学品分类和标签规范　第 24 部分：生殖毒性》（GB 30000.24—2013）中的 4.3。

表 2-48　生殖毒性物质分类

类别	分类原则
第 1 类	已知的人类生殖毒性物质或已作为生殖毒性物质对待的物质。 本类别包括已知对人类性功能和生育能力、发育产生有害影响的物质或动物研究表明其毒性可能对人类生殖系统影响很大的物质。可根据数据的来源不同，对该类物质进一步划分：来自人类数据的第 1A 类，来自动物数据的第 1B 类。 第 1A 类：已知对人类有生殖毒性的，主要根据人类现有数据； 第 1B 类：假定对人类有致癌可能。 主要根据动物现有数据。动物数据应能表明在没有其他毒性效应的情况下对性功能和生育能力、发育有有害影响，或者与其他毒性物质一起作用时，其对生殖的有害影响并不来自于其他物质。但若有信息不确定物质的毒性效应与人类生殖系统相关，划为第 2 类可能更适合
第 2 类	可疑的人类生殖毒物。 本类物质指的是一些人类或试验动物数据表明在没有其他毒性效应的情况下，对性功能和生育能力、发育有有害影响，或者与其他毒性物质一起作用时，其对生殖的有害影响并不来自于其他物质，且数据的说服力不够，不能将物质划为第 1 类的物质

(3) 生殖毒性物质的标签和要素分配（见表 2-49）

表 2-49　生殖毒性物质的标签要素分配

类别 1A	类别 1B	类别 2	附加类别
GHS： 危险 可能对生育能力或胎儿造成伤害（如果已知，说明具体影响；应说明接触途径，如果确定没有其他接触途径造成这一伤害）	GHS： 危险 可能对生育能力或胎儿造成伤害（如果已知，说明具体影响；应说明接触途径，如果确定没有其他接触途径造成这一伤害）	GHS： 警告 怀疑对生育能力或胎儿造成伤害（如果已知，说明具体影响；应说明接触途径，如果确定没有其他接触途径造成这一伤害）	无象形图 无信号词 可能对母乳喂养的儿童造成伤害
生殖毒性物质在《规章范本》中未做要求			

8. 特异性靶器官毒性一次接触

(1) 定义

特异性靶器官系统毒性一次接触指在单次接触某些物质和混合物后，会产生特定的、非致命的目标器官毒性，包括可能损害机能的、可逆和不可逆的、即时和/或延迟的显著健康影响。

靶器官：化学物质被吸收后可随血流分布到全身各个组织器官，但其直接发挥毒性作用的部位往往只限于一个或几个组织器官，这样的组织器官称为靶器官。

进入人体的毒物或环境污染物，对机体各器官的毒作用并不相同，有的只对部分器官产生毒作用，如脑、甲状腺、肾脏分别是甲基汞、碘化物、镉的靶器官。

(2) 特异性靶器官毒性一次接触物质的分类标准

在所有已知数据基础上，依靠专家判断，结合即时或延迟效应，按其性质和严重性将物质分为 3 类，具体见表 2-50。

特异性靶器官毒性一次接触混合物分类具体请参考《化学品分类和标签规范　第 25 部分：特异性靶器官毒性一次接触》(GB 30000.25—2013) 中的 5.3。

表 2-50　特异性靶器官毒性一次接触物质分类

类别	分类原则
第 1 类	对人类产生显著毒性的物质，或者根据动物试验研究得到的数据，可假定在单次接触后有可能对人类产生显著毒性的物质，根据以下各项将物质划入第 1 类： ① 人类病例或流行病学研究得到的可靠数据证明的； ② 动物试验研究结果表明，在较低接触浓度下产生了与人类健康有相关显著的和/或严重毒性效应的
第 2 类	动物试验研究数据表明，可假定在单次接触后有可能对人体产生危害的物质。 可根据动物试验研究结果将物质划入第 2 类。动物试验研究结果表明，在适度接触浓度下产生了与人类健康有相关显著的和/或严重毒性效应的

续表

类别	分类原则
第3类	暂时性目标器官效用。 有些目标器官效应可能不符合把物质/混合物划入上述第1类或第2类。这些效应在接触后的短时间里改变了人类功能，但人类可在一段合理的时间内恢复而不留下显著的组织或功能损害。 这一类别仅包括麻醉效应和呼吸道刺激

（3）特异性靶器官毒性一次接触物质的标签和要素分配（见表2-51）

表2-51　特异性靶器官毒性一次接触物质标签要素分配

类别1	类别2	类别3
GHS： 危险 对器官造成伤害(或说明已知的所有受影响器官。如果确定没有其他接触途径引起这一伤害，则说明接触途径)	GHS： 警告 对器官造成伤害(或说明已知的所有受影响器官。如果确定没有其他接触途径引起这一伤害，则说明接触途径)	GHS： 警告 (呼吸道刺激)可能引起呼吸道刺激或(麻醉效应)可能引起昏昏欲睡或昏眩
特异性靶器官毒性一次接触物质在《规章范本》中未做要求		

9. 特异性靶器官毒性反复接触

（1）定义

特异性靶器官毒性反复接触指在多次接触某些物质和混合物后，会产生特定的、非致命的靶器官毒性，包括可能损害机能的、可逆和不可逆的、即时和/或延迟的显著健康影响。

（2）特异性靶器官毒性反复接触物质的分类标准

在所有已知数据基础上，依靠专家判断，结合即时或延迟效应，按其性质和严重性将物质分为2类，具体见表2-52。

特异性靶器官毒性反复接触混合物分类具体请参考《化学品分类和标签规范　第26部分：特异性靶器官毒性反复接触》(GB 30000.26—2013）中的5.3。

表2-52　特异性靶器官毒性反复接触物质分类

类别	分类原则
第1类	对人类产生显著毒性的物质，或者根据动物试验研究得到的数据，可假定在多次接触后有可能对人类产生显著毒性的物质，根据以下各项将物质划入第1类： ① 人类病例或流行病学研究得到的可靠数据证明的； ② 动物试验研究结果表明，在较低接触浓度下产生了与人类健康有相关显著的和/或严重毒性效应的
第2类	动物试验研究数据表明，可假定在单次接触后有可能对人体产生危害的物质。 可根据动物试验研究结果将物质划入第2类。动物试验研究结果表明，在适度接触浓度下产生了与人类健康有相关显著的和/或严重毒性效应的。在特殊情况下，也可根据人体数据将物质划入第2类

（3）特异性靶器官毒性反复接触物质的标签和要素分配（见表2-53）

表 2-53　特异性靶器官毒性反复接触物质的标签要素分配

类别 1	类别 2
GHS： 危险 长时间或反复接触 （如果确定没有其他接触途径引起这一伤害，则说明接触途径）对器官造成损伤（说明已知的所有受影响的器官）	GHS： 警告 长时间或反复接触 （如果确定没有其他接触途径引起这一伤害，则说明接触途径）对器官造成损伤（说明已知的所有受影响的器官）
特异性靶器官毒性反复接触物质在《规章范本》中未做要求	

10. 吸入危害

（1）定义

吸入危害指液态或固态化学品通过口腔或鼻腔直接进入或者因呕吐间接进入气管和下呼吸系统所造成的危害。如化学性肺炎、不同程度的肺损伤和吸入致死等。

（2）吸入危害物质的分类标准

吸入危害物质的分类具体见表 2-54。

吸入危害混合物分类具体请参考《化学品分类和标签规范　第 27 部分：吸入危害》（GB 30000.27—2013）中的 4.4。

表 2-54　吸入危害物质分类

类别	分类原则
第 1 类 已知引起人体吸入毒性危险的化学品或被看做会引起人类吸入毒性危险的化学品	以下物质被划入第 1 类： （1）根据可靠的优质人类证据； （2）如果是烃类物质在 40℃时运动黏度不大于 20.5mm^2/s
第 2 类 因假定它们会引起人体吸入毒性危险而令人担心的化学品	现有动物研究数据表明以及经专家考虑到表明张力、水溶性、沸点和挥发性做出判断，在 40℃时运动黏度不大于 14mm^2/s 的物质，已划入第 1 类的物质除外

（3）吸入危害物质的标签和要素分配（见表 2-55）

表 2-55　吸入危害物质的标签要素分配

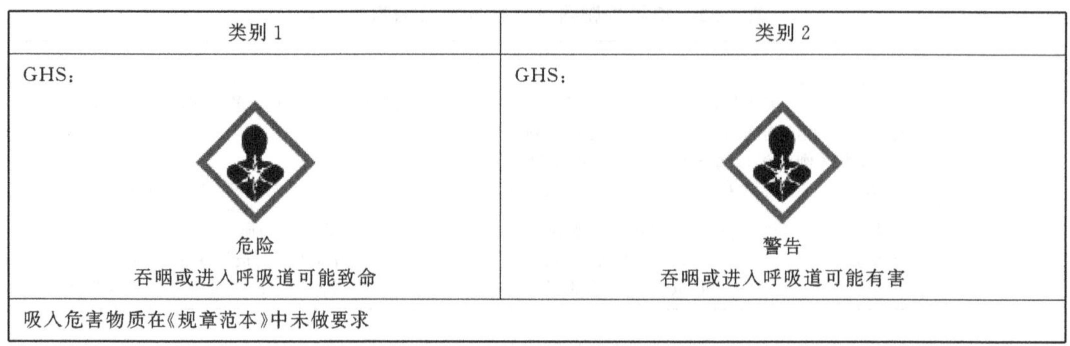

类别 1	类别 2
GHS： 危险 吞咽或进入呼吸道可能致命	GHS： 警告 吞咽或进入呼吸道可能有害
吸入危害物质在《规章范本》中未做要求	

（三）环境危险

1. 危害水生环境

（1）定义

急性水生毒性：指物质具有对水中生物体短时间接触时即可造成伤害的性质。

急性危害：指化学品的急毒性，具有对水中的生物体短时间接触时即可造成伤害的性质。

物质的可用性：指物质变为可溶解物或分解物的程度。

金属可用性：指金属化合物中的金属离子可从化合物中分解出来的程度。

生物利用率：指物质被生物体吸收并在其体内某区域分布的程度。它取决于物质的物理化学性质、生物体的结构和生理机能、药物动力机制和接触途径。可用性并不是生物可利用的前提条件。

生物积累：指物质经由所有接触途径（即空气、水、沉淀物/泥土和食物）被生物体吸收、转化和排出的净结果。

生物浓度：指物质经水传播至生物体吸收、转化和排出的净结果。

慢性水生毒性：指物质具有对水中的生物体一定时间内接触时可造成伤害的性质，接触时间根据生物体的生命周期确定。

复杂混合物、多组分物质或复杂物质：指由不同溶解度和物理化学性质的单个物质混合而成的混合物。大部分情况下，它们是具有特定碳链长度/置换度数目的同系物质。

降解：指有机分子分解为更小分子的过程，降解的最终产物为 CO_2、水和盐类。

长期危害：指化学品的慢性毒性，对在水生环境中长期暴露于该毒性所造成危害的性质。

（2）危害水生环境物质的分类标准

危害水生环境物质分为急性水生危害、长期水生危害和“安全网”3类，具体见表2-56。

危害水生环境混合物分类具体请参考《化学品分类和标签规范　第28部分：对水生环境的危害》（GB 30000.28—2013）中的4.3。

表2-56　危害水生环境物质分类

急性水生危害	类别1 96h LC_{50}（鱼类） 48h EC_{50}（甲壳纲动物） 72h ErC_{50}或96h ErC_{50}（藻类或其他水生植物）	≤1mg/L
	类别2 96h LC_{50}（鱼类） 48h EC_{50}（甲壳纲动物） 72h ErC_{50}或96h ErC_{50}（藻类或其他水生植物）	＞1mg/L且≤10mg/L
	类别3 96h LC_{50}（鱼类） 48h EC_{50}（甲壳纲动物） 72h ErC_{50}或96h ErC_{50}（藻类或其他水生植物）	＞10mg/L且≤100mg/L

续表

长期水生危害	不能快速降解的物质，已掌握充分的慢性资料	类别 1 慢毒 NOEC 或 EC_x（鱼类） 慢毒 NOEC 或 EC_x（甲壳纲动物） 慢毒 NOEC 或 EC_x（藻类或其他水生植物）	≤0.1mg/L
		类别 2 慢毒 NOEC 或 EC_x（鱼类） 慢毒 NOEC 或 EC_x（甲壳纲动物） 慢毒 NOEC 或 EC_x（藻类或其他水生植物）	≤1mg/L
	可快速降解的物质，已掌握充分的慢性资料	类别 1 慢毒 NOEC 或 EC_x（鱼类） 慢毒 NOEC 或 EC_x（甲壳纲动物） 慢毒 NOEC 或 EC_x（藻类或其他水生植物）	≤0.01mg/L
		类别 2 慢毒 NOEC 或 EC_x（鱼类） 慢毒 NOEC 或 EC_x（甲壳纲动物） 慢毒 NOEC 或 EC_x（藻类或其他水生植物）	≤0.1mg/L
		类别 3 慢毒 NOEC 或 EC_x（鱼类） 慢毒 NOEC 或 EC_x（甲壳纲动物） 慢毒 NOEC 或 EC_x（藻类或其他水生植物）	≤1mg/L
	尚未充分掌握慢性资料的物质	类别 1 96h LC_{50}（鱼类） 48h EC_{50}（甲壳纲动物） 72h ErC_{50}或 96h ErC_{50}（藻类或其他水生植物）	≤1mg/L
		类别 2 96h LC_{50}（鱼类） 48h EC_{50}（甲壳纲动物） 72h ErC_{50}或 96h ErC_{50}（藻类或其他水生植物）	＞1mg/L 且≤10 mg/L
		类别 3 96h LC_{50}（鱼类） 48h EC_{50}（甲壳纲动物） 72h ErC_{50}或 96h ErC_{50}（藻类或其他水生植物）	＞10mg/L 且≤100mg/L
安全网		水溶性条件下没有显示急性毒性，且不能快速降解、$\lg K_{ow}$≥4、表现出生物积累潜力但不易溶解的物质将划为本类别（且经试验确定的 BCF＜500，慢性毒性 NOECs＞1mL/L，可快速降解）	

注：1. EC_x 表示 x%有效浓度，指引起一组试验中 x%动物产生某一特定反应，或是某反应指标被抑制一半时的浓度。

2. NOEC 表示无显见效果浓度，指的是在统计上产生刚好低于有害影响的最低可测浓度。

3. BCF 表示生物富集系数，是生物组织（干重）中化合物的浓度和溶解在水中的浓度之比，也可以认为是生物对化合物的吸收速率与生物体内化合物净化速率之比，用来表示有机化合物在生物体内的生物富集作用的大小，生物富集系数是描述化学物质在生物体内累积趋势的重要指标。

4. K_{ow}表示正辛醇—水分配系数，指平衡状态下化合物在正辛醇和水相中浓度的比值。它反映了化合物在水相和有机相之间的迁移能力，是描述有机化合物在环境中行为的重要物理化学参数，它与化合物的水溶性、土壤吸附常数和生物浓缩因子密切相关。

(3) 危害水生环境物质的标签和要素分配

危害水生环境——急性危险类别物质的标签和要素分配见表 2-57，危害水生环境——长期危险类别物质的标签和要素分配见表 2-58。

表 2-57　危害水生环境——急性危险类别物质的标签和要素分配

类别 1	类别 2	类别 3
GHS： 警告 对水生生物毒性极大	无象形图 无信号词 对水生生物有毒	无象形图 无信号词 对水生生物有毒
UN-MR：	《规章范本》中未做要求	

表 2-58　危害水生环境——长期危险类别物质的标签和要素分配

类别 1	类别 2	类别 3	类别 4
GHS： 警告 对水生生物毒性极大，并具有长期持续影响	GHS： 无信号词 对水生生物有毒，并具有长期持续影响	无象形图 无信号词 对水生生物有毒，并具有长期持续影响	无象形图 无信号词 可能对水生生物造成长期持续有害影响
UN-MR：	UN-MR：	《规章范本》中未做要求	

2. 危害臭氧层

(1) 定义

化学品是否危害臭氧层，通过臭氧消耗潜能值（ODP）确定。臭氧消耗潜能值（ODP）是指一个有别于单一种类卤化碳排放源的综合总量，反映与同等质量的三氯氟甲烷（CFC-11）相比，卤化碳可能对平流层造成的臭氧消耗程度。

(2) 危害臭氧层物质的分类标准

危害臭氧层物质和混合物的分类见表 2-59。

表 2-59　危害臭氧层物质和混合物的分类

分类	标　　准
1	《蒙特利尔议定书》附件中列出的任何受管制物质。 混合物中还有至少一种被列入《蒙特利尔议定书》附件中列出的任何受管制物质，且至少有一种物质的浓度≥0.1%

（3）危害臭氧层物质的标签和要素分配（见表 2-60）

表 2-60　危害臭氧层物质的标签要素分配

类别 1
GHS： [GHS 感叹号象形图] 警告 破坏高层大气中的臭氧，危害公共健康和环境
《规范范本》中未做要求

二、基于《危险货物分类和品名编号》的分类标准

《危险货物分类和品名编号》（GB 6944—2012）中把危险化学品分为 9 类，即爆炸品、气体、易燃液体、易燃固体、易于自燃的物质和遇水放出易燃气体的物质、氧化性物质和有机过氧化物、毒性物质和感染性物质、放射性物质、腐蚀性物质、杂项危险物质和物品。下面将分别对此 9 类进行讲述。

（一）第 1 类　爆炸品

1. 爆炸品的定义

爆炸品包括以下 3 类。

① 爆炸性物质（物质本身不是爆炸品，但能形成气体、蒸汽或粉尘爆炸环境者，不列入第 1 类），不包括那些太危险以致不能运输或其主要危险性符合其他类别的物质。

② 爆炸性物品，不包括下述装置：其中所含爆炸性物质的数量或特性，不会使其在运输过程中偶然或意外被点燃或引发后因迸射、发火、冒烟、发热或巨响而在装置外部产生任何影响。

③ 为产生爆炸或烟火实际效果而制造的，①和②中未提及的物质或物品。

爆炸性物质是指固体或液体物质（或物质混合物），自身能够通过化学反应产生气体，其温度、压力和速度高到能对周围造成破坏。烟火物质即使不放出气体，也包括在内。

爆炸性物品是指含有一种或几种爆炸性物质的物品。

2. 爆炸品的主要特性

（1）化学不稳定性

在受热、撞击、摩擦、遇明火等条件下能以极快的速度发生猛烈的化学反应，产生的大量气体和热量在短时间内无法逸散开去，致使周围的温度迅速升高并产生巨大的压力而引起爆炸。爆炸品一旦发生爆炸，往往危害大、损失大、扑救困难，因此从事爆炸品工作的人员必须熟悉爆炸品的性能、危险特性和不同爆炸品的特殊要求。

（2）殉爆性

当炸药爆炸时，能引起位于一定距离之外的炸药也发生爆炸，这种现象称为殉爆。殉

爆发生的原因是冲击波的传播作用，距离越近冲击波强度越大。由于爆炸品具有殉爆的性质，因此，对爆炸品的储存和运输必须高度重视，严格要求，加强管理。

(3) 其他性质

① 很多炸药都有一定的毒性，如 TNT、硝化甘油、雷汞酸等。

② 有些爆炸品与某些化学药品，如酸、碱、盐发生反应的生成物是更容易爆炸的化学品。如苦味酸遇某些碳酸盐能反应生成更易爆炸的苦味酸盐。

③ 某些爆炸品受光照容易分解，如叠氮银、雷汞银。

④ 某些爆炸品具有较强的吸湿性，受潮或遇湿后会降低爆炸能力，甚至无法使用，如硝铵炸药等应注意防止受潮失效。

3. 爆炸品的分项

《危险货物分类和品名编号》(GB 6944—2012) 中按运输危险性把爆炸品分为 6 项，具体如下。

(1) 第 1.1 项

有整体爆炸危险的物质和物品。整体爆炸是指瞬间能影响到几乎全部载荷的爆炸。

(2) 第 1.2 项

有迸射危险，但无整体爆炸危险的物质和物品。

(3) 第 1.3 项

有燃烧危险并有局部爆炸危险或局部迸射危险或这两种危险都有，但无整体爆炸危险的物质和物品。

本项包括满足下列条件之一的物质和物品：

① 可产生大量热辐射的物质和物品；

② 相继燃烧产生局部爆炸或迸射效应或两种效应兼而有之的物质和物品。

(4) 第 1.4 项

不呈现重大危险的物质和物品，本项包括运输中万一点燃或引发时仅造成较小危险的物质和物品。其影响主要限于包件本身，并预计射出的碎片不大、射程也不远，外部火烧不会引起包件几乎全部内装物的瞬间爆炸。

(5) 第 1.5 项

有整体爆炸危险的非常不敏感物质。

① 本项包括有整体爆炸危险性、但非常不敏感，以致在正常运输条件下引发或由燃烧转为爆炸的可能性极小的物质。

② 船舱内装有大量本项物质时，由燃烧转为爆炸的可能性较大。

(6) 第 1.6 项

无整体爆炸危险的极端不敏感物品。

① 本项包括仅含有极不敏感爆炸物质并且其意外引发爆炸或传播的概率可忽略不计的物品。

② 本项物品的危险仅限于单个物品的爆炸。

4. 爆炸品的安全标志

危险化学品安全标志通过图案、文字说明、颜色等信息，鲜明、简洁的表征危险化学品的特性和类别，向作业人员传递安全信息的警示性材料。

爆炸品的安全标志如图 2-1 所示。

符号：黑色；文字：黑色；底色：橙红色

** 项号的位置——如果爆炸性是次要危险性，留空白；

* 配装组字母的位置——如果爆炸性是次要危险性，留空白

图 2-1　爆炸品的安全标志（从左至右依次为第 1.1～第 1.3 项，第 1.4 项，第 1.5 项，第 1.6 项）

（二）第 2 类　气体

1. 气体的定义

本类气体是指满足下列条件之一的物质：

① 在 50℃时，蒸气压力大于 300kPa 的物质。

② 在 20℃时，在 101.3kPa 标准压力下完全是气态的物质。

本类气体包括压缩气体、液化气体、溶解气体和冷冻液化气体、一种或多种气体与一种或多种其他类别物质的蒸气的混合物、充有气体的物品和气雾剂，具体说明如下：

① 压缩气体是指在－50℃下加压包装供运输时完全是气态的气体，包括临界温度小于或等于－50℃的所有气体。

② 液化气体是指在温度大于－50℃下加压包装供运输时部分是液态的气体，可分为高压液化气体和低压液化气体。

a. 高压液化气体：临界温度在－50～65℃之间的气体；

b. 低压液化气体：临界温度＞65℃的气体。

③ 溶解气体是指加压包装供运输时溶解于液相溶剂中的气体。

④ 冷冻液化气体是指包装供运输时由于其温度低而部分呈液态的气体。

2. 气体的特性

当受热、撞击或强烈震动时，容器内压力急剧增大，致使容器破裂爆炸，或导致气瓶阀门松动漏气，酿成火灾或中毒事故。

（1）易燃易爆性

该类化学品超过半数是易燃气体，易燃气体的主要危险特性就是易燃易爆，处于燃烧浓度范围之内的易燃气体，遇着火源都能着火或爆炸，有的甚至只需极微小能量就可燃爆。简单成分组成的气体比复杂成分组成的气体易燃，燃烧速度快，火焰温度高，着火爆炸危险性大。由于充装容器为压力容器，受热或在火场上受热辐射时还易发生物理性爆炸。

（2）扩散性

由于气体的分子间距大，相互作用小，所以非常容易扩散，能自发地充满任何容器，气体的扩散性受密度影响，比空气轻的气体在空气中可以无限制地扩散，易与空气形成爆炸性混合物；比空气重的气体扩散后，往往聚集在地表、沟渠、隧道、厂房死角等处，长时间不散，遇着火源发生燃烧或爆炸。

（3）可缩性与膨胀性

气体的热胀冷缩比液体、固体大得多，其体积随温度的升降而胀缩。

（4）静电性

气体从管口破损处高速喷出时，由于强烈的摩擦作用，会产生静电。

（5）腐蚀毒害性

气体主要是一些含氢、硫元素的气体，具有腐蚀作用。如氢、氨、硫化氢都能腐蚀设备，严重时可导致设备裂缝、漏气。这类危险化学品除了氧气和压缩空气外，大都具有一定的毒害性。

（6）窒息性

气体都有一定的窒息性（氧气和压缩空气除外）。如二氧化碳、氮气、氦气等惰性气体，一旦发生泄漏，能使人窒息死亡。

（7）氧化性

气体的氧化性表现为三种情况：第一种是易燃气体，如氢气、甲烷等；第二种是助燃气体，如氧气、压缩空气、一氧化二氮；第三种是本身不燃，但氧化性很强，与可燃气体混合后能发生燃烧或爆炸的气体，如氯气与乙炔混合即可爆炸，氯气与氢气混合见光可爆炸。

3. 气体的分项

气体在《危险货物分类和品名编号》(GB 6944—2012) 中，共分为 3 项，具体如下。

（1）第 2.1 项：易燃气体

本项包括在 20℃和 101.3kPa 条件下满足下列条件之一的气体：

① 爆炸下限小于等于 13%的气体；

② 不论其爆燃性下限如何，其爆炸极限（燃烧范围）大于等于 12 个百分点的气体。

例如，氢气、乙炔、正丁烷等。

（2）第 2.2 项：非易燃无毒气体

本项包括窒息性气体、氧化性气体以及不属于其他项别的气体。本项不包括在温度 20℃时的压力低于 200kPa、并且未经液化或冷冻液化的气体。常见的有氮气、二氧化碳、惰性气体，还包括助燃气体氧气、压缩空气等。

（3）第 2.3 项：毒性气体

本项包括满足下列条件之一的气体：

① 其毒性或腐蚀性对人类健康造成危害的气体；

② 急性半数致死浓度 LC_{50} 值小于或等于 $5000mL/m^3$ 的毒性或腐蚀性气体。

常见的有氯气、二氧化硫、氨气、氰化氢等。

具有两个项别以上危险性的气体和气体混合物，其危险性先后顺序如下：

① 2.3 项优先于所有其他项；

② 2.1 项优先于 2.2 项。

4. 气体的安全标志

气体分为 3 项的安全标志如图 2-2 所示。

底色：正红色
图形：火焰(黑色或白色)
文字：黑色或白色

底色：绿色
图形：气瓶(黑色或白色)
文字：黑色或白色

底色：白色
图形：骷髅头和交叉骨形(黑色)
文字：黑色

图 2-2 气体的安全标志

(从左往右依次为第 2.1 项、第 2.2 项、第 2.3 项)

(三) 第 3 类　易燃液体

1. 易燃液体的定义

易燃液体指易燃的液体或液体混合物，或是在溶液或悬浮液中有固体的液体，其闭杯试验闪点不高于 60℃，或开杯试验闪点不高于 65.6℃。

易燃液体还包括满足下列条件之一的液体：

① 在温度等于或高于其闪点的条件下提交运输的液体；

② 以液态在高温条件下运输或提交运输、并在温度等于或低于最高运输温度下放出易燃蒸气的物质。

2. 易燃液体的特性

(1) 易挥发性

易燃液体的沸点都很低，易燃液体很容易挥发出易燃蒸气，达到一定浓度后遇到着火源而燃烧。

(2) 受热膨胀性

易燃液体的膨胀系数比较大，受热后体积容易膨胀，同时其蒸气压也随之升高，从而使密封容器中内部压力增大，造成“鼓桶”，甚至爆裂，在容器爆裂时产生火花而引起燃烧爆炸。

（3）流动扩散性

易燃液体的黏度一般都很小，本身极易流动扩散，常常还会因为渗透、浸润及毛细现象等作用不断地挥发，从而增加燃烧爆炸的危险性。

（4）静电性

多数易燃液体都是电介质，在灌注、输送、流动过程中能够产生静电，静电积聚到一定程度时就会放电，引起着火或爆炸。

（5）毒害性

易燃液体大多本身（或蒸气）具有毒害性，如 1,3-丁二烯，2-氯丙烯，丙烯醛等。不饱和芳香族烃类化合物和易蒸发的石油产品比饱和的烃类化合物、不易挥发的石油产品的毒性大。

3. 易燃液体的分项

易燃液体根据易燃性特点归为一类，未做分项。

4. 易燃液体的安全标志

易燃液体的安全标志如图 2-3 所示。

底色：红色　　图形：火焰(黑色或白色)　　文字：黑色或白色

图 2-3　易燃液体的安全标志

（四）第 4 类　易燃固体、易于自燃的物质和遇水放出易燃气体的物质

1. 易燃固体、易于自燃的物质和遇水放出易燃气体的物质的定义

（1）易燃固体包括三类：易燃固体、自反应物质和固态退敏爆炸品。

① 易燃固体：易于燃烧的固体和摩擦可能起火的固体。

② 自反应物质：即使没有氧气（空气）存在，也容易发生激烈放热分解的热不稳定物质。

③ 固态退敏爆炸品：为抑制爆炸性物质的爆炸性能，用水或酒精湿润爆炸性物质或用其他物质稀释爆炸性物质后，而形成的均匀固态混合物。

（2）易于自燃的物质（也叫自燃物品）包括两类：发火物质和自热物质。

① 发火物质：即使只有少量与空气接触，不到 5min 时间便燃烧的物质，包括混合物和溶液（液体或固体）。

② 自热物质：发火物质以外的与空气接触便能自己发热的物质。

（3）遇水放出易燃气体的物质指遇水放出易燃气体，且该气体与空气混合能够形成爆炸性混合物的物质。

2. 易燃固体、易于自燃的物质和遇水放出易燃气体的物质的特性

（1）易燃固体的特性

① 易燃性。易燃固体的着火点都比较低，一般都在300℃以下，在常温下只要有很小能量的着火源就能引起燃烧。有些易燃固体当受到摩擦、撞击等外力作用时也能引起燃烧，如赤磷和闪光粉。

② 分解性。大多数易燃固体遇热易分解，如二硝基苯，高温条件下可引起爆炸危险。

③ 毒性。很多易燃固体本身具有毒害性，或燃烧后产生有毒物质，如硫黄、三硫化二磷等。

④ 自燃性。易燃固体中的硝化棉及其制品等在积热不散时，都容易自燃起火。

（2）易于自燃的物质的特性

① 自燃性。自燃物品大部分非常活泼，具有极强的还原性，接触空气中的氧时会产生大量的热，达到自燃点而燃烧、爆炸。

② 遇湿易燃易爆性。有些自燃物品遇火或受潮后能分解引起自燃或爆炸。例如，连二亚硫酸钠，遇水能发热引起冒黄烟燃烧甚至爆炸。

（3）遇水放出易燃气体的物质的特性

① 生成氢的燃烧和爆炸。有些遇湿燃烧物质在与水化合的同时会放出氢气和热量，由于自燃或外来火源作用能引起氢气的着火或爆炸。

② 生成烃类化合物的着火爆炸。有些遇水放出易燃气体的物质与水化合时，生成烃类化合物，由于反应热或外来火源作用，造成烃类化合物着火爆炸。具有这种性质的遇水燃烧物质主要有金属碳化合物以及有机金属化合物。

③ 生成其他可燃气体的燃烧爆炸。有些遇水燃烧物质与水化合时，生成磷化氢、氰化氢、硫化氢和四氢化硅等，由于自燃和火源作用会造成火灾和爆炸。

④ 毒害性和腐蚀性。大多数遇水放出易燃气体的物质都具有毒害性和腐蚀性，如金属钾、钠等。

3. 易燃固体、易于自燃的物质和遇水放出易燃气体的物质的分项

本类物质共分为如下3项。

① 第4.1项：易燃固体。

② 第4.2项：易于自燃的物质（也叫自燃物品）。

③ 第4.3项：遇水放出易燃气体的物质（也叫遇湿易燃物品）。

4. 易燃固体、易于自燃的物质和遇水放出易燃气体的物质的安全标志

易燃固体、易于自燃的物质和遇水放出易燃气体的物质分为3项的安全标志如图2-4所示。

（五）第5类　氧化性物质和有机过氧化物

1. 氧化性物质和有机过氧化定义

氧化性物质（也叫氧化剂）指其本身不一定可燃，但能导致可燃物的燃烧的物质。处于高氧化态、具有强氧化性、易分解并放出氧和热量。

底色：红白相间的垂直宽条
图形：火焰（黑色）
文字：黑色

底色：上白下红
图形：火焰(黑色)
文字：黑色

底色：蓝色
图形：火焰(黑色或白色)
文字：黑色或白色

图 2-4　易燃固体、易于自燃的物质和遇水放出易燃气体的物质的安全标志
(从左往右依次为第 4.1 项、第 4.2 项、第 4.3 项)

有机过氧化物指分子组成中含有两价过氧基（—O—O—）结构的有机物质的有机物，其本身易燃易爆，极易分解，对热、震动或摩擦极为敏感。

2. 氧化性物质和有机过氧化物的特性

① 氧化性物质和有机过氧化物遇高温易分解放出氧和热量，极易引起爆炸。特别是过氧化物分子中的过氧基很不稳定，易分解放出原子氧，所以这类物质遇到易燃物质、可燃物质、还原剂或者自己受热分解都容易引起火灾爆炸危险。

② 许多氧化性物质如氯酸盐类、硝酸盐类、有机过氧化物等对摩擦、撞击、震动极为敏感。

③ 大多数氧化性物质，特别是碱性氧化剂，遇酸反应剧烈，甚至发生爆炸。

④ 有些氧化性物质特别是活泼金属的过氧化物，遇水分解放出氧气和热量，有助燃作用，使可燃物燃烧甚至爆炸。

⑤ 有些氧化性物质具有不同程度的毒性和腐蚀性。如铬酸酐、重铬酸盐等既有毒性，又会灼伤皮肤。

3. 氧化性物质和有机过氧化物的分项

氧化性物质和有机过氧化物分为如下 2 项。

① 第 5.1 项：氧化性物质。

② 第 5.2 项：有机过氧化物。

4. 氧化性物质和有机过氧化物的安全标志

氧化性物质和有机过氧化物的安全标志如图 2-5 所示。

底色：柠檬黄色
图形：从圆圈中冒出的火焰(黑色)
文字：黑色

底色：上面红色，下面柠檬黄色
图形：冒出的火焰(黑色或白色)
文字：黑色

图 2-5　氧化性物质和有机过氧化物的安全标志
（从左往右依次为第 5.1 项、第 5.2 项）

（六）第 6 类　毒性物质和感染性物质

1. 毒性物质和感染性物质的定义

毒性物质是指经吞食、吸入或与皮肤接触后可能造成死亡或严重受伤或损害人类健康的物质。包括满足下列条件之一即为毒性物质（固体或液体）。

① 急性口服毒性：$LD_{50} \leqslant 300mg/kg$。

② 急性皮肤接触毒性：$LD_{50} \leqslant 1000mg/kg$。

③ 急性吸入粉尘和烟雾毒性：$LC_{50} \leqslant 4mg/L$。

④ 急性吸入蒸气毒性：$LC_{50} \leqslant 5000mL/m^3$ 且在 20℃ 和标准大气压力下的饱和蒸气浓度大于等于 $1/5LC_{50}$。

感染性物质是指已知或有理由认为含有病原体的物质，分为 A 类和 B 类。

① A 类：以某种形式运输的感染性物质，在与之发生接触（发生接触，是在感染性物质泄漏到保护性包装之外，造成与人或动物的实际接触）时，可造成健康的人或动物永久性失残、生命危险或致命疾病。

② B 类：A 类以外的感染性物质。

2. 毒性物质和感染性物质的特性

毒性物质和感染性物质的主要特性是具有毒性。少量进入人、畜体内即能引起中毒，不但口服会中毒，吸入其蒸气也会中毒，有的还能通过皮肤吸收引起中毒。这类物品遇酸、受热会发生分解，放出有毒气体或烟雾从而引起中毒。

3. 毒性物质和感染性物质的分项

毒性物质和感染性物质分为如下 2 项。

① 第 6.1 项：毒性物质。

② 第 6.2 项：感染性物质。

4. 毒性物质和感染性物质的安全标志

毒性物质和感染性物质分为 2 项的安全标志如图 2-6 所示。

底色：白色
图形：骷髅头和交叉骨形(黑色)
文字：黑色

底色：白色
图形：交叉的环(黑色)
文字：黑色

图 2-6 毒性物质与感染性物质的安全标志

（左为毒性物质，右为感染性物质）

（七）第 7 类 放射性物质

1. 放射性物质定义

物质能从原子核内部自行放出具有穿透力、为人们不可见的射线（高速粒子）的性质，称为放射性，具有放射性的物质称为放射性物质。

放射性物质的安全管理不适用《危险化学品安全管理条例》，目前由环境保护部门负责管理。

2. 放射性物质的特性

具有放射性的物质能自发、不断地放出人们感觉器官不能觉察到的射线，如果这些射线从人体外部照射或进入人体内，并达到一定剂量时，对人体的危害极大，易使人患放射病，甚至死亡。

许多放射性物质毒性很大，如镭、钍等都是剧毒的放射性物质；钠、钴、锶、碘、铅等为毒性的放射性物品。

放射性物质多数具有易燃性，且有些放射性物质燃烧十分强烈甚至引起爆炸。如金属钍、粉状金属铀等。

3. 放射性物质的分类

放射性物质按其放射性大小可分为一级放射性物质、二级放射性物质和三级放射性物质。

4. 放射性物质的安全标志

放射性物质分为 3 项的安全标志如图 2-7 所示。

（符号：黑色；底色：白色，附一条红竖条）
黑色文字，在标签的下半部分写上：
“放射性”
“内装物_____”
“放射性强度_____”
在“放射性”字样之后应有一条红竖条

（符号：黑色；底色：上黄下白，附两条红竖条）
黑色文字，在标签的下半部分写上：
“放射性”
“内装物_____”
“放射性强度_____”
在一个黑边框格内写上：
“运输指数”在“放射性”字样之后应有两条红竖条

（符号：黑色；底色：上黄下白，附三条红竖条）
黑色文字，在标签的下半部分写上：
“放射性”
“内装物_____”
“放射性强度_____”
在一个黑边框格内写上：
“运输指数”在“放射性”字样之后应有三条红竖条

图 2-7　放射性物质的安全标志

（从左至右依次为一级、二级、三级放射性物质）

（八）第 8 类　腐蚀性物质

1. 腐蚀性物质的定义

腐蚀性物质是指通过化学作用使生物组织接触时造成严重损伤，或在渗漏时会严重损害甚至毁坏其他货物或运载工具的物质。满足下列条件之一的物质均为腐蚀性物质。

① 使完好皮肤组织在暴露超过 60min 但不超过 4h 之后开始的最多 14 天观察期内全厚度毁损的物质。

② 被判定不引起完好皮肤组织全厚度毁损，但在 55℃试验温度下，对钢或铝的表面腐蚀率超过 6.25mm/a 的物质。

2. 腐蚀性物质的特性

（1）强烈的腐蚀性

能腐蚀人体、金属、有机物和建筑物，其基本原因主要是由于这类物品具有或酸性、或碱性、或氧化性、或吸水性等所致。

（2）强氧化性

部分无机酸性腐蚀性物质，如浓硝酸、浓硫酸、高氯酸等具有强的氧化性，遇到有机物如食糖、稻草、木屑、松节油等容易因氧化发热而引起燃烧，甚至爆炸。

（3）毒害性

多数腐蚀性物质有不同程度的毒性，有的还是剧毒品，如氢氟酸、溴素、五溴化磷等。

（4）易燃性

部分有机腐蚀性物质遇明火易燃烧，如冰醋酸、醋酐、苯酚等。

3. 腐蚀性物质的分类

该类化学品归为一类，未做分项。

腐蚀性物质有酸性腐蚀性物质、碱性腐蚀性物质和其他腐蚀性物质。

（1）酸性腐蚀性物质

酸性腐蚀性物质危险性较大，它能使动物皮肤受腐蚀，它也能腐蚀金属。其中强酸可使皮肤立即出现坏死现象。如硫酸、硝酸、盐酸类等。

（2）碱性腐蚀性物质

碱性腐蚀性物质如氢氧化钾、氢氧化钠、乙醇钠等，腐蚀性也比较大，其中强碱容易起皂化作用，对皮肤的腐蚀性较大。

（3）其他腐蚀性物质

如亚氯酸钠溶液、氯化铜、氯化锌、甲醛溶液等。

4. 腐蚀性物质的安全标志

腐蚀性物质的安全标志如图 2-8 所示。

底色：上半部白色下半部黑色
图形：上半部两个试管中液体分别向金属和手上滴落(黑色)
文字：（下半部）白色

图 2-8　腐蚀性物质的安全标志

（九）第 9 类　杂项危险物质和物品

本类是指存在危险但不能满足其他类别定义的物质和物品。

第二节　危险化学品的安全标签与 MSDS

根据 2011 年 12 月 1 日修订后实施的《危险化学品安全管理条例》第十五条规定：危险化学品生产企业应当提供与其生产的危险化学品相符的化学品安全技术说明书，并在危险化学品包装（包括外包装件）上粘贴或者拴挂与包装内危险化学品相符的化学品安全标签。化学品安全技术说明书和化学品安全标签所载明的内容应当符合国家标准的要求。

危险化学品生产企业发现其生产的危险化学品有新的危险特性的，应当立即公告，并及时修订其化学品安全技术说明书和化学品安全标签。

危险化学品“一书一签”在安全管理中起着至关重要的作用。

一、危险化学品安全标签

根据《化学品安全标签编写规定》（GB 15258—2009）的规定，危险化学品安全标签是用文字、象形符号和编码等的组合形式表示危险化学品所具有的危险性和安全注意事项。

1. 危险化学品安全标签的内容

（1）化学品标识

用中文和英文分别标明化学品的化学名称或通用名称。名称要求醒目清晰，位于标签的上方。名称应与化学品安全技术说明书中的名称一致。

对混合物应标出对其危险性分类有贡献的主要组分的化学名称或通用名、浓度或浓度范围。当需要标出的组分较多时，组分个数以不超过5个为宜。对于属于商业机密的成分可以不标明，但应列出其危险性。

(2) 象形图

采用28个分类中规定的象形图。

(3) 信号词

根据化学品的危险程度和类别，用"危险"、"警告"两个词分别进行危害程度的警示，信号词位于化学品名称的下方，要求醒目、清晰。根据GB 20576～GB 20599、GB 20601、GB 20602，选择不同类别危险化学品的信号词。

(4) 危险性说明

简要概述化学品的危险特性。居信号词下方。根据GB 20576～GB 20599、GB 20601、GB 20602，选择不同类别危险化学品的危险性说明。

(5) 防范说明

表述化学品在处置、搬运、储存和使用作业中所必须注意的事项和发生意外时简单有效的救护措施等，要求内容简明扼要、重点突出。该部分应包括安全预防措施、意外情况(如泄漏、人员接触或火灾等)的处理、安全储存措施及废弃处置等内容。

(6) 供应商标识

供应商名称、地址、邮编和电话等。

(7) 应急咨询电话

填写化学品生产商或生产商委托的24h化学事故应急咨询电话。

国外进口化学品安全标签上应至少有一家中国境内的24h化学事故应急咨询电话。

(8) 资料参阅提示语

提示化学品用户应参阅化学品安全技术说明书。

(9) 危险信息先后排序

当某种化学品具有两种及两种以上的危险性时，安全标签的象形图、信号词、危险性说明的先后顺序规定如下：

① 象形图先后顺序

物理危险象形图的先后顺序，根据《危险货物品名表》(GB 12268—2015)中的主次危险性确定，未列入GB 12268—2015的化学品，以下危险性类别的危险性总是主危险：爆炸物、易燃气体、易燃气溶胶、氧化性气体、高压气体、自反应物质和混合物、发火物质、有机过氧化物。其他主危险性的确定按照联合国《关于危险货物运输的建议书 规章范本》的危险性先后顺序确定的方法确定。

对于健康危害，按照以下先后顺序：如果使用了骷髅和交叉骨图形符号，则不应出现感叹号图形符号；如果使用了腐蚀图形符号，则不应出现感叹号来表示皮肤或眼睛刺激；如果使用了呼吸致敏物的健康危害图形符号，则不应出现感叹号来表示皮肤致敏物或者皮肤/眼睛刺激。

② 信号词先后顺序

存在多种危险性时，如果在安全标签上选用了信号词“危险”，则不应出现信号词“警告”。

③危险性说明先后顺序

所有危险性说明都应当出现在安全标签上，按物理危险、健康危害、环境危害顺序排列。

2. 简化标签

对于小于或等于 100mL 的化学品小包装，为方便标签使用，安全标签要素可以简化，包括化学品标识、象形图、信号词、危险性说明、应急咨询电话、供应商名称及联系电话、资料参阅提示语即可，详见表 2-62。

3. 安全标签的印刷

① 标签的边缘要加一个黑色边框，边框外应留大于或等于 3mm 的空白，边框宽度大于或等于 1mm。

② 象形图必须从较远的距离，以及在烟雾条件下或容器部分模糊不清的条件下也能看到。

③ 标签的印刷应清晰，所使用的印刷材料和胶黏的材料应具有耐用性和防水性。

4. 安全标签的使用

(1) 安全标签的使用方法

① 安全标签应粘贴、挂栓或喷印在化学品包装或容器的明显位置。

② 当与运输标志组合使用时，运输标志可以放在安全标签的另一面版，将之与其他信息分开，也可放在包装上靠近安全标签的位置，后一种情况下，若安全标签中的象形图与运输标志重复，安全标签中的象形图应删掉。

③ 对于组合容器，要求内包装加贴（挂）安全标签，外包装上加贴运输象形图，如果不需要运输标志可以加贴安全标签。

(2) 安全标签的位置

安全标签的粘贴、喷印位置规定如下。

① 桶、瓶形包装：位于桶、瓶侧身。

② 箱状包装：位于包装端面或侧面明显处。

③ 袋、捆包装：位于包装明显处。

(3) 安全标签的使用注意事项

① 安全标签的粘贴、挂栓或喷印应牢固，保证在运输、储存期间不脱落，不损坏。

② 安全标签应由生产企业在货物出厂前粘贴、挂栓或喷印。若要改换包装，则由改换包装单位重新粘贴、挂栓或喷印标签。

③ 盛装危险化学品的容器或包装，在经过处理并确认其危险性完全消除之后，方可撕下安全标签，否则不能撕下相应的标签

5. 安全标签样例

(1) 化学品安全标签样例（见表 2-61）

表 2-61　化学品的安全标签样例

化学品名称　A 组分：40%；B 组分：60%

危 险

极易燃液体和蒸气，食入致死，对水生生物毒性非常大

【预防措施】

(1)远离热源、火花、明火、热表面。使用不产生火花的工具作业。

(2)保持容器密闭。

(3)采取防止静电措施，容器和接收设备接地、连接。

(4)使用防爆电器、通风、照明及其他设备。

(5)戴防护手套、防护服镜、防护面罩。

(6)操作后彻底清洗身体接触部位。

(7)作业场所不得进食、饮水或吸烟。

(8)禁止排入环境。

【事故响应】

(1)如皮肤(或头发)接触：立即脱掉所有被污染的衣服。用水冲洗皮肤、淋浴。

(2)食入：催吐，立即就医。

(3)收集泄漏物。

(4)火灾时，使用干粉、泡沫、一氧化碳灭火。

【安全储存】

(1)在阴凉、通风良好处储存。

(2)上锁保管。

【废弃处置】

本品或其容器采用焚烧法处置。

请参阅化学品安全技术说明书

供应商：×××　　　　电　话：×××

地　址：×××　　　　邮　编：×××

化学事故应急咨询电话：×××

(2) 化学品简化标签样例（见表 2-62）

表 2-62　化学品的简化标签样例

化学品名称

极易燃液体和蒸气，食入致死，对水生生物毒性非常大

请参阅化学品安全技术说明书

供应商：×××　　　　电　话：×××

化学事故应急咨询电话：×××

二、危险化学品安全技术说明书

危险化学品安全技术说明书是一份关于危险化学品燃爆、毒性和环境危害以及安全使用、泄漏应急处理、主要理化参数、法律法规等方面信息的综合性文件。

危险化学品安全技术说明书国际上称作化学品安全信息卡，简称 MSDS 或 CSDS。

1. 危险化学品安全技术说明书的主要作用

① MSDS 作为危险化学品安全生产、安全流通、安全使用的指导性文件。

② MSDS 为应急作业人员进行应急作业时的技术指南。

③ MSDS 为制订危险化学品安全操作规程提供技术信息。

④ 化学品登记管理的重要基础和手段。

⑤ 企业进行安全教育的重要内容。

2. 危险化学品安全技术说明书的内容

危险化学品安全技术说明书（MSDS）包括以下十六个部分的内容。

（1）第一部分：化学品及企业标识

主要标明化学品的名称，该名称应与安全标签上的名称一致，建议同标注供应商的产品代码。

应标明供应商的名称、地址、电话号码、应急电话、传真和电子邮件地址。

该部分还应说明化学品的推荐用途和限制用途。

（2）第二部分：危险性概述

该部分应标明化学品主要的物理和化学危险性信息，以及对人体健康和环境影响的信息，如果该化学品存在某些特殊的危险性质，也应在此说明。

如果已经根据 GHS 对化学品进行了危险品分类，应标明 GHS 危险性类别，同时应注明 GHS 的标签要素，如象形图或符号、防范说明、危险信息和警示词等，象形图或符号如火焰、骷髅和交叉骨可以用黑白颜色表示。GHS 分类未包括的危险性（如粉尘爆炸危险）也应在此处注明。

应注明人员接触后的主要症状及应急综述。

（3）第三部分：成分/组分信息

该部分应注明该化学品是物质还是混合物。

如果是物质，应提供化学名或通用名、美国化学文摘登记号（CAS 号）及其他标识符。如果是某种物质按 GHS 分类标准分类为危险化学品，则应列明包括对该物质的危险性分类产生影响的杂质和稳定剂在内的所有危险组分的化学品名或通用名以及浓度或浓度范围。

如果是混合物，不必列明所有组分。

如果按 GHS 标准被分类为危险的组分，并且其含量超过了浓度限制，应列明该组分的名称信息、浓度或浓度范围。对已经识别出的危险组分也应该提供被识别为危险组分的化学名或通用名、浓度或浓度范围。

（4）第四部分：急救措施

该部分应说明必要时应采取的急救措施及应避免的行动，此处填写的文字应该易于被受害人和（或）施救者理解。

根据不同的接触方式将信息细分为：吸入、皮肤接触、眼睛接触和食入。

该部分应简要描述接触化学品后的急性和迟发效应、主要症状和对健康的主要影响，详细资料可在第十一部分列明。

如有必要，本项应包括对保护施救者的忠告和对医生的特别提示。

如有必要，还要给出及时的医疗护理和特殊的治疗。

(5) 第五部分：消防措施

该部分应说明合适的灭火方法和灭火剂，如有不合适的灭火剂也应在此标明。

应标明化学品的特别危险性（如产品是危险的易燃品）。

标明特殊灭火方法及保护消防人员特殊的防护装备。

(6) 第六部分：泄漏应急处理

该部分应包括以下信息。

① 作业人员防护措施、防护装备和应急处置程序。

② 环境保护措施。

③ 泄漏化学品的收容、清除方法及所使用的处置材料（如果和第十三部分不同，列明恢复、中和及清除方法）。

提供防止发生次生危害的预防措施。

(7) 第七部分：操作处置与储存

① 操作处置。

应描述安全处理注意事项，包括防止化学品人员接触、防止发生火灾和爆炸的技术措施和提供局部或全面通风、防止形成气溶胶和粉尘的技术措施等，还应包括防止直接接触不相容物质或混合物的特殊处置的注意事项。

② 储存。

应描述安全储存的条件（适合的储存条件和不适合的储存条件）、安全技术措施、同禁配物隔离储存的措施、包装材料信息（建议的包装材料和不建议的包装材料）。

(8) 第八部分：接触控制和个体防护

列明容许浓度，如职业接触限值或生物限值。

列明减少接触的工程控制方法，该信息是对第七部分内容的进一步补充。

如果可能，列明容许浓度的发布日期、数据出处、试验方法及方法来源。

列明推荐使用的个体防护设备，例如：a. 呼吸系统防护；b. 手防护；c. 眼睛防护；d. 皮肤和身体防护。

标明防护设备的类型和材质。

化学品若只在某些特殊条件下才具有危险性，如量大、高浓度、高温、高压等，应标明这些情况下的特殊防护措施。

(9) 第九部分：理化特性

该部分应提供以下信息。

① 化学品的外观与形状，例如物态、形状和颜色。

② pH 值，并指明浓度。

③ 熔点/凝固点。

④ 闪点。

⑤ 燃烧上下极限或爆炸极限。

⑥ 蒸气压。

⑦ 蒸气密度。

⑧ 密度/相对密度。

⑨ 溶解性。

⑩ 自燃温度、分解温度。

如果有必要，应提供下列信息：a. 气味阈值；b. 蒸发速率；c. 易燃性（固体、气体）。

也应提供化学品安全使用的其他资料，例如放射性或体积密度等。

必要时，应提供数据的测定方法。

（10）第十部分：稳定性和反应性

该部分应描述化学品的稳定性和在特定条件下可能发生的危险反应。

应包括以下信息：

① 应避免的条件（例如静电、撞击或振动）。

② 不相容的物质。

③ 危险分解产物，一氧化碳、二氧化碳和水除外。

填写该部分时应考虑提供化学品的预期用途和可预见的错误用途。

（11）第十一部分：毒理学信息

该部分应全面、简洁地描述使用者接触化学品后产生的各种毒性作用（健康影响），应包括以下信息。

① 急性毒性。

② 皮肤刺激或腐蚀。

③ 眼睛刺激或腐蚀。

④ 呼吸过敏或皮肤过敏。

⑤ 生殖细胞突变性。

⑥ 致癌性。

⑦ 生殖毒性。

⑧ 特异性靶器官系统毒性　一次接触。

⑨ 特异性靶器官系统毒性　反复接触。

⑩ 吸入危害。

如果可能，分别描述一次接触、反复接触与连续接触所产生的毒性作用；迟发效应和即时效应都应分别说明。

潜在的有害效应，应包括与毒性值（例如急性毒性估计值）测试观察到的有关症状、理化和毒理学特性。

应按照不同的接触途径（如吸入、皮肤接触、眼镜接触、食入）提供信息。

如果可能，提供更多的科学实验产生的数据或结果，并标明引用文献资料来源。

如果混合物没有作为整体进行毒性试验，应提供每个组分的相关信息。

(12) 第十二部分：生态学信息

该部分提供化学品的环境影响、环境行为和归宿方面的信息，如：

① 化学品在环境中的预期行为，可能对环境造成的影响/生态毒性。

② 持久性和降解性。

③ 潜在的生物累积性。

④ 土壤中的迁移性。

如果可能，提供更多的科学实验产生的数据或结果，并标明引用文献资料来源。

如果可能，提供任何生态系统限值。

(13) 第十三部分：废弃物处置

该部分包括为安全和有利于环境保护而推荐的废弃物处置方法信息。

这些处置方法适用于化学品（残余废弃物），也适用于任何受污染的容器和包装。

提醒下游用户注意当地废弃物处置法规。

(14) 第十四部分：运输信息

该部分包括国际运输法规规定的编号与分类信息，这些信息应根据不同的运输方式，如陆运、海运和空运进行区分。

应包括以下信息：

① 联合国危险货物编号（UN 号）。

② 联合国运输名称。

③ 联合国危险性分类。

④ 包装组（如果可能）。

⑤ 海洋污染物（是/否）。

⑥ 提供使用者需要了解或遵守的其他与运输或运输工具有关的特殊防范措施。

可增加其他相关法规的规定。

(15) 第十五部分：法规信息

该部分应标明适用该化学品的法规名称。

提供与法规相关的法规信息和化学品标签信息。

提醒下游用户注意当地的废弃物处置法规。

(16) 第十六部分：其他信息

该部分应进一步提供上述各项未包括的其他重要信息。

3. 危险化学品安全技术说明书示例

为了说明编写方法，下面以苯的安全技术说明书进行具体说明，但该实例并不是编写样本，仅提供参考。

危险化学品安全技术说明书（苯）

第一部分　化学品及企业标识

化学品中文名称：苯

化学品英文名称：Benzene

分子式：C_6H_6　　相对分子质量：78.12

企业名称：××××

地址：××××

邮编：××××

企业应急电话：××××

安全技术说明书编码：××××

生效日期：　　　年　　月　　日

第二部分　危险性概述

危险性类别：第3类，易燃液体。

侵入途径：吸入、食入、经皮肤吸收。

健康危害：高浓度苯对中枢神经系统具有麻醉作用，可引起急性中毒并强烈地作用于中枢神经，很快引起痉挛；长期接触高浓度苯对造血系统有损害，引起慢性中毒。对皮肤、黏膜有刺激、致敏作用，可引起出血性白血病。

燃爆危险：易燃，其蒸气与空气可形成爆炸性混合物，遇明火、高热有燃烧爆炸危险。

第三部分　成分/组成信息

纯品 ■　　　　　　　　　　混合物 □

化学品名称：苯

有害物成分：苯　　　　　　　CAS No：71-43-2

第四部分　急救措施

皮肤接触：脱去污染的衣着，用肥皂水及清水彻底冲洗皮肤。

眼睛接触：立即翻开上下眼睑，用流动清水或生理盐水冲洗至少15min，就医。

吸入：迅速脱离现场至空气新鲜处，保持呼吸道通畅，呼吸困难时给输氧，如呼吸及心跳停止，立即进行人工呼吸和心脏按摩术，就医，忌用肾上腺素。

食入：饮足量温水，催吐，就医。

第五部分　消防措施

危险特性：其蒸气与空气形成爆炸性混合物，遇明火、高热能引起燃烧爆炸。与氧化剂能发生强烈反应。其蒸气比空气密度大，能在较低处扩散到相当远的地方，遇火源引着回燃。若遇高热，容器内压增大，有开裂和爆炸的危险。流速过快，容易产生和积聚静电。

有害燃烧产物：一氧化碳，二氧化碳。

灭火方法及灭火剂：可用泡沫、二氧化碳、干粉、砂土扑救，用水灭火无效。

第六部分　泄漏应急处理

应急处理：切断火源。迅速撤离泄漏污染区人员至安全地带，并进行隔离，严格限制出入。建议应急处理人员戴自给正压式呼吸器，穿防毒服。尽可能切断泄漏源。防止进入下水道、排洪沟等限制性空间。

小量泄漏：尽可能将溢漏液收集在密闭容器内，用砂土、活性炭或其他惰性材料吸收残液，也可以用不燃性分散剂制成的乳液刷洗，洗液稀释后放入废水系统。

大量泄漏：构筑围堤或挖坑收容。用泡沫覆盖，降低蒸气灾害。喷雾状水冷却和稀释蒸气，保护现场人员。用防爆泵转移至槽车或专用收集器内，回收或运至废物处理场所处理。

第七部分　操作处置与储存

操作注意事项：密闭操作，加强通风。操作人员必须经过专门培训，严格遵守操作规程。建议操作人员佩戴自吸过滤式防毒面具（半面罩），戴化学安全防护眼镜，穿防毒物渗透工作服，戴橡胶耐油手套。远离火种、热源，工作场所严禁吸烟。使用防爆型的通风系统和设备。防止蒸气泄漏到工作场所空气中。避免与氧化剂接触。灌装时应注意流速（不超过5m/s），且有接地装置，防止静电积聚。搬运时要轻装轻卸，防止包装及容器损坏。配备相应品种和数量的消防器材及泄漏空气中浓度超标时，建议佩戴过滤式防毒面具（半面罩）。紧急事态抢救或撤离时，应备有应急处理设备。倒空的容器可能残留有害物。

储存注意事项：储存于阴凉、通风库房。远离火种、热源。仓温不宜超过30℃。保持容器密封。应与氧化剂、食用化学品分开存放，切忌混储。采用防爆型照明、通风设施。禁止使用易产生火花的机械设备和工具。储区应备有泄漏应急处理设备和合适的收容材料。

第八部分　接触控制和个体防护

最高容许浓度：中国（MAC）40mg/m^3（皮肤）。

美国 TVL-TWA OSHA：1mg/L，3.2mg/m^3。

美国 TVL-ACGIH：0.3mg/L，0.96 mg/m^3。

美国 TVL-STEL 未制定标准。

监测方法：现场应急监测方法为水质检测管法、气体检测管法、便携式气相色谱法、快速检测管法气体速测管。实验室监测方法为气相色谱法、色谱/质谱法。

工程控制：生产过程密闭，加强通风。提供安全淋浴和洗眼设备。

呼吸系统防护：空气中浓度超标时，佩戴自吸过滤式防毒面具（半面罩）。紧急事态抢救或撤离时，应该佩戴空气呼吸器或氧气呼吸器。

眼睛防护：戴化学安全防护眼镜。

身体防护：穿防毒物渗透工作服。

手防护：戴橡胶耐油手套。

其他防护：工作现场禁止吸烟、进食和饮水。工作前避免饮用酒精性饮料，工作后淋浴更衣。进行就业前和定期的体检。

第九部分　理化特性

外观与性状：无色透明液体，有强烈芳香味。

熔点（℃）：5.5。

相对密度（水=1）：0.88。

沸点（℃）：80.1。

相对蒸气密度（空气=1）：2.77。

饱和蒸气压（kPa）：13.33（26.1℃）。

燃烧热（kJ/mol）：3264.4。

临界温度（℃）：289.5。

临界压力（MPa）：4.92。

闪点（℃）：−11。

爆炸上限（体积分数）（%）：8。

引燃温度（℃）：562。

爆炸下限（体积分数）（%）：1.2。

最小点火能（mJ）：0.20。

最大爆炸压力（MPa）：0.880。

溶解性：微溶于水，可与醇、醚、丙酮、二硫化碳、四氯化碳、乙酸等混溶。

主要用途：用作溶剂及合成苯的衍生物，如香料、染料、塑料、医药、炸药、橡胶等。

第十部分　稳定性和反应性

稳定性：稳定。

禁配物：强氧化剂。

避免接触的条件：明火、高热。

聚合危害：不聚合。

分解产物：一氧化碳、二氧化碳。

第十一部分　毒理学资料

急性毒性：LD_{50} 3306mg/kg（大鼠经口）；48mg/kg（小鼠经皮）LC_{50} 31900mg/m^3，7h（大鼠吸入）。

急性中毒：轻者有头痛、头晕、恶心、呕吐、轻度兴奋、步态蹒跚等酒醉状态；严重者发生昏迷、抽搐、血压下降，以致呼吸和循环衰竭而死亡。

慢性中毒：主要表现有神经衰弱综合征；造血系统改变：白细胞、血小板减少，重者出现再生障碍性贫血；少数病例在慢性中毒后可发生白血病（以急性粒细胞性为多见）。皮肤损害有脱脂、干燥、皲裂、皮炎。可致月经量增多与经期延长。

亚急性和慢性毒性：家兔吸入 10mg/m^3，数天到几周，引起白细胞减少，淋巴细胞百分比相对增加。慢性中毒动物造血系统改变，严重者骨髓再生不良。

刺激性：家兔经眼 2mg（24h 小时），重度刺激；家兔经皮 500mg（24h），中度刺激。

致敏性：无资料。

致突变性：DNA 抑制表现为人的白细胞为 2200μmol/L；姊妹染色单体交换表现为

人的淋巴细胞为 200μmol/L。

致畸性：大鼠吸收最低中毒浓度（TCL_0）为 150mg/L 24h（孕 7～14d），引起植入后死亡率增加和骨髓肌肉发育异常。

致癌性：国际癌症研究中心（IARC）已确认为致癌物。男性吸入最低中度浓度（TDL_0）为 200mg/m^3/78 周（间歇），致癌，引起白血病和血小板减少。人吸入最低浓度（TCL_0）为 10mg/L 8h/10 周（间歇），致癌，引起内分泌肿瘤和白血病。

第十二部分　生态学资料

环境危害：该物质对环境有危害，应特别注意对水体的污染。

生态毒性：LC_{100} 12.8mmol/L/24h（梨形四膜虫）；LC_{50} 27mg/L/96h（小长臂虾）；LC_{50} 20mg/L/96h（褐虾）；LC_{50} 108mg/L/96h（黄道蟹的蚤状幼蟹）；LC_{50} 12mg/L/1h（一年的欧鳟）；LC_{50} 63mg/L/14d（虹鳟）；LC_{50} 5.8～10.9mg/L/96h（条纹石鮰）；LC_{50} 370mg/L/48h（孵化后 3～4 周的墨西哥蝾螈）；LC_{50} 90mg/L/148h（孵化后 3～4 周的滑抓蟾）；LD_{50} 46mg/L/24h（金鱼）；20mg/L/14～48h（蓝鳃太阳鱼）；LD_{100} 34mg/L/24h 或 60mg/L/2h（蓝鳃太阳鱼）；TLm 66～21mg/L/24h，48h（海虾）；TLm 35.5～33.5mg/L/24h，96h 软水，24.4～32mg/L/24h、96h 硬水（黑头软口鲦）；TLm 22.5mg/L/24h、96h，软水（蓝鳃太阳鱼）；TLm 34.4mg/L/24h、96h，软水（金鱼）；TLm 36.6mg/L/24h、96h，软水（虹鳟）；TLm 395mg/L/24h、96h（食蚊鱼）。

生物降解性：初始浓度为 20mg/L 时，1 周、5 周和 10 周内分别降解 24%、44%和 47%（在棕壤中）；低浓度下，6～14d 去除率为 44%～100%（在污水处理厂）。

非生物降解性：光降解半衰期为 13.5d（计算）或 17d（实验）。

生物富集或生物积累性 BFC：日本鳗鲡为 3.5；大西洋鲱为 4.4；金鱼为 4.3。

富集系数为 3.5～24。

代谢：苯在大鼠体内的代谢产物为苯酚、氢醌、儿苯酚、羟基氯醌及苯巯基尿酸。有人报道苯在人体内可氧化为无毒的己二烯二酸和非常有毒的酚、邻-苯二酚、对-苯二酚和 1，2，4-苯三酚。

残留与蓄积：进入人体的苯可迅速排出，主要途径是通过呼吸与尿液排出。当人体苯中毒时在尿中立即可发现上述酚类，其排泄极快，吸入苯后最多在 2h 以内，尿中就可发现苯的代谢物，此外，一部分酚类也以有机硫酸盐类的形式排出。在人体保留苯的研究中，Nomiyama 等（1974）报道连续接触含苯浓度 180～215mg/m^3 的空气 4h，人体可保留 30%的苯。Hunter 和 Blair 报道连续接触含苯浓度为 80～100mg/m^3 的空气 6h，人体可保留 230mg 的苯。已证明了 3-氯基-1,2,4-三唑能抑制苯的代谢。苯能积蓄于鱼的肌肉与肝中，但一旦脱离苯污染的水体，鱼体内苯排出也比较快。

迁移转化：苯从焦炉气和煤焦油分馏、裂解石油等制取，也可人工合成如乙炔合成苯。苯广泛地应用在化工生产中，它是制造染料、香料、合成纤维、合成洗涤剂、聚苯乙烯塑料、丁苯橡胶、炸药、农药杀虫剂（如六六六）等的基本原料。它也是制造油基漆、硝基漆等的原料。它作为溶剂，在医药工业中用作提取生药，橡胶加工中用作黏合剂的溶剂，印刷、油墨、照相制版等行业也常用苯作溶剂。所有机动车辆汽油中，都含有大量的苯，一般在5%左右，而特制机动车辆燃料中，含苯量高达30%。在汽油加油站和槽车装卸站的空气中，苯平均浓度为0.9～7.2mg/m^3（加油站）和0.9～19.1mg/m^3（装汽油时）。苯主要通过化工生产的废水和废气进入水环境和大气环境。在焦化厂废水中苯的浓度为100～160mg/L范围内。由于苯微溶于水，在自然界也能通过蒸发和降水循环，最后挥发至大气中被光解，这是主要的迁移过程。另外的转移转化过程包括生物降解和化学降解，但这种过程的速率比挥发过程的速率低。

第十三部分　废弃处置

废弃物性质：危险废弃物。

废弃物处置方法：废料可在被批准的溶剂焚化炉中烧掉。遵守环境保护法规。

第十四部分　运输信息

危险货物编号：32050

UN编号：1114。

包装类别：Ⅱ。

包装标志：7。

包装方法：小开口钢桶；螺纹口玻璃瓶、铁盖压口玻璃瓶、塑料瓶或金属桶（罐）外普通木箱。

运输注意事项：夏季应早晚运输，防止日光曝晒。运输按规定路线行驶。

第十五部分　法规信息

《危险化学品安全管理条例》（2011年12月1日实施）、《工作场所安全使用化学品规定》等法规，针对化学危险品的安全生产、使用、储存、运输、装卸等方面均做了相应规定；《危险货物分类和品名编号》（GB 6944—2012），将其划为第3类，易燃液体。

第十六部分　其他信息

填表时间：　　　　填表部门：　　　　审核人：

危险化学品生产与使用安全技术

Chapter 03

在化工企业生产过程中存在着一些不安全或危险的因素，如果没有得到重视、进行及时的预防和整改，随时都会可能导致事故的发生，安全技术的作用就在于消除生产过程中的各种不安全因素，保护劳动者的安全和健康，预防伤亡事故和灾害性事故的发生。安全技术对于实现危险化学品安全生产和使用，起着重要作用。

本章从化工单元操作安全技术、防火与防爆安全技术和化工场所电气安全技术三个方面分别进行阐述。

第一节 化工单元操作安全技术

化工单元操作包括物料输送、加热、冷却、冷凝、冷冻、蒸发、蒸馏、萃取、结晶、过滤、吸附、干燥等，这些单元操作遍及各化工行业。化工单元操作既是能量集聚、传输的过程，也是两类危险源相互作用的过程，因此，控制化工单元操作的危险性是化工安全生产过程的重点。化工单元操作的危险性主要由所处理物料的危险性所决定的，特别是处理易燃物料或含有不稳定物质物料的单元操作的危险性最大。在进行危险单元操作时，除了要根据物料的理化性质，采取必要的安全措施外，还要特别注意防止易燃气体物料形成爆炸性混合体系、防止易燃固体或可燃固体物料形成爆炸性粉尘混合体系、防止不稳定物质的积聚或浓缩等。

一、物料输送

在化工生产过程中，常需要将各种原材料、中间体、产品以及副产品和废弃物，从一个工段输送到另一个工段，或由一个车间输送到另一个车间，或输送到仓库储存。这些输送过程都是借助于各种输送机械设备来实现的。由于所输送物料的形态不同（块状、粉状、液体、气体），所采用的输送方式和机械也各异，但不论采取何种形式的输送，保证它们的安全运行都是十分重要的。若一处受阻，不仅影响整条生产线的正常运行，还可能导致各种事故发生。

（一）固体物料输送设备的安全要求

1. 固体物料输送设备概述

固体物料分为块状物料和粉状物料，在实际生产中多采用带式输送机（见图 3-1）、螺旋式输送机（见图 3-2）、刮板式输送机（见图 3-3）、链式输送机（见图 3-4）、斗式提升机（见图 3-5）以及气力输送机（风送）（见图 3-6）等多种方式进行输送。气力输送是凭借真空泵或风机产生的气流动力将物料吹走以实现物料输送。与其他输送方式相比，气力输送系统构造简单、密闭性好、物料损失少、粉尘少，劳动条件好，易实现自动化且输送距离远。但能量消耗大、管道磨损严重，且不适于输送湿度大、易黏结的物料。

图 3-1 带式输送机

图 3-2 螺旋式输送机

图 3-3 刮板式输送机

图 3-4 链式输送机

2. 带式、刮板式、螺旋式输送机、斗式提升机的危险性分析与安全控制要求

这类输送设备连续往返运转，在运行中除设备本身会发生故障外，还会造成人身伤害。因此，除加强对机械设备的常规维护外，还应对齿轮、皮带、链条等部位采取防护措施。对于螺旋式输送机，应注意螺旋导叶与壳体间隙、物料粒度和混入杂物以防止挤坏螺旋导叶与壳体。对于斗式提升机应安装因链带拉断而坠落的防护装置。链式输送机应注意下料器的操作，防止下料过多、料面过高造成链带拉断。

（1）传动机构的安全要求

传动机构主要包括皮带传动、齿轮传动、轴及各联接件等。

① 皮带传动

皮带的形式与规格应根据输送物料的性质、负荷情况进行合理选择，要有足够大的强

图 3-5 斗式提升机

图 3-6 气力输送机

度，皮带胶接应平滑，并要根据负荷调整松紧度。在运行过程中，要防止因高温物料烧坏皮带，或因斜偏刮挡撕裂皮带的事故发生。

皮带同皮带轮接触的部位，对于操作工人是极其危险的部位，可造成断肢伤害甚至危及生命安全。正常生产时，这个部位应安装防护罩。检修时拆下的防护罩，检修完毕应立即重新安装好。

② 齿轮传动

齿轮传动的安全运行，取决于齿轮同齿轮，齿轮同齿条、链条的良好啮合，以及具有足够的强度。此外，要严密注意负荷的均匀、物料的粒度以及混入其中的杂物，防止因卡料而拉断链条、链板，甚至拉毁整个输送设备机架。

齿轮同齿轮、齿条、链条相啮合的部位，是极其危险的部位。该处连同它的端面均应采取防护措施，防止发生重大人身伤亡事故。

③ 轴、联轴器、键及固定螺钉

这些部位的固定螺钉不准超长，否则在高速旋转中易将人刮倒。这些部位要安装防护罩，并不得随意拆卸。

(2) 输送设备的开车、停车

为保证输送设备的安全，在生产中应有自动开停和手动开停两种系统，还应安装超负荷、超行程停车保护装置。紧急事故停车开关应设在操作者经常停留的部位。停车检修时，开关应上锁或撤掉电源。

长距离输送系统，应安装开停车联系信号，以及给料、输送、中转系统的自动联锁装置或程序控制系统。

（3）输送设备的日常维护

日常维护中，润滑、加油和清扫工作是操作者致伤的主要原因，因此，应安装自动注油和清扫装置，以减少发生这类危险的概率。

3. 气力输送系统的危险性分析与安全控制要求

从安全技术考虑，气力输送系统除设备本身因故障损坏外，最大的问题是系统的堵塞和由静电引起的粉尘爆炸。

（1）堵塞的分析与安全要求

在物料输送过程中，以下几种情况易发生堵塞：

① 具有黏性或湿性过高的物料较易在供料处、转弯处黏附管壁，造成堵塞管路。

② 大管径长距离输送管比小管径短距离输送管更易发生堵塞。

③ 管道连接不同心时，有错偏或焊渣突起等障碍处易堵塞。

④ 输料管径突然扩大，或物料在输送状态中突然停车时，易造成堵塞。

⑤ 最易堵塞的部位是弯管和供料处附近的加速段，由水平向垂直过渡的弯管易堵塞。

为了避免在物料输送过程中造成堵塞，引起事故的发生，设计时应确定合适的输送速度，选择管系的合理结构和布置形式，尽量减少弯管的数量。输料管的管壁厚通常为3～8mm。在输送磨削性较强的物料时，应采用管壁较厚的管道，管的内表面要求光滑、不准有褶皱或者凸起。

此外，气力输送系统应保持良好的严密性，否则吸送式系统的漏风会导致管道堵塞。而压送式系统漏风，会将物料带出，污染外界环境。

（2）静电消除的安全措施

粉料在气力输送系统中，会同管壁发生摩擦而使系统产生静电，这是导致火灾爆炸发生的重要原因之一。必须采取如下安全措施加以消除。

① 输送粉料的管道应选用导电性能较好的材料，并应良好接地。若采用绝缘材料管道，且能产生静电时，管外应采取可靠的接地措施。

② 输送管道直径要尽量大些。管路弯曲和变径平缓，尽量让弯曲和变径处少。

③ 管内壁应平滑、不许管内装设网之类的部件。

④ 管道内风速不应超过规定值，输送量应平稳，不能有急剧变化。

⑤ 粉料不要堆积在管内，要定期使用空气进行管壁清扫。

（二）液体物料输送设备的安全要求

在化工生产中，经常遇到液态物料在管道内的输送，被输送的液态物料种类繁多，性质各异，温度、压力又有高低之分。高处物料可借其位能自动输往低处，但将液态物料由低处输往高处，由一处水平输往另一处，由低压处输往高压处，都要依靠泵这种设备去完成。充分认识被输送的液态物料的易燃性，正确选用和操作泵，对化工企业的安全生产与安全管理十分重要。

泵的种类较多，通常可分为离心泵、往复泵、旋转泵、流体作用泵等四类，其中离心泵在化工生产中应用最为普遍。下面就液体输送过程中各泵的工作特点进行危险性分析及提出安全控制要求。

1. 离心泵的危险性分析及安全控制要求

离心泵是利用叶轮旋转而使液体产生离心力来工作的。离心泵在启动前，必须使泵壳和吸液管内充满液体，启动后，使泵轴带动叶轮和液体做高速旋转运动，液体在离心力的作用下，被甩向叶轮外缘，经蜗形泵壳的流道流入泵的压液管路。泵叶轮中心处，由于液体在离心力的作用下被甩出后形成真空，吸液池中的液体便在大气压力的作用下被压进泵壳内，叶轮通过不停地转动，使得液体在叶轮的作用下不断流入与流出，达到了输送目的。离心泵示意如图 3-7 所示。

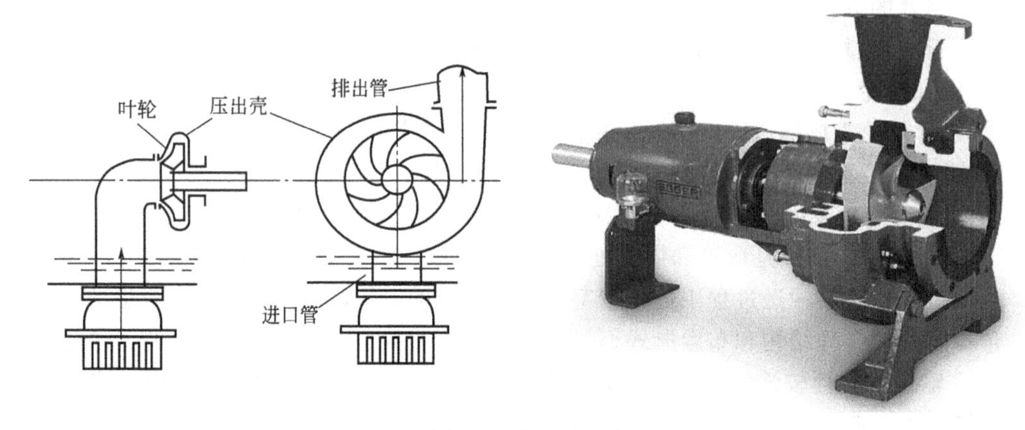

图 3-7　离心泵示意

离心泵从以下 5 个方面提出安全控制要求。

(1) 避免物料泄漏导致事故

① 保证泵的安装基础坚固，避免因运转时产生机械振动造成法兰联接处松动和管路焊接处破裂，使物料泄漏。

② 操作前及时压紧填料函（松紧适度），以防物料泄漏。

(2) 避免空气吸入引起爆炸

① 开动离心泵前，必须向泵壳内充满被输送的液体，保证泵壳和吸入管内无空气积存，同时避免“气缚”现象。

② 吸入口的位置应适当，避免吸入口产生负压，空气进入系统导致爆炸，或抽瘪设备。一般情况下泵入口设在容器底部或液体深处。

(3) 防止静电引起燃烧

① 在输送可燃液体时，管内流速不应大于安全流速。

② 管道应有可靠的接地措施。

(4) 避免轴承过热引起燃烧

① 填料函的松紧应适度，不能过紧，以免轴承过热。

② 保证运行系统有良好的润滑。

③ 避免泵超负荷运行。

（5）防止绞伤

由于电机的高速运转，泵和电机的联轴节处容易发生对人员的绞伤，因此，联轴节处应安装安全防护罩。

2. 往复泵的危险性分析及安全控制要求

往复泵主要由泵体、活塞（或活柱）和两个单向活门构成。依靠活塞的往复运动将外能以静压力形式直接传给液态物料，借以传送。

蒸汽往复泵以蒸汽为驱动力，不用电和其他动力，可以避免产生火花，故而特别适用于输送易燃液体。当输送酸性和悬浮液时，选用隔膜往复泵较为安全。往复泵示意如图3-8所示。

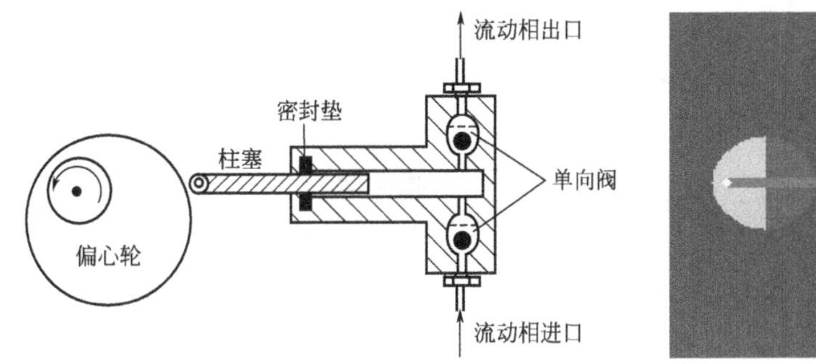

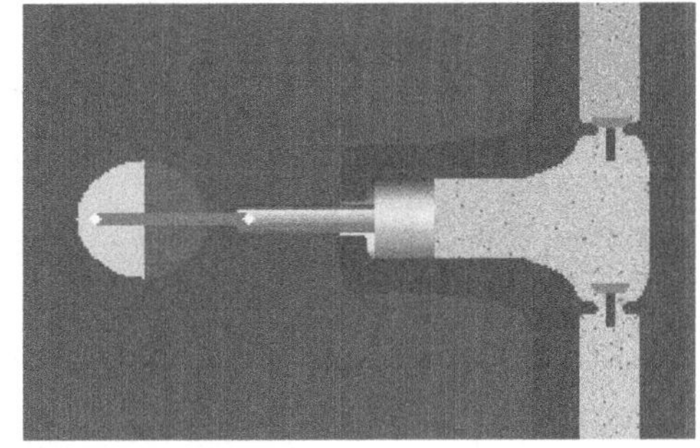

图 3-8　往复泵示意

往复泵从以下3个方面提出安全控制要求。

① 往复泵开动前，需对各运动部件进行检查。观察活塞、缸套是否磨损，吸液管上的垫片是否适合法兰大小，以防泄漏。

② 各注油处应适当加油润滑。

③ 开车时，将泵体内壳充满水，排除缸内空气。若在出口装有阀门时，需将出口阀门打开。

3. 旋转泵的危险性分析及安全控制要求

旋转泵同往复泵一样，同属于正位移泵。同往复泵的主要区别是泵中没有活门，只有在泵中旋转着的转子。旋转泵依靠旋转时排送液体，留出空间形成低压将液体连续吸入和排出。常见的旋转泵有齿轮泵、转子泵、螺旋泵、偏心旋转泵和叶片泵等。旋转泵示意如图3-9所示。

因为旋转泵属于正位移泵，故流量不能用出口管道上的阀门进行调节，而采用改变转子转速或回流支路的方法调节流量。

4. 流体作用泵的危险性分析及安全控制要求

在化工生产中，也有用压缩空气或气体作为动力来输送一些酸、碱等有腐蚀性的液体，俗称“酸蛋”。这些设备也属于压力容器，要有足够的强度。流体作用泵的工作原理示意如图3-10所示。

图 3-9　旋转泵示意

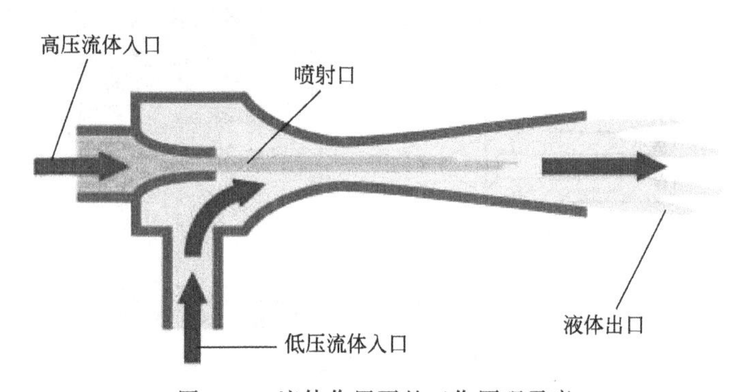

图 3-10　流体作用泵的工作原理示意

主要从以下 6 个方面提出安全要求。

① 在输送有爆炸性或燃烧性物料时，要采用氮气、二氧化碳等惰性气体代替空气，以防造成燃烧或爆炸。

② 对于易燃液体不能采用压缩空气压送。因为空气与易燃液体混合，可形成爆炸混合物，且有产生静电的可能。

③ 对于闪点很低的易燃液体，应用氮气或二氧化碳惰性气体压送。闪点较高及沸点在 130℃以上的可燃液体，如有良好的接地装置，可用空气压送。

④ 输送易燃液体采用蒸汽往复泵较为安全，如采用离心泵，则泵的叶轮应用有色金属或塑料制造，易撞击产生火花。

⑤ 设备和管道应良好接地，以防静电引起火灾。

⑥ 用各种泵类输送可燃液体时，其管内流速不应超过安全速度。

另外，虹吸和自流的输送方法比较安全，在工厂中应尽量采用。

(三) 气体物料输送设备的安全要求

气体物料输送设备在化工生产中主要用于输送气体、产生高压气体或使设备产生真空，由于各种过程对气体压力变化的要求很不一致，因此，气体输送设备可按其终压（出口压力）大小分为 4 类。

① 通风机：终压不大于 14.7kPa（表压）。

② 鼓风机：终压为 14.7～300kPa（表压）。

③ 压缩机：终压为 300kPa（表压）以上。

④ 真空泵：造成真空的气体输送设备，终压为大气压。

气体与液体的不同之处是具有可压缩性，因此，在其输送过程中当气体压力发生变化，其体积和温度也随之变化。对气体物料的输送必须特别重视在操作条件下气体的燃烧爆炸危险。

1. 通风机和鼓风机的安全要求

通风机与鼓风机的工作原理相似，通过叶片的旋转对气体进行加压。通风机、鼓风机示意如图 3-11 所示，通风机与鼓风机工作原理如图 3-12 所示。

(a) 通风机　　(b) 鼓风机

图 3-11　通风机、鼓风机示意

图 3-12　通风机与鼓风机工作原理

① 保持通风机和鼓风机转动部件的防护罩完好，避免人身伤害事故。

② 必要时安装消音装置，避免通风机和鼓风机对人体的噪声伤害。

2. 压缩机的安全要求

空气压缩机的示意如图 3-13 所示。

（1）保证散热良好

压缩机在运行中不能中断润滑油和冷却水，否则将导致高温，引发事故。

图 3-13　空气压缩机示意

（2）严防泄漏

气体在高压条件下，极易发生泄漏，应经常检查阀门、设备和管道的法兰、焊接处和密封等部位，发现问题应及时修理更换。

（3）严禁空气与易燃性气体在压缩机内形成爆炸性混合物

必须彻底置换压缩机系统中的空气后，方能启动压缩机。在压送易燃气体时，进气吸入口应保持一定余压，以免造成负压吸入空气。

（4）防止静电

管内易燃气体流速不能过高，管道应接地良好，以防止产生静电引起事故。

（5）预防禁忌物的接触

严禁油类与氧压机的接触，一般采用含甘油 10%左右的蒸馏水作为润滑剂。严禁乙炔与压缩机铜制部件的接触。

（6）避免操作失误

经常检查压缩机调节系统的仪表，避免因仪表失灵发生错误判断，操作失误引起压力过高，发生燃烧爆炸事故。避免因操作失误使冷却水进入汽缸，引发事故。

3. 真空泵的安全要求

（1）严格密封

输送易燃气体时，确保设备密封，防止负压吸入空气引发爆炸事故。

（2）输送易燃气体时，尽可能采用液环式真空泵

二、加热

加热是指将热能传给较冷物体而使其变热的过程，它能促进化学反应，也是完成蒸馏、蒸发、干燥、熔融等单元操作的必要手段。加热的方法有很多，主要有直接火加热，水蒸气或热水加热，载体加热及电加热等。

（一）直接火加热的危险性分析与安全要求

采用直接火焰或烟道气进行加热，其加热温度可达到 1030℃。主要以天然气、煤气、

油、煤等作为燃料，采用的设备有反应器、管式加热炉等。管道加热炉和反应器示意如图3-14所示。

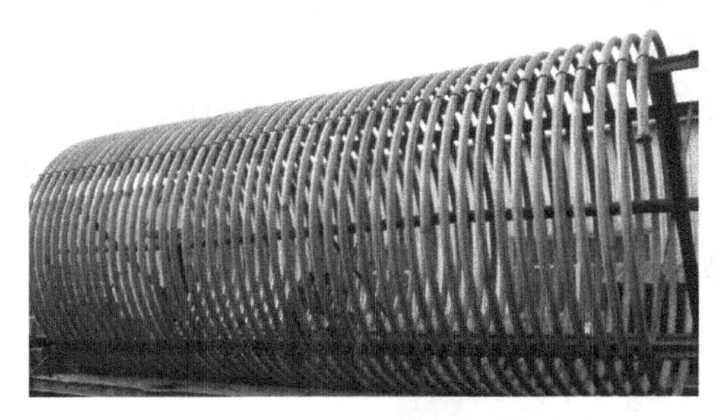

图3-14　管道加热炉（左）和反应器（右）示意

1. 直接加热的主要危险性分析

利用直接火加热处理易燃、易爆物质时，危险性非常大，温度不易控制，可能造成局部过热烧坏设备。由于加热不均匀易引起易燃液体蒸气的燃烧爆炸，所以在处理易燃易爆物质时，一般不采用此方法。但由于生产工艺的需要亦可能采用，操作时必须注意安全。

2. 直接加热的安全要求

直接加热时为了防止事故发生，主要从以下6方面提出安全要求。

① 将加热设备用砖墙进行隔离，不能使厂房内存在明火。

② 加热锅内残渣应经常清除，以免局部过热引起锅底破裂。

③ 加热锅的烟囱、烟道等灼热部位，要定期检查、维修。

④ 容量大的加热锅发生漏料时，可将锅内物料及时转移。

⑤ 使用煤粉为燃料的炉子，应防止煤粉爆炸，在制粉系统上安装爆破片。煤粉漏斗应保持一定储量，不许倒空，避免因空气进入形成爆炸性混合物。

⑥ 使用液体或气体燃烧的炉子，点火前应吹扫炉膛，排除可能积存的爆炸性混合气体，以免点火时发生爆炸。

（二）水蒸气、热水加热的危险性分析与安全要求

对于易燃、易爆物质，采用水蒸气或热水加热，温度较容易控制，也相对安全，其加热温度可达到100～140℃。但如果所处理的物料与水会发生反应，则不宜用水蒸气或热水加热。

1. 水蒸气、热水加热的危险性分析

相比直接加热，利用水蒸气、热水加热易燃、易爆物质相对较安全，主要危险在于设备或管道会发生超压爆炸，升温过快引发事故。

2. 水蒸气、热水加热的安全要点

① 定期检查蒸汽夹套和管道的耐压强度，需安装压力表和安全阀。

② 加热操作时，要严密注意设备的压力变化，通过排气等措施，及时调节压力，以免在升温过程中发生超压爆炸事故。

③ 加热操作时，应保持适宜的升温速度，不能过快，否则可能失去控制，使加热温度超过工艺要求的温度上限，发生事故。

④ 高压水蒸气加热的设备和管道应很好保温，避免烤着易燃物品以及产生烫伤事故。

（三）载体加热的危险性分析与安全要求

载体加热一般可采用矿物油、有机物、无机物作为载体进行加热，其加热温度一般可达到230～540℃，最高可达1000℃。所采用的载热体的种类很多，常用的有机油、锭子油、二苯混合物（73.5%二苯醚和26.5%联苯）、熔盐（7%硝酸钠、40%亚硝酸钠和53%硝酸钾）、金属熔融物等。载体加热示意如图3-15所示。

图3-15　载体加热示意

1. 载体加热的主要危险性分析

载体加热的主要危险性在于载热体物质本身的危险特性，在操作过程中须予以充分重视。

2. 载体加热的安全要点

载体加热时为了防止事故发生，主要从以下3方面提出安全要求。

① 油类作载体加热时，若用直接火通过充油夹套进行加热，且在设备内处理有燃烧、爆炸危险的物质，则需将加热、反应设备用砖墙隔绝，或将加热炉设于车间外面，将热油输送到需要加热的设备内循环使用。油循环系统应严格密闭，不准热油泄漏，要定期检查和清除油锅、油管上的沉积物。

② 使用二苯混合物作载体加热时，特别注意不得混入低沸点（如水）杂质，也不准混入易燃易爆杂质，否则在升温过程中极易产生爆炸危险。必须杜绝加热设备内胆或加热夹套内水的渗漏。

③ 使用无机物作为载体加热时，操作时特别注意在熔融的硝酸盐浴中，如加热温度过高，或硝酸盐漏入加热炉燃烧室中，或有机物落入硝酸盐浴内，均能发生燃烧或爆炸。谨防水、酸类物质流入高温盐浴或金属浴中，会产生爆炸危险。

（四）电加热的危险性分析与安全要求

采用电炉或电感进行加热是相对较安全的一种加热方式，一旦发生事故即可迅速切断电源。

1. 电加热的主要危险性分析

主要危险来自电炉丝绝缘受到破坏、受潮后线路的短路或接点不良而产生的电火花电弧、电线发热等引燃物料；物料过热分解产生爆炸。

2. 电加热的安全要点

电加热时为了防止事故发生，主要从以下6方面提出安全要求。

① 用电炉加热易燃物质时，应采用封闭式电炉。

② 电炉丝与被加热的器壁应有良好的绝缘，以防短路击穿器壁，使设备内易燃的物质漏出，产生着火、爆炸。

③ 用电感加热时应保证设备的安全可靠程度。如果电感线圈绝缘破坏、受潮发生漏电、短路、产生电火花、电弧，或接触不良发热，均能引起易燃、易爆物质着火、爆炸。

④ 注意被加热物料的危险特性，严禁物料过热分解发生爆炸。热敏性物料不应选择电加热。

⑤ 加强通风以防止形成爆炸性混合物。

⑥ 加强检查维护，及时发现问题，及时处理。

三、冷却、冷凝与冷冻

（一）冷却、冷凝的危险性分析与安全要求

冷却与冷凝被广泛应用于化工生产中，两者的主要区别在于被冷却的物料是否发生相的改变。若发生相变（如气相变为液相）则为冷凝，无相变只是温度降低则为冷却。冷却与冷凝方法根据冷却与冷凝所用的设备，可分为直接冷却与间接冷却两类。

1. 直接冷却法

可直接向所需冷却的物料加入冷水或冰等制冷剂，也可将物料置入敞口槽中或喷洒于空气中，使之自然气化而达到冷却的目的（这种冷却方法也称为自然冷却）。在直接冷却中常用的冷却剂为水。直接冷却法的缺点是物料被稀释。

2. 间接冷却法

通常是在具有间壁式换热器中进行的。壁的一边为低温载体，如冷水、盐水、冷冻混合物及固体二氧化碳等，壁的另一侧为所需冷却的物料。一般冷却水所达到的冷却效果不低于0℃；20%浓度的盐水，其冷却效果可达－15～0℃；冷冻混合物（以压碎的冰或雪与盐类混合制成），依其成分不同，冷却效果可达－45～0℃。间接冷却法在化工生产中应用较广泛。间接冷却法（夹套式换热器）工作原理示意如图3-16所示。

冷却、冷凝的安全操作在化工生产中容易被人们忽视。实际上它很重要，它不仅涉及原材料消耗及产品收率，而且严重地影响安全生产。在实际操作中应做到以下安全要求。

① 根据被冷却物料的温度、压力、理化性质以及所要求冷却的工艺条件，正确选用冷却设备和冷却剂。

② 对于腐蚀性物料的冷却，最好选用耐腐蚀材料的冷却设备。例如，石墨冷却器、塑料冷却器以及用高硅铁管、陶瓷管制成的套管冷却器和钛材冷却器等。

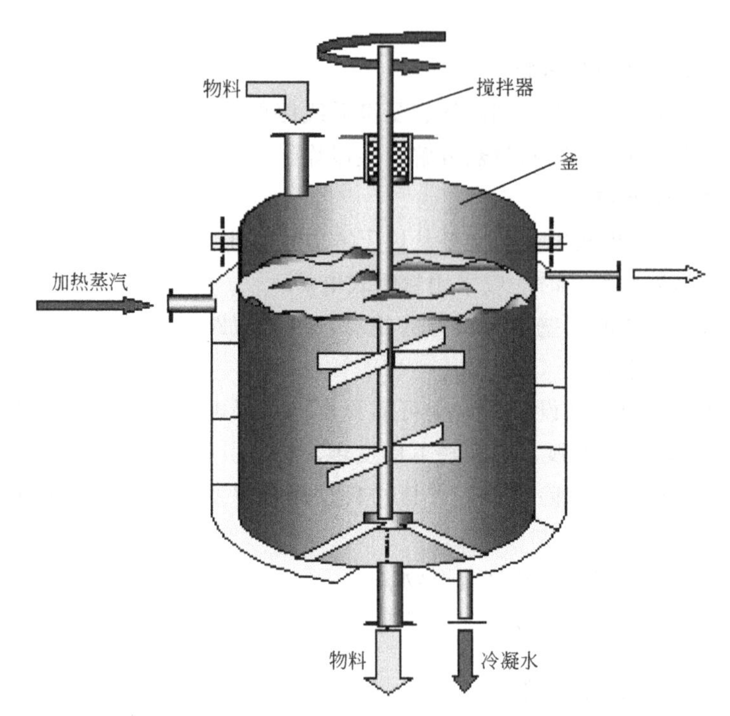

图 3-16　间接冷却法（夹套式换热器）工作原理示意

（用于反应器的加热或冷却，加热剂或冷却剂在夹套内通过间壁与反应器内的物料进行换热。用蒸汽进行加热时，蒸汽高进低出。当冷却时，冷却水从下部进入，而由上部流出。）

③ 严格注意冷却设备的密闭性，不允许物料窜入冷却剂中。也不允许冷却剂窜入被冷却的物料中（特别是酸性气体）。

④ 冷却设备所用的冷却水不能中断。否则，反应热不能及时导出，致使反应异常，系统压力增高，甚至产生爆炸。另一方面，冷却、冷凝器如断水，会使后部系统温度升高，未冷凝的危险气体外逸排空，可能导致燃烧或爆炸。用冷却水控制系统温度时，一定要安装自动调节装置。

⑤ 开车前先清除冷凝器中的积液，再打开冷却水，然后才能通入高温物料。

⑥ 为保证不凝性可燃气体完全排空，可充氮保护。

⑦ 检修冷凝、冷却器时，应彻底清洗、置换。

（二）冷冻的危险性分析与安全要求

在化工生产过程中，如蒸气、气体的液化，某些组分的低温分离，及某些物品的输送、储藏等，常需将物料降到比水或周围空气更低的温度，这种操作称为冷冻或制冷。冷冻操作的实质是不断地由低温物体（被冷冻物）取出热量，并传给高温物体（水或空气），以使被冷冻的物料温度降低，该过程借助于冷冻剂来实现。适当选择冷冻剂及其操作过程，可以获得由零度至接近于绝对零度的任何程度的冷冻。

1. 常用冷冻剂的概述

目前广泛使用的冷冻剂是氨。在石油化学工业中，常用石油裂解产品乙烯、丙烯作为冷冻剂。

(1) 氨的危险特性

氨在标准状态下沸点为−33.4℃，冷凝压力不高。它的汽化潜热和单位质量冷冻能力均远超过其他冷冻剂，所需氨的循环量小。它的操作压力同其他冷冻剂相比也不高。即使冷却水温较高时，在冷凝器中也不超过1.6MPa压力。而当蒸发器温度低至−34℃时，其压力也不低于0.1MPa压力。因此，空气不会漏入以致妨碍冷冻机正常操作。

氨几乎不溶于油，但易溶于水，1个体积的水可溶解700个体积的氨，所以在氨系统内无冰塞现象。

氨对于铁、铜不起反应，但若氨中含水时，则对铜及铜的合金具有强烈的腐蚀作用。因此，在氨压缩机中不能使用铜及其合金的零件。

氨有强烈的刺激性臭味，在空气中超过30mg/m^3，长期作业会对人体产生危害。氨属于易燃、易爆物质，其爆炸下限为15.5%。氨于130℃开始明显分解，至890℃时全部分解。

(2) 氟里昂的危险特性

氟里昂冷冻剂的沸点随其氟原子数的增加而升高，在常温下其沸点范围为−82.2～40℃。

氟里昂冷冻剂无味，不具有可燃性和毒性，同空气混合无爆炸危险，同时对金属无腐蚀，因此是一种比较安全的冷冻剂。但是由于氟里昂破坏大气臭氧层，已限制使用。

(3) 乙烯、丙烯的危险特性

乙烯沸点较低，能在高压（30kgf/cm^2，1kgf/cm^2＝98.0665kPa，下同）下于较高的温度（−25℃）冷凝，又能在低压（0.272kgf/cm^2）下于较低的温度（−123℃）蒸发。丙烯在1atm，可于−47.7℃的低温下蒸发，因此，可用丙烯作为乙烯的冷冻剂。

乙烯、丙烯均属于易燃、易爆物质。乙烯爆炸极限为2.75%～34%，丙烯为2%～11.1%，如空气中乙烯、丙烯含量达到其爆炸浓度，可产生燃烧爆炸的危险。

乙烯的毒性在于麻醉作用，而丙烯的毒性是乙烯的两倍，麻醉力较强，其浓度在110mg/L时，人吸入短时间内即可引起轻度麻醉，对长期从事操作的工人有害。

2. 冷冻的安全要求

冷冻机安全技术一般常用的压缩冷冻机由压缩机、冷凝器、蒸发器与膨胀阀4个基本

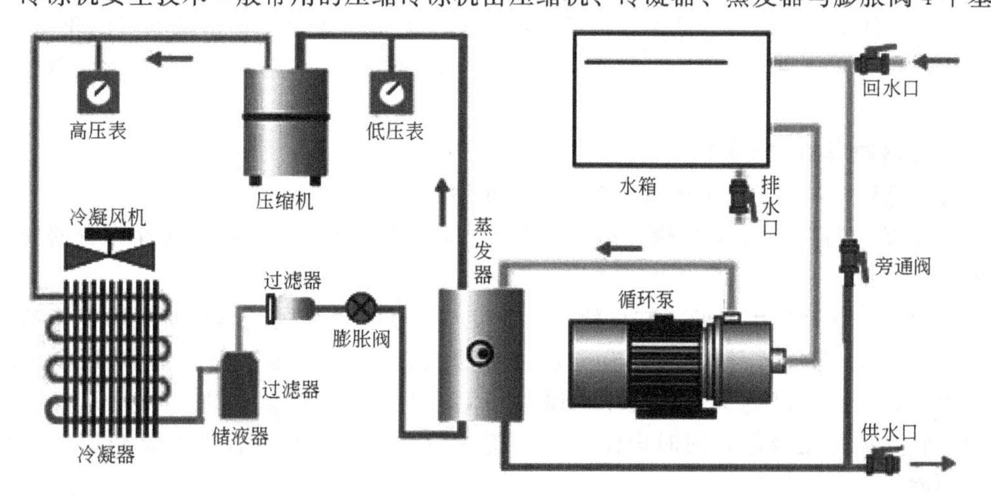

图3-17 氨冷冻机的工作示意

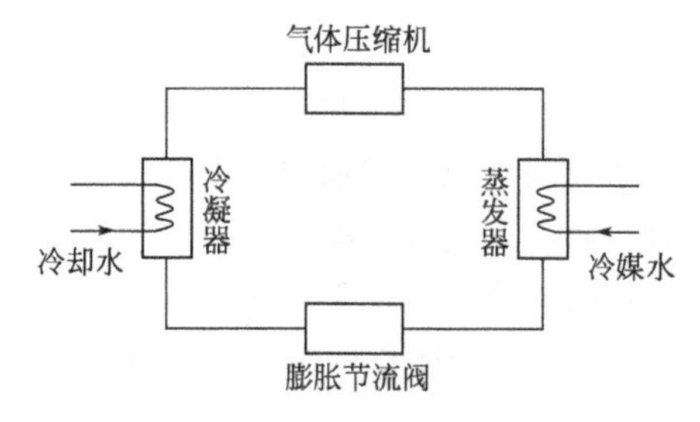

图 3-18 氨冷冻机工作原理

（首先将液氨送入蒸发器，在蒸发器中吸收冷媒水的热量，冷媒水温度下降，产生制冷效应，而液氨汽化为氨气；氨气被压缩机抽去，并压缩成高温高压的氨气；高温高压氨气送入冷凝器中被冷却水带走热量，冷凝成冷凝器压力下所对应的冷凝温度，使氨气变成液氨；液氨经过节流降压装置后，变成低压的液氨，然后流入蒸发器中汽化。便完成了一次制冷循环过程。如此周而复始地工作，就达到了连续制冷效果。）

部分组成。冷冻设备所用的压缩机以氨压缩机较为多见，氨冷冻机的工作示意如图 3-17 所示，氨冷冻机的工作原理如图 3-18 所示。

在使用氨冷冻压缩机时应注意以下事项。

① 采用不产生火花的防爆型电气设备。

② 在压缩机出口方向，应在汽缸与排气阀之间设一个能使氨通到吸入管的安全装置，以防压力超高。为避免管路爆裂，在旁通管路上不装阻气设施。

③ 易于污染空气的油分离器应装于室外。采用低温不冻结，且不与氨发生化学反应的润滑油。

④ 制冷系统压缩机、冷凝器、蒸发器以及管路系统，应注意其耐压程度和气密性，防止设备、管路产生裂纹和泄漏，同时要加强安全阀、压力表等安全装置的检查、维护。

⑤ 制冷系统因发生事故或停电而紧急停车时，应注意被冷物料的排空处理。

⑥ 装有冷料的设备及容器，应注意其低温材质的选择，防止金属低温脆裂。

四、熔融

在化工生产中常常需将某些固体物料熔融之后进行化学反应，熔融是指常温下是固体的物质，在达到一定温度后熔化成为液态，称为熔融状态。如将氢氧化钠、氢氧化钾、萘、磺酸钠等熔融之后进行化学反应；将沥青、石蜡和松香等熔融之后便于使用和加工。熔融温度一般为 150～350℃，可采用烟道气、油浴或金属浴加热。

1. 熔融过程的危险性分析

从安全技术角度考虑，熔融这一单元操作的主要危险来源于被熔融物料的化学性质、固体质量、熔融时的黏稠程度、熔融过程中副产品的生成、熔融设备、加热方式以及物料的破碎等方面。

2. 熔融过程的安全要求

熔融过程中，为了防止事故的发生，应注意以下安全要求。

① 避免物料熔融时对人体的伤害，被熔融固体物料固有的危险性对操作者的安全有很大的影响。

例如，碱熔过程中的碱，它可使蛋白质变成胶状碱蛋白的化合物，又可使脂肪变为胶状皂化物质。因此，碱比酸具有更强的渗透能力，且深入组织较快，碱灼伤比酸灼伤更为严重。在固碱的熔融过程中，碱液飞溅至眼部，其危险性非常大，不仅使眼角膜和结膜立即坏死糜烂，同时向深部渗入损坏眼球内部，致使视力严重减退、失眠或眼球萎缩。

② 注意熔融物中杂质的危害，熔融物的杂质量对安全操作是十分重要的。

例如，在碱熔过程中，碱和磺酸盐的纯度是影响该过程安全的最重要因素之一。碱和磺酸盐中若含有无机盐杂质，应尽量除去，否则，杂质不熔融，呈块状残留于熔融内。块状杂质的存在妨碍熔融物的混合，并能使其局部过热、烧焦，致使熔融物喷出烧伤操作人员。因此，必须经常消除锅垢。沥青、石蜡等可燃物中含水，熔融时极易形成喷油而引发火灾。

③ 降低物质的黏稠程度，熔融设备中物质的黏稠程度与熔融的安全操作有密切的关系。

熔融时黏度大的物料极易黏结在锅底，当温度升高时易结焦，产生局部过热引发着火爆炸。为使熔融物具有较大的流动性，可用水将碱适当的稀释。当氢氧化钠或氢氧化钾有水存在时，其熔点就显著降低，从而使熔融过程可以在危险性较小的低温下进行。如用煤油稀释沥青时，必须注意在煤油的自燃点以下进行操作，以免发生火灾。

④ 防止溢料事故。进行熔融操作时，加料量应适宜，盛装量一般不超过设备容量的2/3，并在熔融设备的台子上设置防溢装置，防止物料溢出与明火接触发生火灾。

⑤ 选择适宜的加热方式和加热温度。熔融过程一般在150～350℃下进行，通常采用烟道气加热，也可采用油浴或金属浴加热。加热温度必须控制在被熔融物料的自燃点以下，同时应避免所用燃料的泄漏引起爆炸或中毒事故。

⑥ 加压熔融设备应安装压力表、安全阀等必要的安全设施及附件。

⑦ 熔融过程中必须不间断搅拌，使其加热均匀，以免局部过热、烧焦，导致熔融物喷出，造成烧伤。对于液体熔融物可用桨式搅拌，对于非常黏稠的糊状熔融物，则采用锚式搅拌。

五、蒸发与蒸馏

1. 蒸发的危险性分析及安全要求

蒸发是借加热作用使溶液中的溶剂不断气化，以提高溶液中溶质的浓度或使溶质析出的物理过程。如氯碱工业中的碱液提浓等。蒸发过程的实质就是一个传热过程。

(1) 蒸发的概述

蒸发设备即蒸发器，它主要由加热室和蒸发室两部分组成。常见的蒸发器的种类有循环型和单程型两种。循环型蒸发器由于其结构差异使循环的速度不同，有很多种形式，其共同的特点是使溶液在其中做循环运动，物料在加热室内的滞料量大，高温下停留的时间较长，不宜处理热敏性物料。单程型蒸发器又称膜式蒸发器，

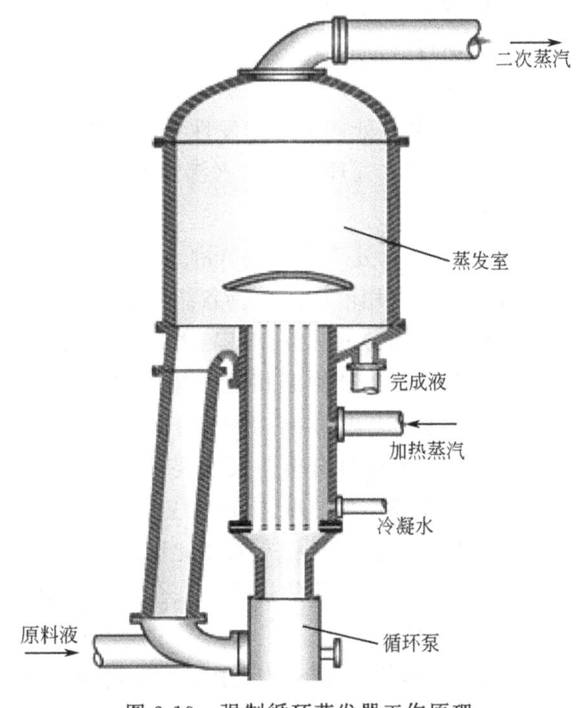

图 3-19　强制循环蒸发器工作原理

按溶液在其中的流动方向和成膜原因不同分为不同的形式，其共同的特点是溶液只通过加热室一次即可达到所需的蒸发浓度，特别适合处理热敏性物料。

强制循环蒸发器工作原理如图 3-19 所示。工作特点：溶液在设备内的循环主要依靠外加动力所产生的强制流动，循环速度一般可达 1.5～3.5m/s，传热效率和生产能力较大。原料液由循环泵自下而上打入，沿加热室的管内向上流动。蒸汽和液沫混合物进入蒸发室后分开，蒸气由上部排出，流体受阻落下，经圆锥形底部被循环泵吸入，再进入加热管，继续循环。

（2）蒸发的危险性分析与安全要点

蒸发操作主要要求控制好蒸发的温度，防止物料产生局部过热及分解导致的事故。根据蒸发物料的特性选择适宜的蒸发压力、蒸发器形式和蒸发流程是十分关键的。

① 被蒸发的溶液，皆具有一定的特性。如溶质在浓缩过程中可能有结晶、沉淀和污垢生成。这些将导致传热效率的降低，并产生局部过热，促使物料分解、燃烧和爆炸。因此，对加热部分需经常清洗。

② 对热敏性物料的蒸发，需考虑温度控制问题。为防止热敏性物料的分解，可采用真空蒸发，以降低蒸发温度。或者尽量缩短溶液在蒸发器内的停留时间和与加热面的接触时间，可采用单程型蒸发器。

③ 由于溶液的蒸发产生结晶和沉淀，而这些物质又是不稳定的，则更应注意严格控制蒸发温度。

2. 蒸馏的危险性分析与安全要求

化工生产中常常要将混合物进行分离，以实现产品的提纯和回收或原料的精制。对于均相液体混合物，最常用的分离方法是蒸馏。

（1）蒸馏过程的概述

蒸馏过程按操作压力可分为 3 种。

① 常压蒸馏。处理中等挥发性（沸点为 100℃左右）物料。

② 减压蒸馏。处理高沸点（沸点高于 150℃）物料、易发生分解、聚合及热敏性物料，也叫真空蒸馏。

③ 加压蒸馏。处理低沸点（沸点低于 30℃）物料。

蒸馏过程是利用液体混合物各组分挥发度的不同，使其分离为纯组分的操作。对于大多数混合液，各组分的沸点相差越大，其挥发能力相差越大，则用蒸馏方法分离越容易。反之，两组分的挥发能力越接近，则越难用蒸馏方法进行分离。板式塔蒸馏器结构如图 3-20 所示，填料塔蒸馏器结构如图 3-21 所示。

（2）蒸馏的危险性分析与安全要求

蒸馏过程中既有加热载体和加热方式的安全问题，又有液相汽化分离及冷凝等的相变安全问题，能量的转换与相态的变化同时存在于系统中，蒸馏过程又是物质被急剧升温浓缩甚至变稠、结焦、固化的过程，安全运行就显得十分重要。

① 常压蒸馏

1）易燃液体的蒸馏不能采用明火作热源，采用水蒸气或过热水蒸气加热较安全。

2）蒸馏腐蚀性液体，应防止塔壁、塔盘腐蚀致使易燃液体或蒸气逸出，遇明火或灼

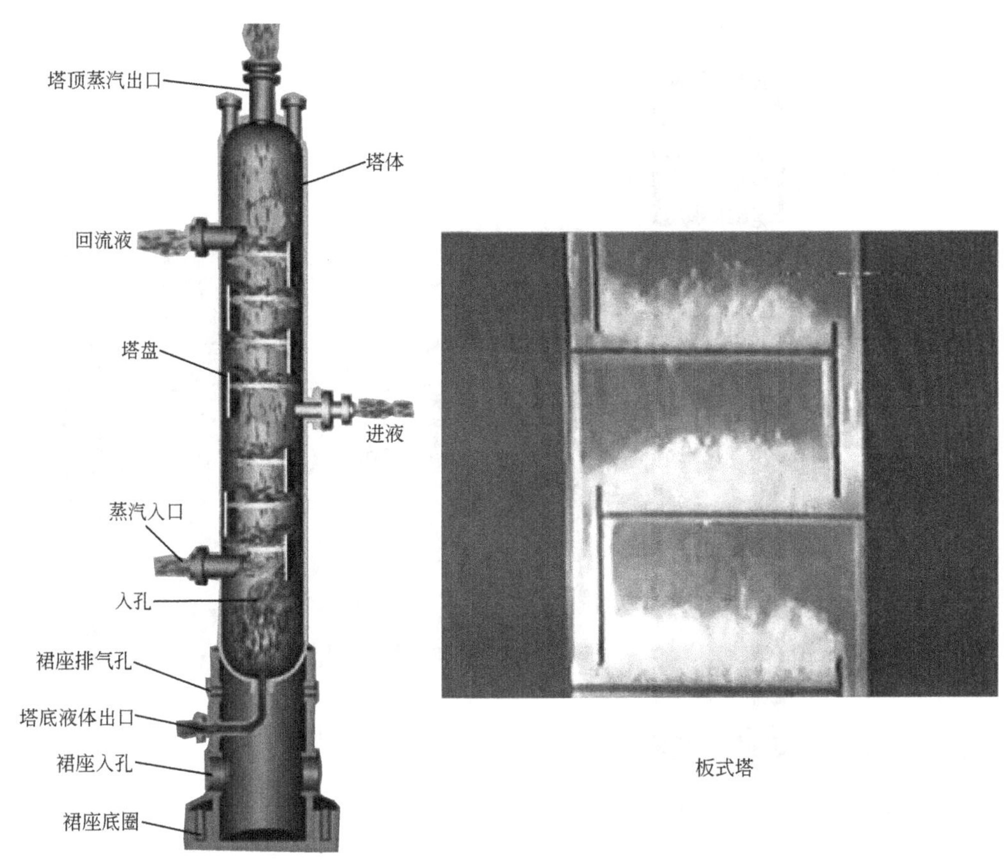

图 3-20 板式塔蒸馏器结构

热炉壁产生燃烧。

3）蒸馏自燃点很低的液体，应注意蒸馏系统的密闭，防止因高温泄漏遇空气产生自燃。

4）对于高温的蒸馏系统，应防止冷却水突然漏入塔内。否则水迅速气化致使塔内压力突然增高，而将物料冲出或发生爆炸。开车前应将塔内和蒸气管道内的冷凝水放尽，然后使用。

5）防止管道被凝固点较高的物质凝结堵塞，使塔内压力增加而引起爆炸。

6）用直接火加热蒸馏高沸点物料时，应防止产生自燃点很低的树脂油状物遇到空气会自燃。还应防止因蒸干、残渣脂化结垢引起局部过热产生的着火、爆炸事故。油焦和残渣应经常清除。

7）塔顶冷凝器中的冷却水或冷冻盐水不能中断。否则未冷凝的易燃蒸气逸出后使系统温度增高，窜出的易燃蒸气遇明火还会引起燃烧。

② 减压蒸馏（真空蒸馏）

1）蒸馏设备的密闭性是很重要的。蒸馏设备中温度很高，一旦吸入空气，对于某些易爆物质（如硝基化合物）有引起爆炸或着火的危险。因此，蒸馏所用的真空泵应安装单向阀，防止突然停泵造成空气进入设备。

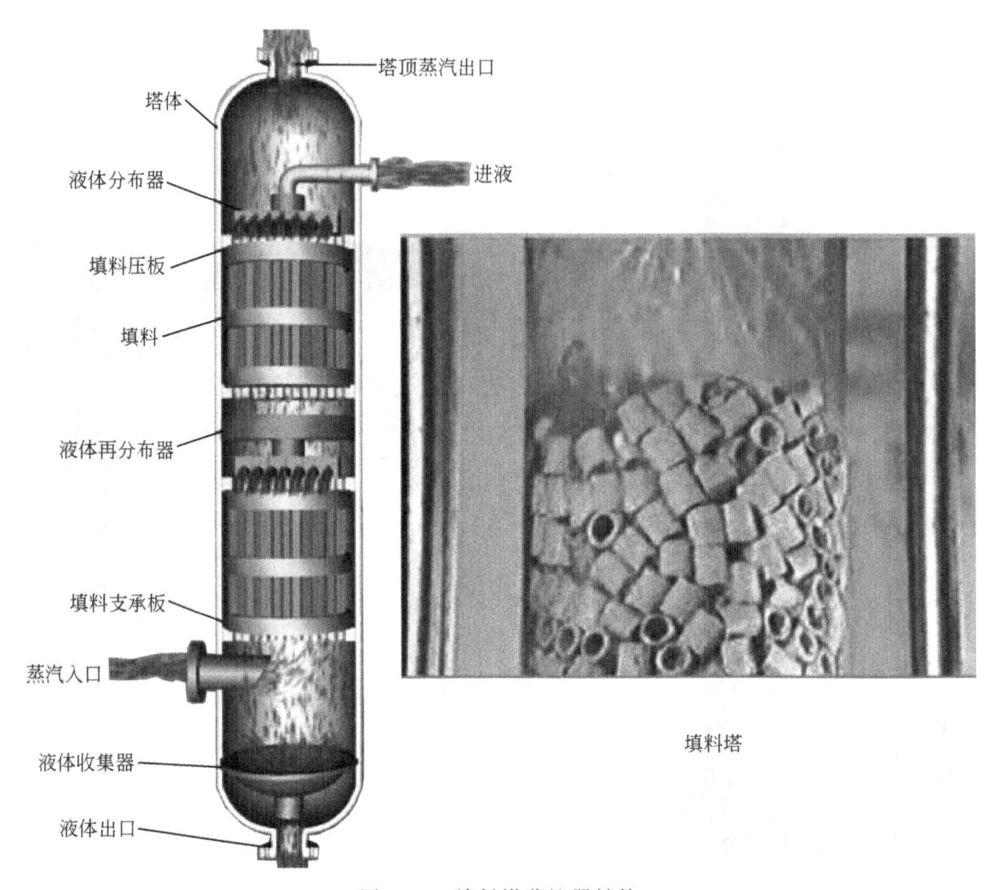

图 3-21　填料塔蒸馏器结构

2）当易燃易爆物质蒸馏完毕，待其蒸馏锅冷却，充入氮气后，再停止真空泵运转，以防空气进入热的蒸馏锅引起燃烧爆炸。

3）注意其操作顺序，先打开真空活门，然后打开冷却器活门，最后打开蒸汽阀门。否则，物料会被吸入真空泵，并引起冲料，使设备受压甚至产生爆炸。

4）易燃物质进行真空蒸馏的排气管，应通至厂房外，管道上应安装阻火器。阻火器及内部结构如图 3-22 所示。

③ 加压蒸馏

1）蒸馏设备的气密性和耐压性十分重要，应安装安全阀和温度、压力调节控制装置，严格控制蒸馏温度与压力。

2）在蒸馏易燃液体时，应注意系统的静电消除。特别是苯、丙酮、汽油等不易导电液体的蒸馏，更应将蒸馏设备、管道良好接地。室外蒸馏塔应安装可靠的避雷装置。

3）蒸馏设备应经常检查、维修。

六、过滤

在化工生产中，将悬浮液中的液体与固体微粒分离，通常采用过滤的方法。常用的

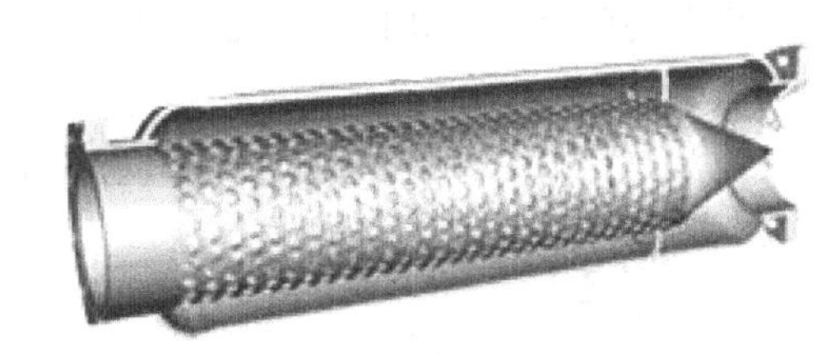

图 3-22　阻火器及内部结构

液-固过滤设备有板框压滤机、转筒真空过滤机、圆形滤叶加压叶滤机、三足式离心机、刮刀卸料离心机、旋液分离器等。常用的气-固过滤设备有降尘室、袋滤器、旋风分离器等。板式压滤机工作示意如图 3-23 所示，转筒真空过滤机工作示意如图 3-24 所示。

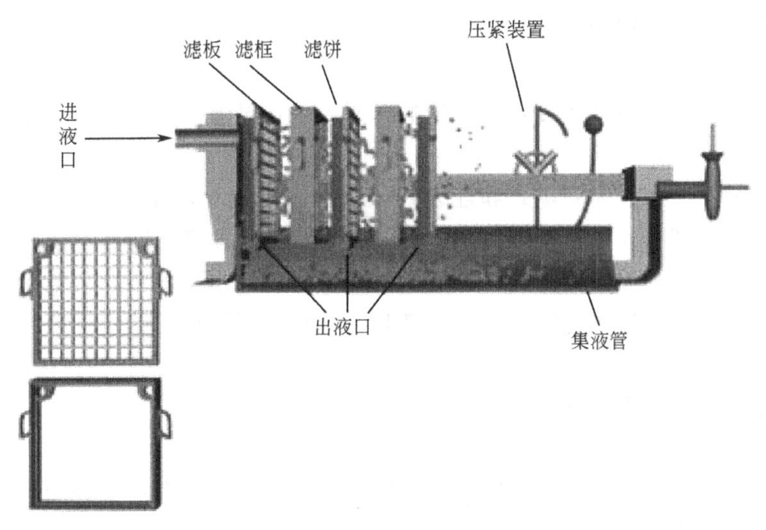

图 3-23　板框压滤机工作示意

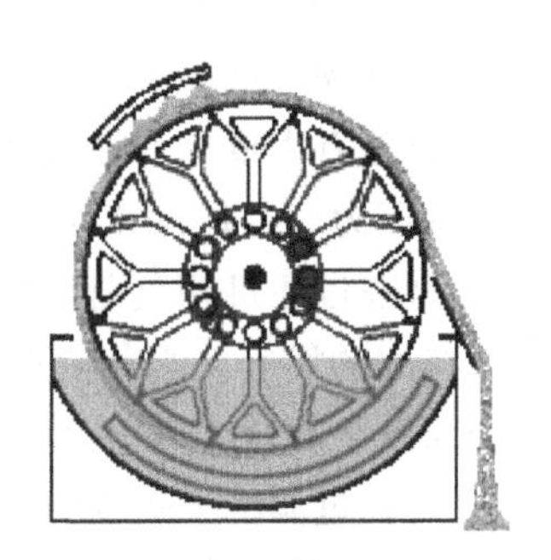

图 3-24　转筒真空过滤机工作示意

1. 过滤的概述

过滤操作是使悬浮液中的液体在重力、加压、真空及离心力的作用下，通过多孔物质层，而将固体悬浮微粒截流进行分离的操作。

过滤操作过程一般包括悬浮液的过滤、滤饼洗涤、滤饼干燥和卸料四个组成部分。按操作方法可分为间歇过滤和连续过滤。过滤依其推动力可分为以下几种。

(1) 重力过滤

重力过滤是依靠悬浮液本身的液柱压差进行过滤。速度不快，一般仅用于处理固体含量少而易于过滤的悬浮液。

(2) 加压过滤

加压过滤是在悬浮液上面施加压力进行过滤。对设备的强度和严密性有较高的要求，其所加压力要受到滤布强度、堵塞、滤饼可压缩性以及对滤液清洁度要求程度的限制。

(3) 真空过滤

真空过滤是在过滤介质下面抽真空进行过滤。其推动力较重力过滤强，能适应很多过滤过程的要求，因而应用较广。

(4) 离心过滤

离心过滤是借悬浮液高速旋转所产生的离心力进行过滤。效率高、占地面积小，因而在生产中得到广泛应用。

过滤机按操作方法分为间歇式和连续式。从操作方式看，连续过滤比间歇过滤安全。连续式过滤循环周期短，能自动洗涤和自动卸料，其过滤速度比间歇过滤高，并且操作人员脱离了与有毒物料的接触，因此比较安全。间歇式过滤由于卸料、装合、加料等各项辅助操作的经常重复，所以较连续式过滤周期长，并且人工操作，劳动强度大，直接接触毒物，因此不安全。

2. 过滤的危险性分析及安全要求

(1) 过滤的危险性分析

过滤的主要危险来自于所处理物料的危险特性，悬浮液中有机溶剂的易燃易爆特性或挥发性、气体的毒害性或爆炸性、有机过氧化物滤饼的不稳定性。

(2) 过滤的安全要求

为了防止过滤操作时事故的发生，从以下 7 方面提出安全要求。

① 在有爆炸危险的生产中，最好采用真空过滤机。

② 处理有害或爆炸性气体时，采用密闭式的加压过滤机操作，并以压缩空气或惰性气体保持压力。在取滤渣时，应先释放压力，否则会发生事故。

③ 离心过滤机超负荷运转，工作时间过长，转鼓磨损或腐蚀、启动速度过高均有可能导致事故的发生。当负荷不均匀时运转会发生剧烈振动，不仅磨损轴承，且能使转鼓撞击外壳而发生事故。转鼓高速运转也可能由外壳中飞出造成重大事故。

④ 离心过滤机无盖或防护装置不良时，杂物有可能落入其中，并以很大速度飞出伤人。杂物留在转鼓边缘也可能引起转鼓振动造成危险。

⑤ 开停离心过滤机时，不要用手帮忙以防发生事故，操作过程力求加料均匀。

⑥ 清理器壁必须待过滤机完全停稳后，否则铲勺会从手中脱飞，使人致伤。

⑦ 操作过程中，有效控制各种点火源。

七、干燥

化工生产中的固体物料，总或多或少含有湿分（水或其他液体），为了便于加工、使用、运输和储藏，往往需要将其中的湿分去掉。除去湿分的方法有多种，用加热的方法使固体物料中的湿分气化并除去的方法称为干燥，干燥能将湿分去除得比较彻底。所用的干燥器有厢式干燥器、气流干燥器、沸腾干燥器、转筒干燥器、喷雾干燥器；滚筒干燥器、真空盘架式干燥器；红外线干燥器、远红外线干燥器、微波干燥器。

1. 干燥的概述

根据操作条件的不同，干燥有以下 5 种分类方法。

① 干燥过程按操作压强可分为常压干燥和减压干燥。其中减压干燥主要处理热敏性、易氧化或要求干燥产品中湿分含量很低的物料。

② 干燥过程按操作方式可分为间歇干燥与连续干燥。其中间歇干燥用于小批量、多品种或要求干燥时间很长的场合。

③ 干燥过程按干燥介质类别可划分为空气干燥、烟道气干燥或其他介质的干燥。

④ 干燥过程按干燥介质与物料流动方式可分为并流干燥、逆流干燥和错流干燥。

⑤ 干燥过程按传热的方式不同可分为对流干燥、传导干燥和辐射干燥。

干燥在生产过程中的作用主要有 2 方面。

① 对原料或中间产品进行干燥，以满足工艺要求。如以湿矿生产硫酸时，为满足反应要求，先要对尾砂进行干燥，尽可能除去其水分。

② 对产品进行干燥，以提高产品中的有效成分，同时满足运输、储藏和使用的需要。如化工生产中的聚氯乙烯、碳酸氢铵、尿素，其生产的最后一道工序都是干燥。

2. 干燥过程的危险性分析与安全要求

（1）干燥过程的危险性分析

干燥过程的主要危险有干燥温度、时间控制不当，造成物料分解爆炸，以及操作过程中散发出来的易燃易爆气体或粉尘与点火源接触而产生燃烧爆炸等。

（2）干燥过程的安全要求

在干燥时，主要在于严格控制温度、时间及点火源。

① 易燃易爆物料干燥时，干燥介质不能选用空气或烟道气，采用真空干燥比较安全，因为在真空条件下易燃液体蒸发速度快，干燥温度可适当控制低一些，防止了由于高温引起物料局部过热和分解。注意真空干燥后清除真空时，一定要使温度降低后方能放入空气。否则空气过早放入，会引起干燥物着火或爆炸。

② 易燃易爆及热敏性物料的干燥要严格控制干燥温度及时间。保证温度计、温度自动调节装置、超温超时自动报警装置以及防爆泄压装置的灵敏运转。

③ 正压操作的干燥器应密闭良好，防止可燃气体及粉尘泄漏至作业环境中，干燥室不得存放易燃物。

④ 干燥物料中若含有自燃点很低的物质和其他有害杂质，必须在干燥前彻底清除。

⑤ 在操作洞道式、滚筒式干燥器时，需防止机械伤害，应设有相应防护装置。

⑥ 在气流干燥中，应严格控制干燥气流风速，并将设备接地，避免物料迅速运动相互激烈碰撞、摩擦产生静电。

⑦ 滚筒干燥应适当调整刮刀与筒壁间隙，将刮刀牢牢固定。尽量采用有色金属材料制造的刮刀，以防止刮刀与滚筒壁摩擦产生火花。用烟道气加热的滚筒式干燥器，应注意加热均匀，不可断料，滚筒不可中途停止运转。如有断料或停转，应切断烟道气，并通入氮气保护。

八、粉碎、筛分和混合

1. 粉碎的危险性分析与安全要求

在化工生产中，为满足生产工艺要求，常需将固体物料粉碎或研磨成粉末以增加其表面积，进而缩短化学反应的时间。将大块物料变成小块物料的操作称为粉碎或破碎；而将小块变成粉末的操作称为研磨。

粉碎分为湿法与干法两类，干法粉碎是最常用的方法，按被粉碎物料的直径尺寸可分为以下几种。

① 粗碎（直径范围为40～1500mm）。

② 中碎（直径范围为5～50mm）。

③ 细碎、磨碎或研磨（直径范围为<5mm）。

粉碎方法按实际操作时的作用力可分为挤压、撞击、研磨、劈裂等。根据被粉碎物料的物理性质和其块度大小，以及所需的粉碎度进行粉碎方法的选择。一般对于特别坚硬的物料，挤压和撞击有效。对于韧性物料用研磨或剪力较好，而对脆性物料以劈裂为宜。常用的粉碎设备有：颚式破碎机、圆锥式破碎机；滚碎机、锤式粉碎机；球磨机、环滚研磨机及气流粉碎机等。挤压方法的粉碎过程如图 3-25 所示，撞击方法的粉碎过程如图 3-26 所示，气流粉碎机的粉碎过程如图 3-27 所示。

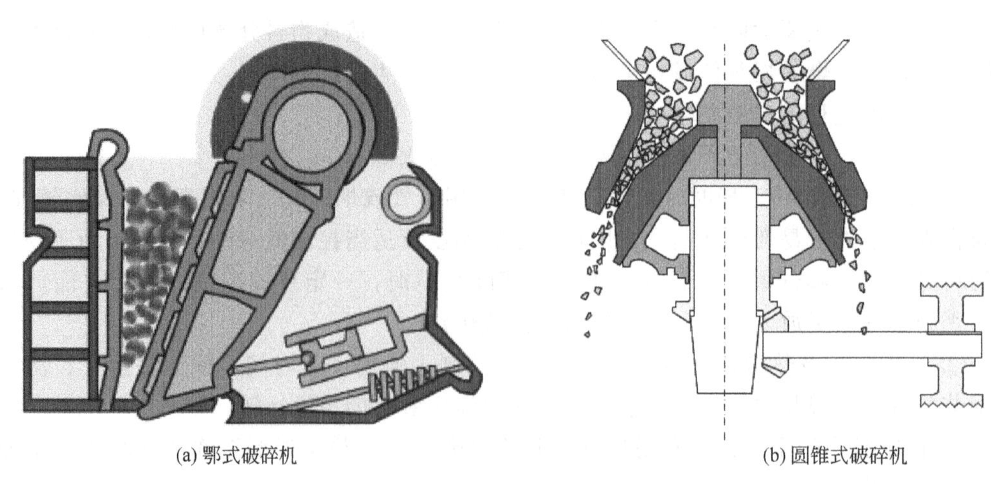

(a) 颚式破碎机　　(b) 圆锥式破碎机

图 3-25　挤压方法的粉碎过程

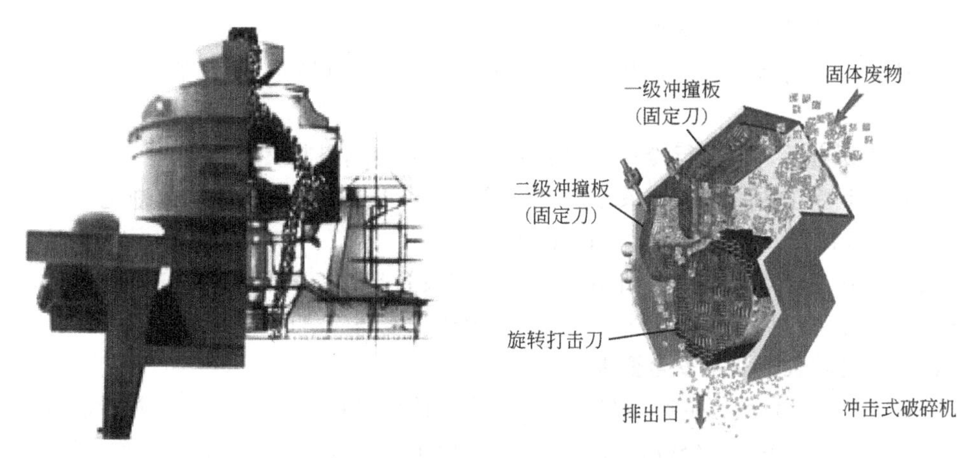

图 3-26 撞击方法的粉碎过程

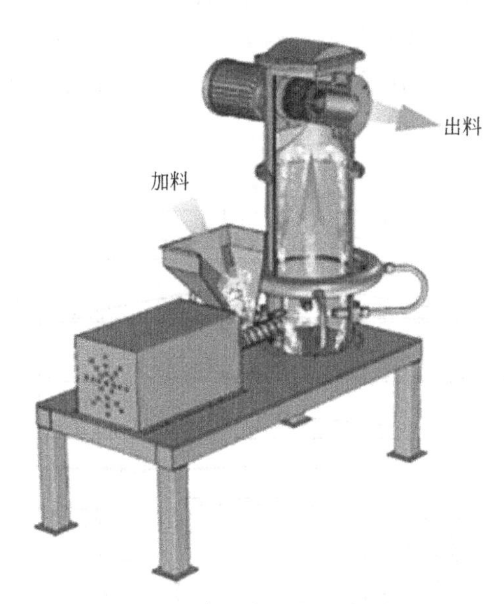

图 3-27 气流粉碎机的粉碎过程

(1) 粉碎过程的危险性分析

粉碎的危险主要由机械故障、机械及其所在的建筑物内的粉尘爆炸、粉料处理伴生的毒性危险以及高速旋转元件的断裂。

机械危险可由充分的防护以及严格的安全操作规程降低伤害。高速运转机械的设计应该有足够的安全余量解决可以预见的误操作问题。物质经过研磨其温度的升高可以测定出来，一般约 40℃，但局部热点的温度很高，可以起到点火源的作用。静电的产生和轴承的过热也是问题。内部的粉尘爆炸在一定的条件下会引起二次爆炸。

(2) 粉碎过程的安全要求

粉碎过程中应注意以下安全要求。

① 需保持操作室内通风良好，减少粉尘在空气中的含量。

② 在粉碎、研磨时，料斗不得卸空，盖子要盖严。

③ 应及时消除粉末输送管道的粉末沉积。

④ 要注意设备的润滑，防止摩擦发热，对研磨易燃易爆物料的设备要通入惰性气体进行保护。

⑤ 可燃物研磨后，应先行冷却，然后装桶，以防发热引起燃烧。

⑥ 发现粉碎系统中粉末引燃或燃烧时，需立即停止送料。并采取措施断绝空气来源，必要时通入二氧化碳或氮气等惰性气体保护。

⑦ 粉碎操作应注意定期清洗机器，避免粉碎设备高速运转、挤压、产生高温使机内存留的原料熔化后结块堵塞进出料口，形成密闭体发生爆炸事故。

2. 筛分的危险性分析与安全要求

在化工生产中，为满足生产工艺要求，常将固体原材料、产品进行颗粒分级。通常用筛子按固体颗粒度（块度）分级，选取符合工艺要求的粒度，这一操作过程称为筛分。

筛分分为人工筛分和机械筛分。筛分所采用的设备是筛子，筛子分固定筛和运动筛两类。若按筛网形状又可分为转筒式和平板式两类。在转筒式运动筛中有圆盘式、滚筒式和链式等；在平板式运动筛中，则有摇动式和簸动式。筛分的摇动式工作示意如图 3-28 所示。

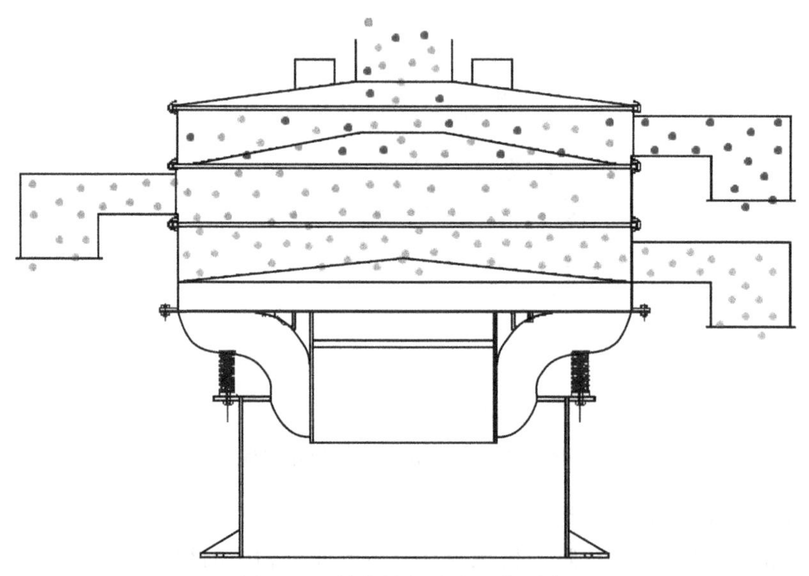

图 3-28 筛分的摇动式工作示意

（1）筛分的危险性分析

筛分的危险性主要来自可燃粉尘与空气形成爆炸性混合物，遇点火源发生粉尘爆炸事故，以及粉尘对呼吸道与皮肤造成的伤害。

（2）筛分的安全要求

从安全技术角度考虑，筛分操作要注意以下 5 个方面。

① 在筛分过程中，粉尘如果具有可燃性，应注意因碰撞和静电而引起粉尘燃烧、爆炸；如粉尘具有毒性、吸水性或腐蚀性，要注意呼吸器官及皮肤的保护，以防引起中毒或皮肤伤害。

② 要加强检查，注意筛网的磨损和筛孔堵塞、卡料，以防筛网损坏和混料。

③ 筛分操作是大量扬尘的过程，在不妨碍操作、检查的前提下，应将其筛分设备最大限度地进行密闭。

④ 振动筛会产生大量噪声，应采用隔离等消声措施。

⑤ 筛分设备的运转部分要加防护罩，以防绞伤人体。

3. 混合的危险性分析与安全要求

用机械或其他方法使两种或多种物料相互分散而达到均匀状态的操作称为混合。包括液体与液体的混合、固体与液体的混合、固体与固体的混合。在化工生产中，混合的目的是用以加速传热、传质和化学反应（如硝化、磺化等）。也用以促进物理变化，制取许多混合物，如溶液、乳浊液、悬浊液、混合物等。

用于液态的混合装置有机械搅拌、气流搅拌。机械搅拌装置包括桨式搅拌器、螺旋式搅拌器、涡轮式搅拌器、特种搅拌器。气流搅拌装置是用压缩空气、蒸气及氮气通入液体介质中进行鼓泡，以达到混合目的的一种装置。用于固态糊状的混合装置有捏和机、螺旋混合器和干粉混合器。桨式搅拌器和螺旋式搅拌器的搅拌叶片如图 3-29 所示，涡轮式搅拌器的叶片和特种搅拌器如图 3-30 所示。

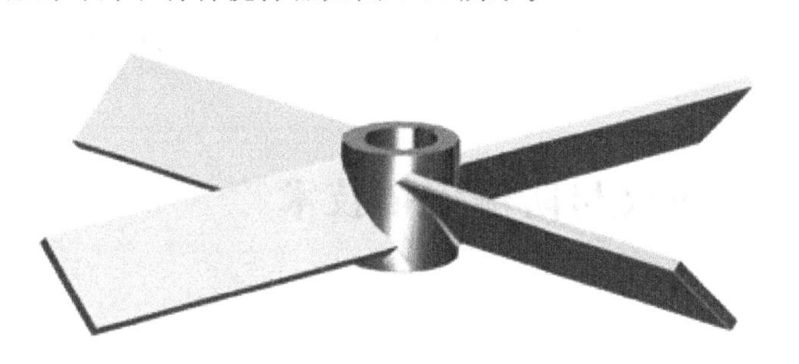

(a) 桨式搅拌器的搅拌叶片　　(b) 螺旋式搅拌器的搅拌叶片

图 3-29　桨式搅拌器和螺旋式搅拌器的搅拌叶片示意

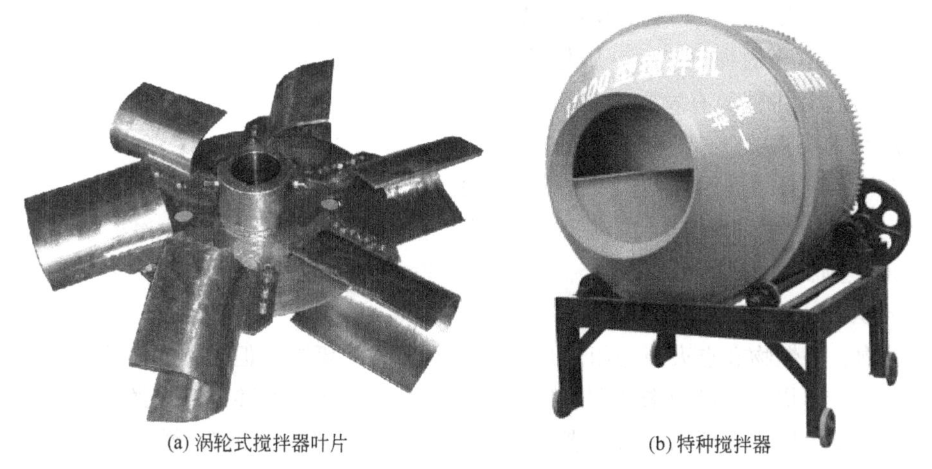

(a) 涡轮式搅拌器叶片　　(b) 特种搅拌器

图 3-30　涡轮式搅拌器叶片和特种搅拌器的示意

（1）混合过程的危险性分析

混合依据不同的相及其固有性质，有着特殊的危险，还有与动力机械有关的普通的机械危险，所以混合操作是一个比较危险的过程，易燃液态物料在混合过程中发生蒸发，产生大量可燃蒸气，若泄漏，将与空气形成爆炸性混合物；易燃粉状物料在混合过程中极易造成粉尘漂浮而导致粉尘爆炸。对强放热的混合过程，若操作不当也具有极大的火灾爆炸危险。

(2) 混合过程的安全要求

为了防止混合过程中事故的发生，从以下 8 个方面提出安全要求。

① 混合易燃、易爆或有毒物料时，混合设备应严格密闭，并通入惰性气体进行保护。

② 混合可燃物料时，设备应很好接地，以导除静电，并在设备上安装爆破片。

③ 混合设备不允许落入金属物件。

④ 利用机械搅拌进行混合的操作过程，其桨叶必须具备足够的强度。

⑤ 不可随意提高搅拌器的转速，尤其搅拌非常黏稠的物质。否则，极易造成电机超负荷、桨叶断裂及物料飞溅等。

⑥ 混合过程中物料放热时，搅拌不可中途停止。否则会导致物料局部过热，可能产生爆炸。因此，在安装机械搅拌的同时，还要辅助以气流搅拌，或增设冷却装置。

⑦ 危险物料的气流搅拌混合，尾气应该回收处理。

⑧ 进入大型机械搅拌设备检修时，其设备应切断电源并将开关加锁，以防设备突然启动造成重大人身伤亡。

第二节　防火与防爆安全技术

一、燃烧的条件

燃烧是可燃物与助燃物（氧或氧化剂）发生的一种发光发热的化学反应，是在单位时间内产生的热量大于消耗热量的反应。燃烧过程中具有如下 2 个特征。

① 燃烧会有新的物质产生，属化学反应。

② 燃烧过程中伴随有发光发热现象。

1. 燃烧的要素

燃烧的发生必须同时具备如下 3 个要素条件。

① 可燃物。如乙醇、甲烷、乙烯、纸等。

② 助燃物。如空气、氧气等。

③ 点火源。如明火、电火花、高温物体、光等。

可燃物、助燃物和点火源是组成燃烧缺一不可的 3 要素。但是，3 个条件同时存在也不一定会发生燃烧，可燃物未达到一定的浓度、助燃物数量不够、点火源的温度或热量不够，也不会发生燃烧。所以只有三者达到满足燃烧所需要的“量”，燃烧才会发生。在燃烧过程中，若消除其中任何一个条件，燃烧便会终止，这就是灭火的基本原理。

2. 燃烧的种类

根据燃烧发生的起因和发生的剧烈程度不同，燃烧分为自燃、闪燃和点燃。

（1）自燃和自燃点

自燃是可燃物质自发着火的现象。可燃物质在没有外界火源的直接作用下，常温中自行发热，散热受到阻碍，使其达到自燃温度，从而发生的自行燃烧。自燃分为如下 2 种形式。

① 受热自燃：可燃物在外部热源作用下，使温度升高，当达到其自燃点时，即着火燃烧，这种现象称为受热自燃。

② 自热自燃：可燃物在没有外来热源影响下，由于物质内部所发生的化学、物理或生化过程而产生热量，这些热量逐渐积聚，导致温度上升，达到自燃点而燃烧。造成自热燃烧的原因有氧化热、分解热、聚合热、发酵热等。

可燃物质在没有外界火花或火焰的直接作用下能自行燃烧的最低温度称为自燃点。自燃点是衡量可燃性物质火灾危险性的重要参数，自燃点越低，就越易引起自燃，其火灾危险性就越大。

（2）闪燃和闪点

闪燃是在液体表面产生的可燃蒸气到达一定量，与空气形成混合物，遇火产生的一闪即灭的燃烧现象。新的液体蒸气还来不及补充，与空气的混合浓度还不足以达到持续燃烧的条件，故闪燃后瞬间即熄灭。闪点指易燃液体表面挥发出的蒸气足以引起闪燃时的最低温度。闪点是衡量可燃液体火灾危险性的一个重要参数，可燃液体的闪点越低，其火灾危险性越大。

通常把闪点低于 45℃的液体叫易燃液体，闪点高于 45℃的液体叫可燃液体，易燃液体比可燃液体的火灾危险性要高。液体根据闪点的分类分级见表 3-1，常见可燃液体的闪点和自燃点见表 3-2。

表 3-1　液体根据闪点的分类分级

种类	级别	闪点 t/℃	举　例
易燃液体	Ⅰ	$t<28$	汽油、甲醇、乙醇、乙醚、苯、甲苯、丙酮、二硫化碳
	Ⅱ	$28\leqslant t\leqslant 45$	煤油、丁醇
可燃液体	Ⅲ	$45<t\leqslant 120$	戊醇、柴油、重油
	Ⅳ	$t>120$	植物油、矿物油、甘油

表 3-2　常见可燃液体的闪点和自燃点　　单位：℃

物质名称	闪点	自燃点	物质名称	闪点	自燃点	物质名称	闪点	自燃点
丁烷	−60	365	丁烯	−80		邻二甲苯	72.0	463
戊烷	<−40.0	285	乙炔		305	间二甲苯	25.0	525
己烷	−21.7	233	异戊间二烯	−53.8	220	对二甲苯	25.0	525
庚烷	−4.0	215	环戊烷	<−20	380	乙苯	15	430
辛烷	36		环己烷	−20.0	260	萘	80	540
壬烷	31	205	氯乙烷		510	甲醇	11.0	455
癸烷	46.0	205	苯	11.1	555	乙醇	14	422
乙烯		425	甲苯	4.4	535	丙醇	15	405

续表

物质名称	闪点	自燃点	物质名称	闪点	自燃点	物质名称	闪点	自燃点
戊醇	32.7	300	醋酐	49.0	315	丙胺	<−20	—
乙醚	−45.0	170	丁二酸酐	88		二甲胺	−6.2	—
丙酮	−10	—	甲酸甲酯	<−20	450	二丙胺	7.2	—
丁酮	−14	—	环氧乙烷		428	氢	—	560
四氢呋喃	−13.0	230	环氧丙烷	−37.2	430	硫化氢	—	260
醋酸	38		乙胺	−18	—	二硫化碳	−30	102

(3) 点燃和燃点

点燃是指可燃物与明火直接接触引起燃烧，在火源移去后能维持燃烧的现象。物质被点燃后，先是局部被强烈加热，首先达到引燃温度产生火焰，该局部燃烧产生的热量，足以把邻近部分加热到引燃温度，燃烧就得以蔓延开去。燃点是指可燃物的蒸气与空气形成混合气后遇到点火源，能持续燃烧 5s 以上的最低温度，燃点也叫着火点。主要油品的燃点见表 3-3，部分可燃物质的燃点见表 3-4。

表 3-3　主要油品的燃点　　单位：℃

油品名称	闪点	自燃点	油品名称	闪点	自燃点
汽油	<28	510～530	重柴油	>120	300～330
煤油	28～45	380～425	蜡油	>120	300～380
轻柴油	45～120	350～380	渣油	>120	230～240

表 3-4　部分可燃物质的燃点　　单位：℃

油品名称	闪点	自燃点	油品名称	闪点	自燃点
赤磷	160	聚丙烯	400	吡啶	482
石蜡	158～195	醋酸纤维	482	有机玻璃	260
硝酸纤维	180	聚乙烯	400	松香	216
硫黄	255	聚氯乙烯	400	樟脑	70

二、爆炸的条件

爆炸是指物质在瞬间以机械功的形式释放出大量气体和能量的现象，它是一种极为迅速的物理或化学的能量释放过程，爆炸的一个最重要的特征是爆炸点周围介质中发生急剧的压力突变。爆炸可以分为物理性爆炸和化学性爆炸两大类。

1. 爆炸的分类

(1) 物理性爆炸

由于物质因状态或压力发生突变等物理变化而形成，例如，容器内液体过热、汽化而引起的爆炸，锅炉的爆炸、压缩气体、液化气体超压引起的爆炸等，都属于物理性爆炸。物理性爆炸前后，物质的化学成分及性质均无变化。

(2) 化学性爆炸

由于物质发生极其激烈的化学反应，产生高温、高压而引起的爆炸称为化学性爆炸。化学性爆炸前后，物质的性质和成分均发生根本的变化。化学性爆炸按爆炸时所发生的化学变化的不同又可分为3类。

① 简单分解爆炸。引起简单分解的爆炸物在爆炸时并不一定发生燃烧反应，爆炸所需的热量是由爆炸物本身分解时产生的。属于这一类的物质有叠氮铅（PbN_6）、乙炔银（Ag_2C_2）、碘化氮（IN）等。

② 复杂分解爆炸。这类物质爆炸时伴有燃烧现象，燃烧所需的氧是由本身分解产生的。如TNT炸药、硝化棉及烟花爆竹的爆炸就属于这一类爆炸。

③ 爆炸性混合物爆炸。所有可燃气体、蒸气及粉尘同空气（氧）的混合物所发生的爆炸均属此类。在化工生产中，可燃性气体或蒸气与空气形成爆炸性混合物的可能性很大。物料从工艺装置中、管道里泄漏到厂房里，或空气进入有可燃气体的设备里，都可能形成爆炸性混合物，遇到明火时会造成爆炸事故。

2. 爆炸极限

可燃物进入空气中，与空气混合达到一定浓度时，在点火源的作用下会发生爆炸。这种可燃物质在空气中形成爆炸混合物的最低浓度叫爆炸下限，最高浓度叫爆炸上限。浓度在爆炸上限和爆炸下限之间，都能发生爆炸。这个浓度范围叫该物质的爆炸极限。如一氧化碳的爆炸极限是12.5％～74.5％，当一氧化碳在空气中的浓度处于这个范围内时，接触火源会发生爆炸；当一氧化碳浓度低于12.5％，或浓度超过74.5％时，遇火源则不燃烧、不爆炸。常见物质在空气中的爆炸极限见表3-5。

表3-5 常见物质在空气中的爆炸极限

物质名称	爆炸极限(体积分数)/%		物质名称	爆炸极限(体积分数)/%	
	下限	上限		下限	上限
天然气	4.5	13.5	丙醇	1.7	48.0
城市煤气	5.3	32	丁醇	1.4	10.0
氢	4.0	75.6	甲烷	5.0	15.0
氨	15.0	28.0	乙烷	3.0	15.5
一氧化碳	12.5	74.5	丙烷	2.1	9.5
二硫化碳	1.0	60.0	丁烷	1.5	8.5
乙炔	1.5	82.0	甲醛	7.0	73.0
氰化氢	5.6	41.0	乙醚	1.7	48.0
乙烯	2.7	34.0	丙酮	2.5	13.0
苯	1.2	8.0	汽油	1.4	7.6
甲苯	1.2	7.0	煤油	0.7	5.0
邻二甲苯	1.0	7.6	乙酸	4.0	17.0
氯苯	1.3	11.0	乙酸乙酯	2.1	11.5
甲醇	5.5	36.0	乙酸丁酯	1.2	7.6
乙醇	3.5	19.0	硫化氢	4.3	45.0

不同的可燃气体和可燃液体蒸气，因其理化性质的不同，因此爆炸极限也不同。同一种可燃气体或可燃液体蒸气的爆炸极限，也会受温度、压力、氧含量、惰性介质、容器的直径等因素的影响而发生变化。

（1）温度

混合气体的原始温度越高，则爆炸下限降低，上限增高，爆炸极限范围扩大。因为系统温度升高，分子内能增加，所以温度升高，爆炸危险性增加。

（2）氧含量

混合物中含氧量增加，一般不影响爆炸下限，因为在下限浓度时氧气对可燃气是过量的。由于在上限浓度时含氧量相对不足，所以增加氧含量会使上限显著增高。

（3）原始压力

混合物的原始压力对爆炸极限有较明显的影响，一般说来，压力增大，爆炸极限范围也扩大，尤其是爆炸上限显著提高。因为系统压力增高，使分子间距更为接近，碰撞概率增高，使燃烧反应更为容易进行。压力降低，爆炸极限范围缩小。

（4）容器材质与尺寸

容器管子直径越小，爆炸极限范围越小。当管径小到一定程度时，火焰因不能通过而被熄灭。而容器的材质影响，例如，氢和氟在玻璃器皿中混合，甚至放在液态空气温度下于黑暗中也会发生爆炸，而在银制器皿中要到常温下才能发生反应。

（5）惰性介质

在爆炸混合物中加入惰性气体（如氮、水蒸气、氩、氦等），随着惰性气体所占体积分数的增加，爆炸极限范围则缩小，惰性气体的含量提高到一定浓度时，可使混合物不能爆炸。一般情况下，惰性气体对混合物爆炸上限的影响较之对下限的影响更为显著。因为惰性气体浓度加大，表示氧的含量相对减小，而在上限中氧的含量本来已经很小。

3. 粉尘爆炸

粉尘爆炸是粉尘粒子表面和氧作用的结果。当粉尘表面达到一定温度时，由于分解或干馏作用，粉尘表面会释放出可燃性气体，这些气体与空气形成爆炸性混合物，而发生粉尘爆炸。

（1）粉尘爆炸过程

粉尘爆炸经历如下 4 个阶段。

① 粉尘颗粒表面受热后表面温度上升被热解。

② 粉尘颗粒表面的分子发生热分解或干馏，产生气体在粒子周围。

③ 气体混合物被点燃产生火焰并传播。

④ 火焰产生的热量进一步促进粉尘分解，继续放出气体，燃烧持续下去。

（2）影响粉尘爆炸的因素

影响粉尘爆炸的因素主要有如下 4 个方面。

① 粉尘的化学性质和组分。粉尘的易燃性以及燃烧热高、点火能低都会加剧粉尘的爆炸和后果。

② 粉尘颗粒大小及分布。粉尘颗粒越细，表面吸附空气中的氧就越多，因而越易发生爆炸，危险性越大。

③ 粉尘的悬浮性。粉尘颗粒悬浮停留时间越长，危险性越大。

④ 空气中粉尘的浓度大小。粉尘浓度达到粉尘爆炸下限即可爆炸。

部分粉尘的爆炸极限见表 3-6。

表 3-6 部分粉尘的爆炸极限

粉尘名称	粉尘的引燃温度/℃	粉尘的爆炸下限/(g/m³)	粉尘名称	粉尘的引燃温度/℃	粉尘的爆炸下限/(g/m³)
镁粉	470	44～59	酚醛树脂	520	36～49
炭黑	＞690	36～45	硬质橡胶	360	36～49
锌粉	530	212～284	天然树脂	370	38～52
萘	575	28～38	砂糖粉	360	77～99
萘酚染料	415	133～184	褐煤粉	—	49～68
聚苯乙烯	475	27～37	有烟煤粉	595	41～57
聚乙烯醇	450	42～55	煤焦炭粉	＞750	37～50

三、预防火灾爆炸的基本措施

根据《火灾分类》(GB 4968—2008) 中对火灾分类的规定，将火灾分为如下 6 类。

① A 类火灾：固体物质火灾。

② B 类火灾：液体火灾和可熔化的固体物质的火灾。

③ C 类火灾：气体火灾。

④ D 类火灾：金属火灾。

⑤ E 类火灾：带电火灾，物体带电燃烧的火灾。

⑥ F 类火灾：烹饪器具内的烹饪物（如动植物油脂）火灾。

上述分类方法对防火和灭火，特别是选用灭火剂与灭火器材具有重要的指导意义。

一般情况下，火灾起火后火势逐渐蔓延扩大，随着时间的增加，损失急剧增加，对于火灾来说，初期的救火尚有意义。而爆炸则是突发性的，在大多数情况下，爆炸过程在瞬间完成，人员伤亡及物质损失也在瞬间造成。火灾可能引发爆炸，因为火灾中的明火及高温能引起易燃物爆炸。如油库或炸药库失火可能引起密封油桶、炸药的爆炸；一些在常温下不会爆炸的物质，如醋酸，在火场的高温下有变成爆炸物的可能。爆炸也可能引发火灾，爆炸抛出的易燃物可能引起大面积火灾。如密封的燃料油罐爆炸后由于油品的外泄引起火灾。因此，发生火灾时，要防止火灾转化为爆炸；发生爆炸时，又要考虑到引发火灾的可能，及时采取防范抢救措施。

预防事故发生，限制灾害范围，消灭火灾爆炸，是防火防爆的基本原则。根据火灾的发生原因，一般可以从以下两个方面加以预防。

（一）消除或控制点火源

引起火灾的点火源一般有明火、冲击与摩擦、热射线、高温表面、电气火花、静电火花等，严格控制这类火源的使用范围，对于防火防爆是十分必要的。

1. 明火

明火主要是指生产过程中的加热用火、维修焊割用火及其他火源，明火是引起火灾与爆炸最常见的原因，一般从以下几方面加以控制。

（1）加热用火的控制

加热易燃物料时，要尽量避免采用明火，而采用蒸气或其他载热体加热。明火加热设备的布置，应远离可能泄漏易燃液体或蒸气的工艺设备和储罐区，并应布置在其上风向或侧风向。如果存在一个以上的明火设备，应将其集中布置在装置的边缘，并有一定的安全距离。

（2）维修焊割用火的控制

焊接切割时，飞散的火花及金属熔融温度高达 2000℃左右，高空作业时飞散距离可达 20m 远。此类用火除停工、检修外，还往往被用来处理生产过程中临时堵漏，所以这类作业多为临时性的，容易成为起火原因。因此，使用时必须注意在输送、盛装易燃物料的设备、管道上，或在可燃可爆区域应将系统和环境进行彻底的清洗或清理；动火现场应配备必要的消防器材，并将可燃物品清理干净；气焊作业时，应将乙炔发生器放置在安全地点，以防止爆炸伤人或将易燃物引燃；电焊线破残应及时更换或修理，不得利用与易燃易爆生产设备有关的金属构件作为电焊地线，以防止在电路接触不良的地方产生高温或电火花，对于维修用火一般都应制订安全管理规定，必须严格遵守。

（3）其他火源

对于其他明火熬炼设备要经常检查，防止烟道窜火和熬锅破漏，应选择在安全地点进行，并应当指定专人看管，严格控制加热温度。汽车、拖拉机、柴油机等的排气管喷出的火星，都可能引起可燃气的爆燃，需要采取相应的防范措施。

摩擦与冲击机器中轴承等转动的摩擦、铁器的相互撞击或铁制工具打击混凝土地面等都可能发生火花，因此，对轴承要保持良好的润滑；危险场所要用铜制工具替代铁器；在搬运盛有可燃气体或易燃液体的金属容器时，不要抛掷，要防止互相撞击，以免产生火花；在易燃易爆车间，地面要采用不发火的材质铺成，不准穿带钉子的鞋进入车间。

2. 电器火花与静电火花

电器火花分高压电的火花放电、短时间的弧光放电和接点上的微弱火花。电火花引起的火灾爆炸事故发生率很高，所以对电器设备及其配件要认真选择防爆类型并仔细安装，特别注意对电动机、电缆、电缆沟、电器照明、电器线路的使用、维护和检修。

静电指的是相对静止的电荷，是一种常见的带电现象。在一定条件下，两种不同物质相互接触、摩擦就可能产生静电，比如生产中的挤压、切割、搅拌、流动以及生活中的起立、脱衣服等都会产生静电。静电能量以火花形式放出，则可能引起火灾爆炸事故。消除静电的方法有两种：一是抑制静电的产生；二是迅速把产生的静电泄放。

3. 高温表面

要防止易燃物质与高温的设备、管道表面接触。高温物体表面要有隔热保温措施，可燃物料的排放口应远离高温表面，还要注意经常清洗高温表面的油污，以防止它们分解自燃。

4. 热射线

紫外线有促进化学反应的作用。红外线虽然眼睛看不到，但长时间局部加热也会使可燃物起火。阳光曝晒有火灾爆炸危险的物品，应采取避光措施，为避免热辐射，可采用喷水降温，或将门窗玻璃涂上白漆或者采用磨砂玻璃。

（二）消除易燃物与助燃物的接触

1. 消除易燃物

尽量少使用或者不使用易燃物。可以通过改变生产工艺，以不燃物、难燃物来代替可燃物或易燃物，燃爆危险性小的物质代替危险性大的物质，这是防火防爆的一条根本性措施，应当首先加以考虑。

2. 系统密闭

生产设备与生产系统尽量密闭化，已经密闭的正压设备及系统要防止泄漏，负压设备及系统要防止空气进入。在日常安全检查中，应关注设备的腐蚀或破损情况、设备密封部位是否不严、焊接接缝处开裂等，防止可燃物泄漏。同时要对操作人员进行安全培训和教育，严格按照安全操作规程进行操作，以防错误操作导致泄漏。

3. 通风除尘、降低可燃物的浓度

有些生产系统或设备无法密闭或者无法完全密闭，会存在有可燃气、蒸气、粉尘的生产现场，要设置通风除尘装置以降低空气中可燃物浓度，确保将可燃物浓度控制在爆炸极限以下。通风换气次数要有保障，自然通风不足的要加设机械通风。排除含有燃烧爆炸危险物质的粉尘的排风系统，应采用不产生火花的除尘器。含有爆炸性粉尘的空气在进入风机前，应进行净化处理。

4. 惰性气体保护

常用氮气、二氧化碳、水蒸气、烟道气等不燃气体作为惰性气体，加入到存有可燃物料的系统中，使可燃物及氧气浓度下降，达到降低或消除火灾爆炸发生的目的。

四、防火与防爆的安全装置

防止火灾爆炸事故的安全措施主要有灭火措施、阻火装置、火灾自动报警装置和防爆泄压装置，下面将逐渐对这四种安全装置进行讲述。

（一）灭火措施

灭火是为了破坏已经产生的燃烧条件三者之一（可燃物、助燃物、点火源），只要失去其中任何一个条件，燃烧就会停止。当燃烧已经开始，消灭点火源已经没有意义，主要是消除前两个可燃物和助燃物。

1. 灭火方法

灭火的基本方法有：减少空气中氧含量的窒息灭火法；隔离与火源靠近的可燃物的隔离灭火法；降低可燃物温度的冷却灭火法；消除燃烧过程中自由基的化学抑制灭火法。下面针对这 4 种方法一一阐述。

（1）冷却灭火法

将灭火剂直接喷射到燃烧的物体上，以降低燃烧的温度于燃点之下，使燃烧停止，或

者将灭火剂喷洒在火源附近的物质上，使其不因火焰热辐射作用而形成新的火点。灭火剂在灭火过程中不参与燃烧过程中的化学反应，因此，这种方法属于物理灭火方法。水具有较大的热容量和很高的气化潜热，采用雾状水流灭火，冷却灭火效果显著，是冷却法灭火的主要灭火设施。

（2）窒息灭火法

窒息灭火就是采取措施阻止空气进入燃烧区不让火接触到空气，降低火灾现场空间内氧气的浓度，使燃烧因缺少氧气而停止。窒息法灭火常采用的灭火剂一般有二氧化碳、氮气、水蒸气以及烟雾剂等。常用方法如下。

① 向燃烧区充入大量的氮气、二氧化碳等不助燃的惰性气体，减少空气量。

② 封堵建筑物的门窗，燃烧区的氧气一旦被耗尽，又不能补充新鲜空气，火就会自行熄灭。

③ 用石棉毯、湿棉被、湿麻袋、砂土、泡沫等不燃烧或难燃烧的物品覆盖在燃烧物体上，以隔绝空气使火熄灭。

（3）隔离灭火法

隔离灭火就是采取措施将可燃物与火焰、氧气隔离开来，使火灾现场没有可燃物，燃烧无法维持。如水就可以起到隔离灭火的效果。

（4）化学抑制灭火法

化学抑制灭火法就是采用化学措施有效地抑制游离基的产生或者能降低游离基的浓度，破坏游离基的连锁反应，使燃烧停止。如采用卤代烷灭火剂灭火，就是捕捉游离基的灭火方法。干粉灭火剂的化学抑制作用也很好，凡是卤代烷能抑制的火灾，干粉均能达到同样效果，但干粉灭火的不足之处是有污染。化学抑制法灭火，灭火速度快，使用得当，可有效地扑灭初期火灾。

在灭火中根据可燃物的性质、燃烧特点、火灾大小、火场具体条件以及消防技术装备的性能等实际情况，选择一种或几种灭火办法。一般说来，几种灭火方法综合运用效果较好。

2. 灭火器的选择

根据灭火原理来选择灭火剂，灭火剂是能够有效地破坏燃烧条件，中止燃烧的物质。常用灭火剂有以下几种。

（1）水（水蒸气、雾状水）

最常用的灭火剂，主要作用是冷却降温，也有隔离窒息的作用。它可以单独用于灭火，也可以与其他不同的化学添加剂组成混合物使用。除以下5种情况不能用水，其他火灾一般都可以用水（及水蒸气）进行灭火。

① 密度小于水和不溶于水的易燃液体的火灾，如汽油、煤油、柴油等油品苯类、醇类、醚类、酮类、酯类及丙烯腈等大容量储罐，如用水扑救，则水会沉在液体下层，被加热后会引起爆沸，形成可燃液体的飞溅和溢流，使火势扩大。

② 遇水燃烧的火灾，如金属钾、钠、碳化钙等，不能用水，可用砂土灭火。

③ 硫酸、盐酸和硝酸引发的火灾，不能用水流冲击，因为强大的水流能使酸飞溅，流出后遇可燃物质，有引起爆炸的危险。

④ 电气火灾未切断电源前不能用水扑救，因为水是良导体，容易造成触电。

⑤ 高温状态下化工设备的火灾不能用水扑救，以防高温设备遇冷水后骤冷，引起形变或爆裂。

(2) 泡沫灭火剂

泡沫灭火剂分为化学泡沫灭火剂和空气泡沫灭火剂两大类。化学泡沫灭火剂主要由化学药剂混合发生化学反应产生，一般是二氧化碳，它可以覆盖燃烧表面，起隔离与窒息的作用。空气泡沫灭火剂是由一定比例的泡沫液、水和空气在泡沫发生器内进行机械混合搅拌而生产的气泡，泡内一般是空气。泡沫灭火剂主要用于扑救各种不溶于水的易燃、可燃液体的火灾，也可用来扑救橡胶、木材、纤维等固体的火灾。

(3) 干粉灭火剂

常用干粉灭火剂是由碳酸氢钠，细砂，硅藻土或石粉等组成的细颗粒固体混合物。利用压缩氮气的压力被喷射到燃烧物表面上，起到覆盖、隔离和窒息的作用。干粉灭火剂的灭火效率比较高，用途非常广泛，可用于电器设备、遇水燃烧物质、可燃气体、易燃液体、油类等物品的火灾。

(4) 二氧化碳灭火剂

将二氧化碳以液态的形式加压充装于灭火器中，灭火时二氧化碳气体从钢瓶喷出时即形成固体（干冰）。二氧化碳灭火剂可用于扑救电器设备和部分忌水性物质的火灾，也可用于扑救机械设备、精密仪器、图书等贵重物品的火灾。

(5) 7150 灭火剂

7150 灭火剂是一种无色透明液体，主要成分是三甲氧基硼氧六环，是扑救镁、铝合金等轻金属火灾的有效灭火剂。

(6) 其他灭火剂

除了以上几种灭火剂外，惰性气体、卤代烷也可作为灭火剂。另外，用沙、土覆盖物来灭火也很广泛。

发生火灾时，要根据火灾的类别和具体情况选择适当的灭火剂，以达到最好的效果，表 3-7 提供了各类灭火剂的适用范围，灭火器的使用和保养见表 3-8。

表 3-7 各类灭火剂的适用范围

灭火剂种类		火灾种类				
		木材等一般火灾	可燃液体火灾		带电设备火灾	金属火灾
			非水溶性	水溶性		
水	直流	√	×	×	×	×
	喷雾	√	O	√	√	O
水溶液	直流(加强化剂)	√	×	×	×	×
	喷雾(加强化剂)	√	√	√	×	×
	水加表面活性剂	√	O	O	×	×
	水加增黏剂	√	×	×	×	×
	水胶	√	×	×	×	×
	酸碱灭火剂	√	×	×	×	×

续表

灭火剂种类		火灾种类				
		木材等一般火灾	可燃液体火灾		带电设备火灾	金属火灾
			非水溶性	水溶性		
泡沫	化学泡沫	√	√	○	×	×
	蛋白泡沫	√	√	×	×	×
	氟蛋白泡沫	√	√	×	×	×
	水成膜泡沫(轻水)	√	√	×	×	×
	合成泡沫	√	√	×	×	×
	抗溶泡沫	√	○	√	×	×
	高、中倍数泡沫	√	√	×	×	×
特殊液体(7150灭火剂)		×	×	×	×	√
不燃气体	二氧化碳	○	√	√	√	×
	氮气	○	√	√	√	×
干粉	钠盐、钾盐干粉	○	√	√	√	×
	磷酸盐干粉	√	√	√	√	×
	金属火灾用干粉	×	×	×	×	√
烟雾灭火剂		×	√	×	×	×

注：√表示适用；○表示一般不用；×表示不适用。

表3-8 灭火器的使用和保养

灭火器类型	泡沫灭火器	CO_2灭火器	CCl_4灭火器	干粉灭火器
规格	10L 65～130L	2kg以下 2～3kg 5～7kg	2kg以下 2～3kg 5～8kg	8kg 50kg
使用方法	倒置稍加摇动或打开开关，药剂即喷出	一手持喇叭筒对着火源，一手打开开关即可喷出	只要打开开关，液体就可喷出	提起圈环，干粉即可喷出
保养和检查	① 放在使用方便的地方； ② 注意使用期限； ③ 防止喷嘴堵塞； ④ 冬季防冻，夏季防晒； ⑤ 一年一检查，泡沫低于4倍应换药	每月测量一次，当小于原量1/10时，应充气	检查压力，小于定压时应充气	放在干燥通风处，防潮防晒。一年检查一次气压，若重量减少1/10时，应充气

(二) 阻火装置

阻火器的作用是防止火焰窜入设备、容器与管道内，或阻止火焰在设备和管道内扩展。常见的阻火设备包括安全液（水）封、水封井、阻火器和单向阀。

1. 安全液封

安全液封一般安装在压力低于0.02MPa（表压）的管线与生产设备之间，以水作为阻火介质为主。常用的安全液封有开敞式和封闭式两大类。安全液封阻火的基本原理是：由于液封中装有不燃液，无论在液封两侧的哪一侧着火，火焰蔓延到液封就会熄灭，从而阻止火势蔓延。

2. 水封井

水封井是安全液封的一种，一般设置在含有可燃气（蒸气）或者油污的排污管道上，以防燃烧爆炸沿排污管道蔓延。一般来说，水封高度不应小于250mm以上。

3. 阻火器

阻火器的阻火层主要由拥有许多能够通过气体的、均匀或不均匀的细小通道或孔隙的固体不燃材料构成。阻火器的阻火原理：当燃烧开始后，在没有外界能量作用的情况下，火焰在管道中的传播速度是随着管径减小而降低的，当管径小到某个临界值时，火焰就不能传播（也就是熄灭）。因此，影响阻火器阻火性能的主要因素是阻火层的材质、厚度及其中的管径或者孔隙的大小。

4. 单向阀（止逆阀、止回阀）

仅允许流体向一定方向流动，遇有回流时自动关闭的一种器件，可防止高压燃烧气流逆向窜入未燃低压部分引起管道、容器、设备爆裂。如液化石油气的气瓶上的调压阀就是一种单向阀。

（三）火灾自动报警装置

火灾自动报警装置的作用是将感烟、感温、感光等火灾探测器接收到的火灾信号，用灯光显示出火灾发生的部位并发出报警声，唤起人们尽早采取灭火措施。火灾自动报警装置主要由检测器、探测器和探头组成，按其结构的不同，大致可分为感温报警器、感光报警器、感烟报警器和可燃气体报警器。如某个房间出现火情，既能在该层的区域报警器上显示出来，又可在总值班室的中心报警器上显示出来，以便及早采取措施，避免火势蔓延。

（1）感温报警器

感温报警器是一种利用起火时产生的热量，使报警器中的感温元件发生物理变化，作用于警报装置而发出警报的报警器。此种报警器种类繁多，可按其敏感元件的不同分为定温式、差温式和差定组合式三类。

（2）感光电报警器

感光电报警器是利用火焰辐射出来的红外光、紫外光及可见光探测元件接收了火焰的闪动辐射后随之产生相出电信号来报警的报警装置。该报警器能检测瞬息间燃烧的火焰。它适用于输油管道、燃料仓库、石油化工装置等。

（3）感烟报警器

感烟报警器是利用着火前或着火时产生的烟尘颗粒进行报警的报警装置。主要用来探测可见或不可见的燃烧产物，尤其在引燃阶段，产生大量的烟和少量的热，很少或没有火焰辐射的初期火灾。

（4）可燃气体报警器

可燃气体报警器主要用来检测可燃气体的浓度。当气体浓度超过报警点时，便能发出报警。主要用于易燃易爆场所的可燃性气体检测。如日常生活中的煤气、石油气，工业生产中产生的氢、一氧化碳、甲烷、硫化氢等，如果泄漏可燃气体的浓度超过爆炸下限的1/6～1/4之间，就会发出报警信号，必须立即采取应急措施。

（四）防爆泄压装置

防爆泄压装置包括安全阀、防爆片、防爆门和放空管等。安全阀主要用于防止物理性爆炸；防爆片和防爆门主要用于防止化学性爆炸；放空管是用来紧急排泄有超温、超压、爆聚和分解爆炸危险的物料。

1. 安全阀

安全阀是为了防止非正常压力升高超过限度而引起爆炸的一种安全装置。设置安全阀时要注意：安全阀应垂直安装，并应装设在容器或管道气相界面上；安全阀用于泄放易燃可燃液体时，宜将排泄管接入储槽或容器；安全阀一般可就地排放，但要考虑放空口的高度及方向的安全性；安全阀要定期进行检查。

2. 防爆片

防爆片的作用是排出设备内气体、蒸气或粉尘等发生化学性爆炸时产生的压力，以防设备、容器炸裂。防爆片的爆破压力不得超过容器的设计压力，对于易燃或有毒介质的容器，应在防爆片的排放口装设放空导管，并引至安全地点。防爆片一般装设在爆炸中心的附近效果比较好，并且一般6～12个月更换一次。

3. 防爆门

防爆门一般设置在使用油、气或煤粉作燃料的加热炉燃烧室外壁上，在燃烧室发生爆燃或爆炸时用于泄压，以防止加热炉的其他部分遭到破坏。

五、危险化学品火灾爆炸事故的操作要点

在爆炸品、气体、易燃液体、易燃固体、遇水放出易燃气体的物质等危险化学品发生火灾爆炸事故时，如何抓住关键点，进行事故的处置，接下来将一一进行讲述。

1. 爆炸品火灾爆炸的扑救操作要点

由于爆炸品是瞬间爆炸，往往同时引发火灾，危险性、破坏性极大，给扑救带来很大困难。因此，应该在保证扑救人员安全的前提下，把握好以下要点。

① 采取一切可能的措施，阻止发生再次爆炸。

② 应迅速组织力量，及时疏散火场周围的易爆、易燃物品，使火区周边形成一个隔离带。

③ 切忌用砂、土盖、压爆炸物品，以免增加爆炸时的爆炸威力。

④ 灭火人员要尽可能采取自我保护措施。

⑤ 如有再次爆炸征兆或危险时，指挥员应迅即做出正确判断，组织人员撤退。

2. 气体火灾的火灾处置要点

一般情况下，气体储存在钢瓶中，或输送管道内。其中钢瓶内气体压力较高，受热时容易爆裂，大量气体泄漏会导致燃烧爆炸和使人中毒，危险性较大。另外，如果气体泄出后遇火源已形成稳定燃烧时，其危险性比气体泄出未燃时危险性要小得多。针对以上特点，扑救要点如下。

① 不盲目灭火。先要堵漏或截断气源（如关阀门等）。在此之前，应保持泄出气体稳定燃烧。否则，大量可燃气泄出，与空气混合，遇火源就会发生爆炸，后果更严重。

② 灭火时先积极抢救受伤及被困人员，并扑灭火场外围的可燃物火势，切断火势蔓延途径。

③ 火场中如有受到火焰辐射热的压力容器，须先尽量在水枪掩护下疏散到安全地点，不能疏散的应部署足够的水枪进行冷却保护。

④ 确认无法截断泄漏气源时，应冷却着火容器及周围容器和可燃物品，或将后两者撤离火场，控制着火范围，直至容器内可燃气烧尽，使火自行熄灭。

⑤ 现场指挥应密切注意各种危险征兆，当有容器存在爆裂危险时，及时做出正确判断，下达撤退命令并组织现场人员尽快撤离。

3. 易燃固体、易于自燃的物质火灾的扑救处置要点

相对于其他危险化学品而言，易燃固体、易于自燃的物质火灾的扑救较为容易，一般都能用水和泡沫扑救。但是有少数物品的扑救比较特殊，需要注意如下问题。

① 能够升华的易燃固体，受热会放出易燃蒸气，能在上层空间与空气形成爆炸性混合物，尤其在室内，容易发生爆燃。因此，在扑救此类物品火灾时，应注意，不能认为明火扑灭即完成灭火工作，而要在扑救过程中不时向燃烧区域上空及周围喷射雾状水，并用水浇灭燃烧区域及周围的所有火源。

② 黄磷是自燃点很低，在空气中极易氧化并自燃的物品。扑救黄磷火灾时，先应切断火势蔓延途径，控制燃烧范围。对着火的黄磷应该用低压水或雾状水扑救。高压水流冲击能使黄磷飞溅，导致灾害扩大。已熔融黄磷流淌时，应该用泥土、沙袋等筑堤阻截并用雾状水冷却。

③ 少数易燃固体和易于自燃的物质，如三硫化二磷、铝粉、烷基铝、保险粉等，不能用水和泡沫扑救，应根据具体情况分别处理，一般宜选用干砂和非压力喷射的干粉扑救。

4. 易燃液体的扑救处置要点

易燃液体通常是储存在容器内，用管道输送，但一般都是常压状态，有些敞口，只有反应釜（锅、炉等）及其输送管道内的液体压力较高。液体无论是否着火，如果泄漏或溢出，应沿着地面（或水面）流淌漂散；易燃液体火灾还有着火液体比重和水溶性等涉及能否用水或普通泡沫灭火剂扑救等问题，以及是否可能发生危险性很大的沸溢及喷溅问题。一般可燃液体火灾的扑救要点如下。

① 首先应该切断火势蔓延途径，控制燃烧范围，并积极抢救受伤及被困人员。着火容器、设备有管道与外界相通的，要截断其与外界的联系；如果有液体泄漏应堵漏或者在外围修防火堤。

② 及时了解和掌握着火液体的品名、密度、水溶性，以及有无毒害、腐蚀、沸溢、喷溅等危险性；还应正确判断着火面积，以便采取相应的灭火和防护措施。

小面积（在 $50m^2$ 以内）液体火灾，一般可用雾状水扑救，而用泡沫、干粉、二氧化碳、卤代烷更有效。

大面积液体火灾则必须根据其密度、水溶性和燃烧面积大小，选择适当的灭火剂扑救：a. 比水轻而不溶于水的液体（如汽油、苯等），一般可用普通蛋白泡沫或轻水泡沫扑救；b. 比水重而不溶于水的液体（如二硫化碳）着火时可用水扑救，用泡沫也有效；c. 具有水溶性的液体，最好用抗溶性泡沫扑救。

扑救上述三类液体火灾都需用水冷却容器设备外壁。

③ 扑救具有毒性、腐蚀性或燃烧产物具有毒性的易燃液体火灾时，救火人员必须佩戴防护面具，采取防护措施。

5. 遇水放出易燃气体的物质火灾的扑救处置要点

遇水放出易燃气体的物质（如金属钠、液态三乙基铝等）能与水或湿气发生化学反应，这类物品在达到一定数量时，绝对禁止用水、泡沫、酸碱等湿性灭火剂扑救，这就为其发生火灾时的扑救带来很大困难。通常情况要点如下。

① 首先要了解遇水放出易燃气体的物质的品名、数量；是否与其他物品混存；燃烧范围及火势蔓延途径等。

② 只有极少量（一般在50g以内）遇水放出易燃气体的物质着火，则无论是否与其他物品混存，仍可以用大量水或泡沫扑救。水或泡沫刚一接触着火物品时，瞬间可能会使火势增大，但少量物品燃尽后，火势就会减小或熄灭。

③ 遇水放出易燃气体的物质数量较多，而且未与其他物品混存，则绝对禁止用水、泡沫、酸碱等湿性灭火剂扑救，而应该用干粉、二氧化碳、卤代烷扑救，只有轻金属（如钾、钠、铝、镁等）用后两种灭火剂无效。固体遇水放出易燃气体的物质应该用水泥（最常用）干砂、干粉、硅藻土及蛭石等覆盖。对遇水放出易燃气体的物质中的粉尘如镁粉、铝粉等，切忌喷射有压力的灭火剂，以防将粉尘吹扬起来，与空气形成爆炸性混合物而导致爆炸。

④ 遇有较多的遇水放出易燃气体的物质与其他物品混存，则应先查明是哪类物品着火，遇水易燃物品的包装是否损坏。如果可以确认遇水放出易燃气体的物质尚未着火，包装也未损坏，应立即用大量水或泡沫扑救，扑灭火势后立即组织力量将遇水放出易燃气体的物质疏散到安全地点。如果确认遇水放出易燃气体的物质已经着火或包装已经损坏，则应禁止用水或湿性灭火剂扑救，若是液体应该用干粉等灭火剂扑救；若是固体应该用水泥、干沙扑救；如遇钾、钠、铝、镁等轻金属火灾，最好用石墨粉、氯化钠以及专用的轻金属灭火剂扑救。

⑤ 如果其他物品火灾威胁到面临的较多遇水放出易燃气体的物质，应考虑其防护问题。可先用油布、塑料布或者其他防水布将其遮盖，然后在上面盖上棉被并淋水；也可以考虑筑防水堤等措施。

6. 氧化性物质和有机过氧化物火灾的扑救处置要点

不同的氧化性物质和有机过氧化物物态不同，危险特性不同，适用的灭火剂也不同。因此，扑救此类火灾比较复杂，其扑救处置要点如下。

① 迅速查明着火的氧化性物质和有机过氧化物以及其他燃烧物品的品名、数量、主要危险特性；燃烧范围、火势蔓延途径；能否用水和泡沫扑救等情况。

② 能用水和泡沫扑救时，应尽力切断火势蔓延途径，孤立火区，限制燃烧范围；同时积极抢救受伤及受困人员。

③ 不能用水、泡沫和二氧化碳扑救时，应该用于干粉扑救，或用水泥、干砂覆盖。用水泥、干沙覆盖时，应先从着火区域四周特别是下风方向或火势主要蔓延方向覆盖起。

应注意：大多数氧化性物质和有机过氧化物遇酸会发生化学反应甚至爆炸；活泼金属过氧化物等一些氧化性物质不能用水、泡沫和二氧化碳扑救。

7. 毒性物质、腐蚀性物质火灾的扑救处置要点

毒性物质、腐蚀性物质火灾扑救较简单，但此类物品对人体都有一定危害——毒性物质主要经口、呼吸道或皮肤使人体中毒；腐蚀性物质是通过皮肤接触灼伤人体，所以在扑救此类火灾时要特别注意对人体的保护。

① 灭火人员必须穿着防护服，佩戴防护面具，对有特殊要求的物品，应穿着专用防护服。在扑救毒害品火灾时，最好使用隔绝式氧气或空气面具。

② 限制燃烧范围，积极抢救受伤及受困人员。

③ 尽量使用低压水流或雾状水，避免毒性物质、腐蚀性物质溅出；遇酸类或碱类腐蚀性物质，最好配制相应的中和剂进行中和。

④ 遇到毒性物质、腐蚀性物质容器设备或管道泄漏，在扑灭火势后应采取堵漏措施。

⑤ 浓硫酸遇水能放出大量的热，会导致沸腾飞溅，需要注意防护。扑救有浓硫酸的火灾时，如果浓硫酸数量不多，可用大量低压水快速扑救；如果浓硫酸数量很大，应先用二氧化碳、干粉、卤代烷等灭火，然后迅速将浓硫酸与着火物品分开。

第三节　化工场所电气安全技术

在石油化工企业中，一般都进行连续性生产，对电气设备的正常运行的要求越来越高，一旦发生电击类电气事故不仅影响生产的正常运行，可能导致重大的人身伤亡事故。

一、触电伤害及防护

1. 触电伤害及形式

触电伤害是指电流对人体的伤害，分电击和电伤两种。

① 电流对人体造成死亡的原因主要是电击。在100V以下的低压系统中，电流会引起人的心室颤动，即心脏由原来正常跳动变为每分钟数百次以上的细微颤动。这种颤动足以使心脏不能再压送血液，导致血液终止循环和大脑缺氧，发生窒息死亡。

② 电伤是指电流的热效应、化学效应或机械效应对人体的伤害，主要有电弧灼伤、熔化金属溅出烫伤等。

触电的方式有3种：低压触电、高压放电和跨步电压触电。

（1）低压触电

单相低压触电是指人体某部位接触地面，而另一部位触及一相带电体的触电事故。在低压供电系统中相电压为为220V，因此，触电电流取决于人体电阻，大部分触电事故是单相触电事故。

两相低压触电是指人体两部分同时触及两相带电体的触电事故，两相触电多发生在检修过程中。由于两相触电加在人体上的电压是线电压，为相电压的1.73倍，即380V，因此，触电危害远大于单相触电。

（2）高压放电

当人体靠近1000V以上高压带电体时，会发生高压放电而导致触电，且电压越高放电距离越远。

（3）跨步电压触电

当带电体发生接地故障时，在接地点附近会形成电位分布，如果人位于接地点附近，两脚所处的电位不同，这种电位差即为跨步电压。跨步电压的大小取决于接地电压的高低和人距接地点的距离。高压线落地会产生一个以落地点为中心的半径为8～10m的危险区域。

影响触电危险程度的主要因素为：通过人体电流的大小、触电电压高低、电流途径、人体阻抗、电流通过人体持续的时间、电流的频率等。从手到脚的电流路径是最危险的，电流将会通过人体的重要器官；然后是一只手到另一只手，最后是一只脚到另一只脚。

发生触电事故的原因，主要有以下4个方面。

① 缺乏电气安全知识。如带电拉高压隔离开关；用手触摸被破坏的胶盖刀闸等。

② 线路维护不良。如胶盖开关破损长期不予修理等。

③ 违反操作规程。如在高压线附近施工或运输大型货物，施工工具和货物碰击高压线；带电接临时照明线及临时电源；火线误接在电动工具外壳上等。

④ 电气设备存在事故隐患。如电气设备漏电；电气设备外壳没有接地而带电；闸刀开关或磁力启动器缺少护壳；电线或电缆因绝缘磨损或腐蚀而破坏等。

2. 触电防护技术

触电事故具有突发性和隐蔽性的特点，但也具有一定的规律性，采取相应的防护措施，可以有效地预防触电事故的发生，合理选用电气装置和安全防护措施可以减少触电危险和火灾爆炸危害。

（1）屏蔽和障碍防护

针对某些开关电器的活动部分不便绝缘，或高压设备的绝缘不能保证人在接近时的安全，应设立屏蔽或障碍防护措施。将带电部分用遮栏或外壳与外界完全隔开，以避免人们从经常接近的方向或任何方向直接触及带电部分。

设置阻挡物防止无意的直接接触，如在生产现场采用板状、网状、筛状阻挡物。由于阻挡物的防护功能有限，因此在采用时应附设警告信号灯、警告信号标志等。必要时可设置声、光报警信号及联锁保护装置。

（2）绝缘防护

用绝缘材料将带电部分全部包裹起来，防止在正常工作条件下与带电部分的任何接触，所采取的绝缘保护应根据所处环境和应用条件，对绝缘材料规定绝缘性能参数，其中绝缘电阻、泄漏电流、介电强度是最主要的参数。电气设备的绝缘性能由绝缘材料和工作环境决定，其指标为绝缘电阻，绝缘电阻越大，则电气设备泄漏的电流越小，绝缘性能越好。

除设备的绝缘防护外，工作人员应根据需要配备相应的绝缘防护用品，如绝缘手套、绝缘鞋、绝缘垫等。

（3）漏电保护

漏电保护器是一种在设备及线路漏电时，保证人身和设备安全的装置，其作用在于防止漏电引起的人身伤害，同时可防止漏电引起的设备火灾。通常用在故障情况下的触电保护，可作为直接触电防护的补充措施，以便在其他直接防护措施失败或操作者疏忽时实行直接触电防护。

根据国家标准《漏电保护器安装和运行》（GB 13955—92）要求，在电源中性直接接地的保护系统中，在规定的场所、设备范围内必须安装漏电保护器和实现漏电保护器的分级保护。对一旦发生漏电切断电源时，会造成事故和重大经济损失的装置和场所，应安装报警式漏电保护器。

（4）安全间距

为了防止人体、车辆触及或接近带电体造成事故，防止过电压放电和各种短路事故，国家规定了各种安全间距。大致可分为四种：各种线路的安全距离、变配电设备的安全距离、各种用电设备的安全距离、检修维修时的安全距离。为了防止各种电气事故的发生，带电体与地面之间、带电体与带电体之间、带电体与人体之间、带电体与其他设施设备之间，均应保持安全距离。

（5）安全电压

安全电压是按人体允许承受的电流和人体电阻值的乘积确定的。一般情况下视摆脱电流 10mA（交流）为人体允许电流，但在电击可能造成严重二次事故的场合，如水中或高空，允许电流应按不引起人体强烈痉挛的 5mA 来考虑。人体电阻一般在 1000～2000Ω 之间，但在潮湿、多汗、多粉尘的情况下，人体电阻只有数百欧姆。因此，当电气设备需要采用安全电压来防止触电事故时，应根据使用环境、人员和使用方式等因素选用不同等级的安全电压。安全电压的等级为 42V、36V、24V、12V 和 6V。

国内过去多采用 36V、12V 两种等级的安全电压。手提灯、危险环境的携带式电动工具和局部照明灯，高度不足 2.5m 的一般照明灯，如无特殊安全结构或安全措施，宜采用 36V 安全电压。凡工作地狭窄、行动不便以及周围有大面积接地导体的环境（如金属容器、管道内）的手提照明灯，应采用 12V。

安全电压应由隔离变压器供电，使输入与输出电路隔离；安全电压电路必须与其他电气系统和任何无关的可导电部分实现电气上的隔离。

（6）保护接地与接零

保护接地是把用电设备在故障情况下可能出现的危险的金属部分（如外壳等）用导线与接地体连接起来使用电设备与大地紧密连通。在电源为三相三线制的中性点不直接接地或单相制的电力系统中，应设保护接地线。

保护接零是把电气设备在正常情况下不带电的金属部分（外壳），用导线与低压电网的零线（中性线）连接起来。在电压为三相四线制的变压器中性点直接接地的电力系统中，应采用保护接零。

3. 触电的急救

触电事故发生后，必须不失时机地进行急救，尽可能减少损失。触电急救的要点为：

动作迅速、方法正确，使触电者尽快脱离电源是救治触电者的首要条件。

（1）触电时使触电者脱离电源的方法

① 如果电源开关或电源插头在触电地点附近，可立即拉开开关或拔出插头，切断电源。但应注意拉线开关和平开关只能控制一根线，有可能只切断地线，而火线并未切断，没有达到真正切断电源的目的。

② 如果电源开关或电源插头不在触电地点附近，可用有绝缘柄的电工钳或有干燥木柄的斧头切断电源线，断开电源；或用干木板等绝缘物插入触电者身下，隔断电源。

③ 当电线搭落在触电者身上时，可用干燥的衣服或手套、绳索、木板、木棒等绝缘物作为工具，拉开触电者或挑开电线，使触电者脱离电源。

④ 如果触电者的衣服很干燥，且未曾紧缠在身上，可用一手抓住触电者的衣服，拉离电源。但因触电者的身体是带电的，其鞋子的绝缘也可能遭到破坏，救护人员不得接触触电者的皮肤，也不能触摸他的鞋子。

（2）高压触电时使触电者脱离电源的方法

① 立即通知有关部门停电。

② 戴上绝缘手套、穿上绝缘靴，用相应电压等级的绝缘工具拉开开关。

③ 抛掷裸金属线使线路短路接地，迫使保护装置动作，断开电源。抛掷金属线前，应注意先将金属线一端可靠接地，然后抛掷另一端，被抛掷的一端切不可触及触电者和其他人。

上述使触电者脱离电源的办法，应根据具体情况，以快速为原则选择采用。

（3）救护中的注意事项

① 救护人员不可直接用手或其他金属或潮湿的物件作为救护工具，而必须使用干燥绝缘的工具。救护人最好只用一只手操作，以防自己触电。

② 要防止触电者脱离电源后可能摔伤，特别是当触电者在高处的情况下，应考虑防摔措施。即使触电者在平地，也要注意触电者倒下的方向，以防摔倒。

③ 要避免扩大事故。如触电事故发生在夜间，应迅速解决临时照明问题，以利于抢救。

④ 人触电以后，会出现神经麻痹、呼吸中断、心脏停止跳动等征象，外表上呈现昏迷不醒的状态，但不应认为是死亡，而应该看做是“假死”，有条件时应立即把触电者送到医院急救；若不能马上送到医院，应立即进行现场急救，现场急救方法主要指口对口（鼻）人工呼吸法和胸外心脏挤压法。对于与触电同时发生的外伤，应分情况酌情处理，对于不危及生命的轻度外伤，可以在触电急救之后处理；对于严重的外伤，应实施人工呼吸和胸外心脏挤压的同时处理。

二、化工现场电气安全

电气系统正常工作或发生故障时，可能会产生电火花、电弧和发热，在一定的危险物料条件下，容易发生火灾爆炸危险事故。

1. 现场分析

要预防化工现场火灾爆炸事故的发生，首先要识别危险物料，然后考虑可燃物释放源及其布置，再分析可燃物释放源的性质及通风条件，综合分析危险场所的危险等级（见表3-9和表3-10），采取相应的安全技术措施，选择适合的防爆电气设备，具体操作如下。

① 危险物料首先应识别危险物料的种类，其次考虑危险物料的理化性质。如物料的闪点、密度、引燃温度、爆炸极限等，以及该物料工作温度、工作压力、数量及与其他物料的组合等因素。

② 考虑可燃物质释放源的分布和工作状态，泄漏或排放危险物品的速度、量及浓度，特别应注意物料的扩散情况和形成爆炸性混合物的范围。

③ 室内一般视为阻碍通风场所，如安装了有效的通风设备，则不视为阻碍通风场所。但是，地处室外的危险源周围如有障碍，则应视为阻碍通风场所。

2. 防爆电气设备的选用

防爆电气设备是能在爆炸危险场所中安全使用而不会引起燃爆事故的特种电气设备。常用的电气（包括电机、照明灯具、开关、断路器、仪器仪表、通讯设备、控制设备等）均可制成防爆型设备。

防爆设备分为三类：Ⅰ类防爆电气设备适用于煤矿井下；Ⅱ类防爆电气设备适用于爆炸性气体环境；Ⅲ类防爆电气设备适用于爆炸性粉尘环境。化工企业所用的防爆电气设备多为Ⅱ类防爆电气设备。气体爆炸危险场所区域等级见表3-9，粉尘爆炸危险场所区域等级见表3-10。

表3-9　气体爆炸危险场所区域等级

区域等级	说　　明
0区	连续出现爆炸性气体环境或长期出现爆炸性气体环境的区域
1区	在正常运行时，可能出现爆炸性气体环境的区域
2区	在正常运行时，不可能出现爆炸性气体环境，即使出现也仅可能是短时存在的区域

注：1. 除了封闭的空间，如密闭的容器、储油罐等内部气体空间外，很少存在0区。

2. 有高于爆炸上限的混合物环境或有空气进入时可能使其达到爆炸极限的环境，应划为0区。

表3-10　粉尘爆炸危险场所区域等级

区域等级	说　　明
20区	空气中的可燃性粉尘云持续地或长期地或频繁地出现于爆炸性环境中的区域
21区	在正常运行时，空气中的可燃性粉尘云很可能偶尔出现于爆炸性环境中的区域
22区	在正常运行时，空气中的可燃性粉尘云一般不可能出现于爆炸性环境中的区域，即使出现，持续的时间也是短暂的

注：正常情况包括正常开车、停车和运转（如敞开装料、卸料等），也包括设备和管线允许的正常泄漏在内。

3. 电气火灾爆炸事故的预防

在化工现场，电气设备主要成为火灾爆炸事故发生的点火源。

（1）电气火灾爆炸事故的发生原因

电气火灾爆炸事故发生的主要原因包括如下7个方面。

① 短路。不同相的相线之间、相线与零线之间造成金属性接触即为短路。发生短路

时，线路中电流增加为正常值的几倍乃至几十倍，温度急剧升高，引起绝缘材料燃烧而发生火灾。

② 过载。电气线路或设备上所通过的电流值超过其允许的额定值即为过载。过载可以引起绝缘材料不断升温直至燃烧，烧毁电气设备或酿成火灾。

③ 接触不良。电气设备或线路上常有连接部件或接触部件。连接部件多用焊接或螺栓连接，当用螺栓连接时，若螺栓生锈松动，则连接部分接触电阻增加而导致接头过热。接触部件多为触头、接点，多靠磁力或弹簧压力接触，接触不好同样发热。

④ 铁芯发热。电气设备的铁芯，由于磁滞和涡流损耗而发热。正常时，其发热量不足以引起高温。当设计不合理、铁芯绝缘损坏时则铁损增加，同样会产生高温。

⑤ 散热不良。电气设备温升不只是和发热量有关，也和散热条件好坏有关。如果电气设备散热措施受到破坏，同样会造成设备过热。

⑥ 电弧火花。由大量的电火花汇集而成。一般电火花温度都很高，特别是电弧，温度可达6000℃。因此，电火花和电弧不但能引起绝缘材料燃烧，而且可以引起金属熔化、飞溅，构成火灾、爆炸的危险火源。

⑦ 电火花。电气设备正常工作时或正常操作过程中产生的火花。如直流电机电刷与整流片接触处、开关或接触器触头开合时的火花等。

（2）电气火灾爆炸事故的预防

预防电气火灾爆炸事故主要从以下6个方面着手。

① 合理选用电气设备。在易燃易爆场所必须选用防爆电器。防爆电器在运行过程中具备不引爆周围爆炸性混合物的性能。防爆电器有各种类型和等级，应根据场所的危险性和不同的易燃易爆介质正确选用合适的防爆电器。

② 保持防火间距。电气火灾是由电火花或电器过热引燃周围易燃物形成的，电器安装的位置应适当避开易燃物。在电焊作业的周围以及天车滑触线的下方不应堆放易燃物。使用电热器具、灯具要防止烤燃周围易燃物。

③ 保持电器、线路正常运行。保持电器和线路的电压、电流、温升不超过允许值，保持足够的绝缘强度，保持连接或接触良好。这样可以避免事故火花和危险温度的出现，消除引起电气火灾的根源。

④ 电气灭火器材的选用。电气火灾有两个特点：一是着火电气设备可能带电；二是有些电气设备充有大量的油，可能发生喷油或爆炸，造成火焰蔓延。

⑤ 带电灭火不可使用普通直流水枪和泡沫灭火器，以防扑救人员触电。应使用二氧化碳、干粉灭火器等。带电灭火一般只能在10kV及以下的电器设备上进行。

⑥ 电机着火时，可用喷雾水灭火，使其均匀冷却，以防轴承和轴变形，也可用二氧化碳、七氟丙烷等灭火，但不宜用干粉、砂子、泥土灭火，以免损坏电机。

三、静电危害及控制

当两个物体相互紧密接触时，在接触面产生电子转移，而分离时造成两物体各自正、负电荷过剩，由此形成了两物体带静电。

产生静电的外因有多种，如物体的紧密接触和迅速分离（如摩擦、撞击、撕裂、挤压等），促使静电的产生；带电微粒附着到与地绝缘的固体上，使之带上静电；感应起电；固定的金属与流动的液体之间会出现电解起电；固体材料在机械力的作用下产生压电效应；流体、粉末喷出时，与喷口剧烈摩擦而产生喷出带电等。需要指出的是，静电产生的方式不是单一的，如摩擦起电的过程中，就包括了接触带电、热电效应起电、压电效应起电等几种形式。

物体产生了静电，能否积聚起来主要取决于电阻率。静电导体难于积聚静电，而静电非导体在其上能积聚足够的静电而引起各种静电现象。一般汽油、苯、乙醚等物质的电阻率较大，它们容易积聚静电。金属的电阻率很小，电子运动快，所以两种金属分离后显不出静电。

1. 静电的危害

静电放电是带电体周围的场强超过周围介质的绝缘击穿场强时，因介质电离而使带电体上的电荷部分或全部消失的现象。其静电能量变为热量、声音、光、电磁波等而消耗，这种放电能量较大时，就会成为火灾、爆炸的点火源。静电的危害主要从以下 3 个方面来说明。

（1）火灾和爆炸

在有可燃液体的作业场所（如油料装运等），可能由静电火花引起火灾；在有气体、蒸气爆炸性混合物或有粉尘纤维爆炸性混合物的场所，如氧、乙炔、煤粉、铝粉、面粉等，可能由静电引发爆炸。

（2）电击

当人体带电体时，或带静电的人体接近接地体时，都可能产生静电电击。虽然静电的电击能量较小，不足以直接伤害人体，但可能导致坠落、摔倒等，造成第二次事故。

（3）影响生产

静电的存在，可能干扰正常的生产过程，损坏设备，降低产品质量。如静电使粉尘吸附在设备上，影响粉尘的过滤和输送，降低设备的寿命；静电放电能引起计算机、自动控制设备的故障或误动，造成各种损失。

2. 静电控制措施

静电的主要危险是引起火灾和爆炸，因此，静电可能引起安全事故的场所必须采取防治静电的措施：

① 生产、使用、储存、输送、装卸易燃易爆物品的生产装置。

② 产生可燃性粉尘的生产装置、干式集尘装置以及装卸料场所。

③ 易燃气体、易燃液体槽车和船的装卸场所。

④ 有静电电击危险的场所。

根据静电的作用效果，主要从以下几个方面采取控制措施。

（1）工艺控制法

从工艺流程、设备结构、材料选择和操作管理等方面采取措施限制静电的产生或控制静电的积累，使之不能到达危险的程度。具体方法有：限制输送速度；对静电的产生区和逸散区采取不同的防静电措施，正确选择设备和管理的材料；合理安排物料的投入顺序；消除产生静电的附加源，如液流的喷溅、冲击、粉尘在料斗内的冲击等。

增加空气湿度的主要作用是降低绝缘体的表面电阻率，从而便于绝缘体通过自身泄放静电。因此，如工艺条件许可，可增加室内空气的相对湿度至50%以上。

（2）泄漏导走法

将静电接地，使之与大地连接，消除导体上的静电。这是消除静电最基本的方法。可以利用工艺手段对空气增湿、添加抗静电剂，使带电体的电阻率下降或规定静置时间和缓冲时间等，使所带的静电荷得以通过接地系统导入大地。

常用的静电接地连接方式有静电跨接、直接接地、间接接地等三种。静电跨接是将两个以上、没有电气连接的金属导体进行电气上的连接，使相互之间大致处于相同的静电电位。直接接地是将金属体与大地进行电气上的连接，使金属体的静电电位接近于大地，简称接地。间接接地是将非金属全部或局部表面与接地的金属相连，从而获得接地的条件。一般情况下，金属导体应采用静电跨接和直接接地。在必要的情况下，为防止导走静电时电流过大，需在放电回路中串接限流电阻。

所有金属装置、设备、管道、储罐等都必须接地。不允许有与地相绝缘的金属设备或金属零部件。各专设的静电接地端子电阻不应大于100Ω。

不宜采用非金属管输送易燃液体。如必须采用，应采用可导电的管子或内设金属丝、网的管子，并将金属丝、网的一端可靠接地或采用静电屏蔽。

加油站管道与管道之间，如用金属法兰连接，可不另接跨接线，但必须有五个以上螺栓可靠连接。

平时不能接地的汽车槽车和槽船在装卸易燃液体时，必须在预设地点按操作规程的要求接地，所用接地材料必须在撞击时不会发生火花。装卸完毕后，必须按规定待物料静置一定时间后才能拆除接地线。

（3）静电中和法

利用静电消除器产生的消除静电所必需的离子来对异性电荷进行中和。非导体，如橡胶、胶片、塑料薄膜、纸张等在生产过程中产生的静电，应采用静电消除器消除。

不宜采用非金属管输送易燃液体。如必须采用，应采用可导电的管子或内设金属丝、网的管子，并将金属丝、网的一端可靠接地或采用静电屏蔽。

3. 人体防静电措施

主要从以下3个方面控制人体静电带来的危害。

（1）人体接地

在人体必须接地的场所，工作人员应随时用手接触接地棒，以清除人体所带的静电。在重点防火防爆岗位场所的入口处、外侧，应有裸露的金属接地物，如采用接地的金属门、扶手、支架等。属0区或1区的爆炸危险场所，且可燃物的最小点燃能量在25mJ以下时，工作人员应穿防静电鞋、工作服。禁止在爆炸危险场所穿脱衣服、鞋帽。

（2）工作地面导电化

特殊场所的地面，应是导电性或具备导电条件。这个要求可通过洒水或铺设导电地板来实现。

（3）安全操作

工作中应尽量不进行可使人体带电的活动，如接近或接触带电体；操作应有条不紊，避免急骤性动作；在有静电危险的场所，不得携带与工作无关的金属物品，如钥匙、硬币、手表等；合理使用规定的劳动保护用品和工具，不准使用化纤材料制作的拖布或抹布擦洗物体或地面。

四、雷电危害及防护

雷电是大气中的一种放电现象，也就是正负电荷的中和过程，但同时也严重威胁着安全生产和人身安全。

1. 雷电的危害

雷电产生的危害主要从以下 4 个方面进行阐述。

（1）雷电感应

雷电的强大电流所产生的强大交变电磁场，会使导体感应出较大的电动势，还会在构成闭合回路的金属物中感应出电流。如回路中有地方接触电阻较大，就会局部发热或发生火花放电，可引燃易燃、易爆物品。

（2）雷电侵入波

雷电在架空线路、金属管道上会产生冲击电压，使雷电波沿线路或管道迅速传播。若侵入建筑物内，可将配电装置和电气线路的绝缘层击穿，产生短路或使建筑物内易燃、易爆物品燃烧和爆炸。

（3）反击作用

当防雷装置受雷击时，在接闪器引下线和接地体上部具有很高的电压，如果防雷装置与建筑物的电气设备、电气线路或其他金属管道的距离很近，它们之间就会产生放电，这种现象称为反击。反击可能引起电气设备绝缘破坏，金属管道烧穿。

（4）雷电对人体的危害

雷击电流迅速通过人体，可立即使呼吸中枢麻痹，心室纤颤，心跳骤停，以致使脑组织及一些主要脏器受到严重损害，出现休克或突然死亡。雷击时产生的火花、电弧，还可以使人遭到不同程度的烧伤。

2. 防止雷电危害的安全技术措施

防止雷电危害的安全技术措施主要从以下 2 个方面进行阐述。

（1）防雷装置

防雷装置包括接闪器、引下线、接地装置、电涌保护器及其他连接导体。

① 接闪器。用于直接接受雷击的金属体，如避雷针、避雷线、避雷带、避雷网，安装在被保护设施的上方，它更接近于雷云，雷云首先对接闪器放电，使强大的雷电流沿接闪器、引下线和接地装置导入大地，从而使被保护设施免遭雷击。

② 引下线。应满足机械强度、耐腐蚀和热稳定的要求，通常采用圆钢或扁钢制成，并采取镀锌或刷漆等防腐措施，绝对不可采用铝线作为引下线。

引下线应取最短途径，尽量避免弯曲，并每隔 1.5～2m 的距离设置 1 个固定点加以固定。可以利用建筑物的金属结构作为引下线，但金属结构的连接点必须焊接可靠。

引下线在地面以上 2m 至地面以下 0.2m 的一段应该用角钢、钢管、竹管或塑料管等加以保护，角钢、钢管应与引下线连接，以减小通过雷电流时的电抗。

③ 接地装置。接地装置具有向大地泄放雷电流的作用。接地装置与接闪器一样应有防腐要求，接地体一般采用镀锌钢管或角钢制作，其长度宜为 2.5m，垂直打入地下，其顶端低于地面 0.6m。接地体之间用圆钢或扁钢焊接，并采用沥青漆防腐。

④ 电涌保护器。电涌保护器也叫过电压保护器。它是一种限制瞬态过电压和分走电涌电流的器件。

（2）防雷基本措施

① 防直击雷

防直击雷的主要措施是装设避雷针、避雷线、避雷网和避雷带。

a. 避雷针。避雷针分独立和附设两种。独立避雷针是离开建筑物单独安装的，其接地装置一般也是独立的，接地电阻一般不超过 10Ω。严格禁止通讯线、广播线和低压线架设在避雷针构架上。独立避雷针构架上若装有照明灯，其电源线应采用金属护套电缆或穿铁管，并将其埋在地中长度 10m 以上，深度 0.5～0.8m，然后才能引进室内。

附设安装在建筑物上的避雷针，其接地装置可以与其他接地装置共用，可以沿建筑物四周敷设。附设避雷针与建筑物顶部的其他接闪器应互相连接起来。

露天装设的金属封闭容器，其壁厚大于 4mm 时，一般可以不装避雷针，而利用金属容器本身作为接闪器，但至少做两个接地点，其间距不应大于 30m。

避雷针的高度和支数，应按不同保护对象和保护范围选择。太高的避雷针往往起不到预期的效果，反而增加了雷击的概率。

b. 避雷线。避雷线主要用来保护架空线路免受直击雷破坏。它架设在架空线的上方，并与接地装置连接，所以也称架空地线。

c. 避雷带和避雷网。它能保护面积较大的建筑物避免直击雷。在避雷带和避雷网下方的被保护物，一般均能得到很好保护，不必计算其保护范围。避雷带一般可取两带间距为 6～10m。避雷网的网格边长一般可取 6～12m。易受雷击屋脊、屋角、屋檐等处应设避雷带加以保护。

② 防电磁感应及雷电波入侵

雷电感应能产生很高的冲击电压，在电力系统中应与其他过电压同样考虑，在化工厂主要考虑放电火花引起的火灾和爆炸。

为防止雷电感应产生的高电压放电，应将建筑物内的金属设备、金属管道、钢筋构架、电缆金属外皮以及金属屋顶等均做等电位良好接地，钢筋混凝土层面应将钢筋焊接成避雷网，并每隔 18～24m 采用引下线与接地装置连接。

金属管道和架空电线遭到雷击产生的高电压若不能就近导入地下，则必沿着管道或线路，传入相连接的设施，危害人身和设备。因此，防雷电侵入波危害的主要措施是在雷电波未侵入前先将其导入地下。具体措施如下。

1）架空管道进厂房处及邻近 100m 内，采取 2～4 处接地措施。

2）在架空电力线路的进户端安装避雷器，避雷器的上端接线路，下端接地。平时避雷器的绝缘间隙保持绝缘状态，不影响电力线路的正常运行。当雷电波传来时，避雷器的间隙被高电压击穿而接地，雷电波就不能侵入设施。雷击后，避雷器的间隙恢复绝缘状态，电力系统仍然正常工作。

3）建筑物的进出线应分类集中布线，穿金属管保护并与其他金属体做等电位联结。

4）对建筑物内电子设备分区保护、层层设防，通过接闪、分流、接地、防闪、屏蔽等电位及合理布线等措施，将雷电侵入途径分割若干能量区域并使冲击能量逐次减小到保护目的。

危险化学品包装与运输安全

Chapter 04

危险化学品的包装是安全管理过程中不可缺少的重要组成部分。危险化学品产品从生产到使用者手中，一般要经过多次装卸、储存、运输的过程。在这个过程中，产品将不可避免地受到碰撞、跌落、冲击和振动等。危险化学品包装方法得当，就会降低储存、运输中的事故发生率，否则，就会有可能导致重大事故。

因此，危险化学品包装是储运安全的基础，为了加强危险化学品的包装的管理，国家制定了一系列相关法律、法规和标准，如 2013 年 12 月 4 日施行的《危险化学品安全管理条例》对危险化学品包装的定点、使用要求、检查及法律责任都做了具体规定；2009 年 4 月 1 日实施的《危险货物运输包装类别划分方法》等对危险化学品包装物、容器定点企业的基本条件、申请申报的材料、审批、监督管理和违规处罚等都做了详细规定，切实加强危险化学品包装物、容器生产的管理，保证危险化学品包装物、容器的质量，保证危险化学品储存、搬运、运输和使用安全。

第一节　危险化学品的基本包装要求

根据危险货物的特性，按照有关标准和法规，专门设计危险化学品的包装，常用包装术语有气密封口、液密封口、严密封口、小开口桶、中开口桶、全开口桶等。

① 气密封口：容器经过封口后，封口处不外泄气体的封闭形式。

② 液密封口：容器经过封口后，封口处不渗漏液体的封闭形式。

③ 严密封口：容器经过封口后，封口处不外漏固体的封闭形式。

④ 小开口桶：桶顶开口直径不大于 70mm 的桶，称为小开口桶。

⑤ 中开口桶：桶顶开口直径大于小开口桶，小于全开口桶。

⑥ 全开口桶：桶顶可以全开的桶，称为全开口桶。

一、《危险化学品安全管理条例》中的相关规定

①《危险化学品安全管理条例》第六条规定：质量监督检验检疫部门负责核发危险化学品及其包装物、容器（不包括储存危险化学品的固定式大型储罐，下同）生产企业的工业产品生产许可证，并依法对其产品质量实施监督，负责对进出口危险化学品及其包装实施检验。

②《危险化学品安全管理条例》第十七条规定：危险化学品的包装应当符合法律、行政法规、规章的规定以及国家标准、行业标准的要求。

危险化学品包装物、容器的材质以及危险化学品包装的型式、规格、方法和单件质量（重量），应当与所包装的危险化学品的性质和用途相适应。

③《危险化学品安全管理条例》第十八条规定：生产列入国家实行生产许可证制度的工业产品目录的危险化学品包装物、容器的企业，应当依照《中华人民共和国工业产品生产许可证管理条例》的规定，取得工业产品生产许可证；其生产的危险化学品包装物、容器经国务院质量监督检验检疫部门认定的检验机构检验合格，方可出厂销售。

运输危险化学品的船舶及其配载的容器，应当按照国家船舶检验规范进行生产，并经海事管理机构认定的船舶检验机构检验合格，方可投入使用。

对重复使用的危险化学品包装物、容器，使用单位在重复使用前应当进行检查；发现存在安全隐患的，应当维修或者更换。使用单位应当对检查情况做出记录，记录的保存期限不得少于2年。

④《危险化学品安全管理条例》第四十五条规定：运输危险化学品，应当根据危险化学品的危险特性采取相应的安全防护措施，并配备必要的防护用品和应急救援器材。

用于运输危险化学品的槽罐以及其他容器应当封口严密，能够防止危险化学品在运输过程中因温度、湿度或者压力的变化发生渗漏、洒漏；槽罐以及其他容器的溢流和泄压装置应当设置准确、启闭灵活。

⑤《危险化学品安全管理条例》第五十八条规定：通过内河运输危险化学品，危险化学品包装物的材质、型式、强度以及包装方法应当符合水路运输危险化学品包装规范的要求。国务院交通运输主管部门对单船运输的危险化学品数量有限制性规定的，承运人应当按照规定安排运输数量。

⑥《危险化学品安全管理条例》第七十九条规定：危险化学品包装物、容器生产企业销售未经检验或者经检验不合格的危险化学品包装物、容器的，由质量监督检验检疫部门责令改正，处10万元以上20万元以下的罚款，有违法所得的，没收违法所得；拒不改正的，责令停产停业整顿；构成犯罪的，依法追究刑事责任。

将未经检验合格的运输危险化学品的船舶及其配载的容器投入使用的，由海事管理机构依照前款规定予以处罚。

⑦《危险化学品安全管理条例》第八十条规定：生产、储存、使用危险化学品的单位有下列情形之一的，由安全生产监督管理部门责令改正，处5万元以上10万元以下的罚款；拒不改正的，责令停产停业整顿直至由原发证机关吊销其相关许可证件，并由工商行政管理部门责令其办理经营范围变更登记或者吊销其营业执照；有关责任人员构成犯罪的，依法追究刑事责任。

1）对重复使用的危险化学品包装物、容器，在重复使用前不进行检查的。

2）未根据其生产、储存的危险化学品的种类和危险特性，在作业场所设置相关安全设施、设备，或者未按照国家标准、行业标准或者国家有关规定对安全设施、设备进行经常性维护、保养的。

3）未依照本条例规定对其安全生产条件定期进行安全评价的。

4）未将危险化学品储存在专用仓库内，或者未将剧毒化学品以及储存数量构成重大危险源的其他危险化学品在专用仓库内单独存放的。

5）危险化学品的储存方式、方法或者储存数量不符合国家标准或者国家有关规定的。

6）危险化学品专用仓库不符合国家标准、行业标准的要求的。

7）未对危险化学品专用仓库的安全设施、设备定期进行检测、检验的。

从事危险化学品仓储经营的港口经营人有前款规定情形的，由港口行政管理部门依照前款规定予以处罚。

二、危险化学品的包装类别

《危险货物运输包装类别划分方法》（GB/T 15098—2008）中划分了各类危险货物运输包装的类别（第 1 类　爆炸品、第 2 类　气体、第 5.5 项　有机过氧化物、第 4.1 项　自反应物质、第 6.2 项　感染性物质、第 7 类　放射性物质、第 9 类　杂项物质的运输包装不适用于本标准），按其危险程度划分为 3 个包装类别。

① Ⅰ类包装：货物具有大的危险性，包装强度要求高。

② Ⅱ类包装：货物具有中等危险性，包装强度要求较高。

③ Ⅲ类包装：货物具有小的危险性，包装强度要求一般。

除某些特殊的化学品包装有另行规定外，应当按照危险化学品的不同类项及有关的定量值确定其包装类别。根据《危险货物运输包装类别划分方法》（GB/T 15098—2008），一般可以按照表 4-1 选择危险化学品的包装类别。

表 4-1　危险化学品包装类别要求一览表

<table>
<tr><th>序号</th><th colspan="3">危险化学品种类</th><th>包装类别要求</th></tr>
<tr><td>1</td><td colspan="3">第 1 类　爆炸品</td><td>爆炸品所使用的包装容器，除另有规定外，其强度应符合Ⅱ类标准</td></tr>
<tr><td>2</td><td colspan="3">第 2 类　气体</td><td>符合劳动部颁布的《气瓶安全监察规程》（TSG 0006—2014）</td></tr>
<tr><td rowspan="3">3</td><td colspan="2" rowspan="3">第 3 类　易燃液体</td><td>闪点（闭杯）不做要求，初沸点≤35℃</td><td>Ⅰ类包装</td></tr>
<tr><td>闪点（闭杯）＜23℃
或初沸点＞35℃</td><td>Ⅱ类包装</td></tr>
<tr><td>闪点（闭杯）≥23℃，≤60℃
或初沸点＞35℃</td><td>Ⅲ类包装</td></tr>
<tr><td rowspan="3">4</td><td rowspan="3">第 4 类
易燃固体、易于自燃的物质和遇湿放出易燃气体的物质</td><td rowspan="3">4.1 项
易燃固体</td><td>一级易燃固体
品名编号：41001～41500</td><td>Ⅱ类包装</td></tr>
<tr><td>二级易燃固体
品名编号：41501～41999</td><td>Ⅲ类包装</td></tr>
<tr><td>退敏爆炸品</td><td>Ⅰ类或Ⅱ类包装</td></tr>
</table>

续表

序号	危险化学品种类			包装类别要求
4	第4类 易燃固体、易于自燃的物质和遇湿放出易燃气体的物质	4.2项 易于自燃的物质	一级自燃物品 品名编号:42001～42500	Ⅰ类包装
			二级自燃物品 品名编号:42501～42999	Ⅱ类包装
			二级自燃物品中含油、含水、纤维或碎屑类物质	Ⅲ类包装
			危险性大的自燃物质	Ⅱ类包装
		4.3项 遇湿放出易燃气体的物质	一级遇湿放出易燃气体的物质 品名编号:43001～43500	Ⅰ类包装
			一级遇湿放出易燃气体的物质危险性小的品名编号:43001～43500	Ⅱ类包装
			二级遇湿放出易燃气体的物质 品名编号:43501～43999	Ⅱ类包装
			二级遇湿易燃物品中危险性小的物质	Ⅲ类包装
5	5.1项 氧化性物质		一级氧化性物质 品名编号:51001～51500	Ⅰ类包装
			二级氧化性物质 品名编号:51501～51999	Ⅱ类包装
			二级氧化性物质中危险性小的物品	Ⅲ类包装
6	6.1项 毒性物质		口服毒性:$LD_{50} \leqslant 5.0mg/kg$; 皮肤接触毒性:$LD_{50} \leqslant 50mg/kg$; 吸入粉尘和烟雾毒性:$LC_{50} \leqslant 0.2mg/L$	Ⅰ类包装
			口服毒性:$5.0 < LD_{50}(mg/kg) \leqslant 50$; 皮肤接触毒性:$50 < LD_{50}(mg/kg) \leqslant 200$; 吸入粉尘和烟雾毒性:$0.2 < LC_{50}(mg/L) \leqslant 2.0$	Ⅱ类包装
			口服毒性:$50 < LD_{50}(mg/kg) \leqslant 300$; 皮肤接触毒性:$200 < LD_{50}(mg/kg) \leqslant 1000$; 吸入粉尘和烟雾毒性:$2.0 < LC_{50}(mg/L) \leqslant 4.0$	Ⅲ类包装
			品名编号:61001～61500中闪点<23℃的液态毒性物质	Ⅰ类包装
			品名编号:61501～61999中闪点<23℃的液态毒性物质	Ⅱ类包装
7	第7类 放射性物质			符合GB 11806—2004标准,并与运输主管部门商定
8	第8类 腐蚀性物质		品名编号:81001～81500	Ⅰ类包装
			品名编号:81501～81999,82001～82500	Ⅱ类包装
			品名编号:82501～82999,83001～83999	Ⅲ类包装

注:本表中危险化学品的类、项及品名编号请参见《危险货物分类和品名编号》(GB 6944—2012)、《危险货物运输包装类别划分方法》(GB/T 15098—2008)及《危险货物品名表》(GB 12268—2015)。

三、危险化学品包装的基本要求

根据《危险货物运输包装通用技术条件》（GB 12463—2009）中的规定，在危险化学品包装过程中，应满足如下基本要求：

① 运输包装应结构合理，并具有足够强度，防护性能好。材质、型式、规格、方法和内装货物重量应与所装危险货物的性质和用途相适应，便于装卸、运输和储存。

② 运输包装应质量良好，其构造和封闭形式应能承受正常运输条件下的各种作业风险，不应因温度、湿度或压力的变化而发生任何渗（撒）漏，表面应清洁，不允许黏附有害的危险物质。

③ 运输包装与内装物直接接触部分，必要时应有内涂层或进行防护处理，运输包装材质不应与内装物发生化学反应而形成危险产物或导致削弱包装强度。

④ 内容器应予固定。如内容器易碎且盛装易撒漏货物，应使用与内装物性质相适应的衬垫材料或吸附材料衬垫妥实。

⑤ 盛装液体的容器，应能经受在正常运输条件下产生的内部压力。灌装时应留有足够的膨胀余量（预留容积），除另有规定外，并应保证在温度55℃时，内装液体不致完全充满容器。

⑥ 运输包装封口应根据内装物性质采用严密封口、液密封口或气密封口。

⑦ 盛装需浸湿或加有稳定剂的物质时，其容器封闭形式应能有效地保证内装液体（水、溶剂和稳定剂）的百分比，在储运期间保持在规定的范围以内。

⑧ 运输包装有降压装置时，其排气孔设计和安装应能防止内装物泄漏和外界杂质进入，排出的气体量不应造成危险和污染环境。

⑨ 复合包装的内容器和外包装应紧密贴合，外包装不应有擦伤内容器的凸出物。

⑩ 盛装爆炸品包装的附加要求如下。

1）盛装液体爆炸品容器的封闭形式，应具有防止渗漏的双重保护。

2）除内包装能充分防止爆炸品与金属物接触外，铁钉和其他没有防护涂料的金属部件不应穿透外包装。

3）双重卷边接合的钢桶，金属桶或以金属做衬里的运输包装，应能防止爆炸物进入隙缝。钢桶或铝桶的封闭装置应配有合适的垫圈。

4）包装内的爆炸物质和物品，包括内容器，应衬垫妥实，在运输中不允许发生危险性移动。

5）盛装有对外部电磁辐射敏感的电引发装置的爆炸物品，包装应具备防止所装物品受外部电磁辐射源影响的功能。

⑪ 包装容器基本结构应符合GB/T 9174—2008的规定。

第二节　危险化学品的包装容器

危险化学品包装物和容器应符合危险化学品的特性，根据国标《危险货物运输包装通用技术条件》(GB 12463—2009) 的规定和其他有关法规、标准专门设计制造，主要包括桶、罐、瓶、箱、袋等包装物和容器等。

一、金属包装

1. 钢（铁）桶

① 桶端应采用焊接或双重机械卷边，卷边内均匀填涂封缝胶。桶身接缝，除盛装固体或 40L 以下（含 40L）的液体桶可采用焊接或机械接缝外，其余均应焊接。

② 桶的两端凸缘应采用机械接缝或焊接，也可使用加强箍。

③ 桶身应有足够的刚度，容积大于 60L 的桶，桶身应有两道模压外凸环筋，或两道与桶身不相连的钢质滚箍套在桶身上，使其不得移动。滚箍采用焊接固定时，不允许点焊，滚箍焊缝与桶身焊缝不允许重叠。

④ 最大容积为 250L。

⑤ 最大净质量为 400kg。

钢桶与铁桶的示意如图 4-1 所示。

图 4-1　钢桶与铁桶的示意

2. 铝桶

① 制桶材料应选用纯度至少为 99%的铝，或具有抗腐蚀和合适机械强度的铝合金。

② 桶的全部接缝应采用焊接，如有凸边接缝应采用与桶不相连的加强箍予以加强。

③ 容积大于 60L 的桶，至少有两个与桶身不相连的金属滚箍套在桶身上，使其不得移动。滚箍采用焊接固定时，不允许点焊，滚箍焊缝与桶身焊缝不允许重叠。

④ 最大容积为 250L。

⑤ 最大净质量为 400kg。

铝桶的示意如图 4-2 所示。

3. 钢罐

① 钢罐两端的接应焊接或双重机械卷边。40L 以上的抽身接缝应采用焊接；40L 以下（包括 40L）的罐身接缝可采用焊接或双重机械卷边。

图 4-2　铝桶的示意

② 最大容积为 60L。

③ 最大净重为 120kg。

钢罐的示意如图 4-3 所示。

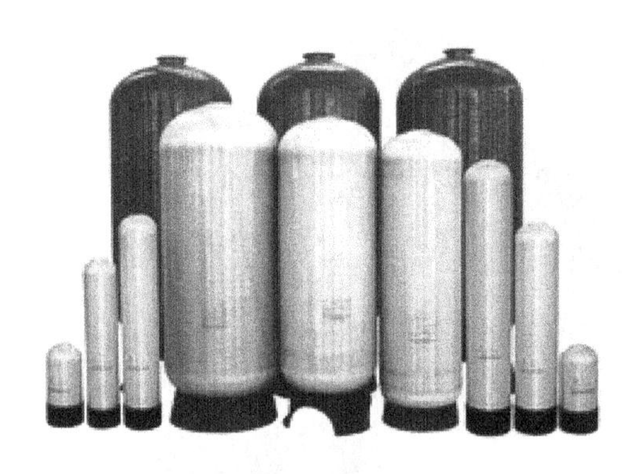

图 4-3　钢罐的示意

二、木质包装

1. 胶合板桶、箱

① 胶合板所用材料应质量良好，板层之间应用抗水黏合剂按交叉纹理粘接，经干燥处理，不得有降低其预定效能的缺陷。

② 桶身或箱身至少用三合板制造。

③ 桶身内缘应有衬肩。桶盖的衬层应牢固地固定在桶盖上，并能有效地防止内装物撒漏。

④ 桶身两端应用钢带加强。必要时桶端应用十字形木撑予以加固。

⑤ 最大容积为 250L。

⑥ 最大净重为 400kg。

胶合板桶、箱的示意如图 4-4 所示。

(a) 胶合板桶

(b) 箱

图 4-4　胶合板桶、箱的示意

2. 木琵琶桶

① 所用木材应质量良好，无节子、裂缝、腐朽、边材或其他可能降低木桶预定用途效能的缺陷。

② 桶身应用若干道加强箍加强。加强箍应选用质量良好的材料制造，桶端应紧密地镶在桶身端槽内。

③ 最大容积为 250L。

④ 最大净质量为 400kg。

木琵琶桶的示意如图 4-5 所示。

图 4-5　木琵琶桶的示意

3. 硬质纤维板桶

① 所用材料应选用具有良好抗水能力的优质硬质纤维板，桶端可使用其他等效材料。

② 桶身接缝应加钉结合牢固，并具有与桶身相同的强度，桶身两端应用钢带加强。

③ 桶口内缘应有衬肩，桶底、桶盖应用十字型木撑予以加固，并与桶身结合紧密。

④ 最大容积为 250L。

⑤ 最大净质量为 400kg。

4. 木箱

① 箱体应有与容积和用途相适应的加强条挡和加强带。箱顶和箱底可由抗水的再生木板、硬质纤维板、塑料板或其他合适的材料制成。

② 满板型木箱各部位应为一块板或与一块板等效的材料组成。平板榫接、搭接、槽

舌接，或者在每个接合处至少用两个波纹金属扣件对头连接等，均可视作为一块等效的材料。

③ 最大净质量为400kg。

木箱的示意如图4-6所示。

图4-6 木箱的示意

三、纸质包装

1. 纸袋

① 材料应选用质量良好的多层牛皮或与牛皮纸等效的纸制成，并具有足够强度和韧性。

② 袋的接缝和封口应牢固、密封性能好，并在正常运输条件下保持其效能。

③ 最大净重为50kg。

2. 硬纸板桶

① 桶身应用多层牛皮纸黏接压制成的硬纸板制成。

② 桶身外表面应涂有抗水能力良好的防护层。

③ 桶端与桶身的结合处应用钢带卷边压制压接合。

④ 最大容积为450L，最大净重为400kg。

硬纸板桶的示意如图4-7所示。

3. 硬纸板箱、瓦楞纸箱或钙塑板箱

① 硬纸板箱或钙塑板箱应有一定抗水能力。应具有一定的弯曲性能，切割、折缝时应无裂缝，装配时无破裂或表皮断裂或过度弯曲，板层之间黏接牢固。

② 箱体结合处，应用胶带粘贴、搭接胶合，或者搭接并用钢钉或U形钉钉合。搭接处应有适当的重叠。

③ 钙塑板箱外部表层应具有防滑性能。

④ 最大净重为400kg。

瓦楞纸箱侧面的示意如图4-8所示，钙塑板箱侧面的示意如图4-9所示。

图 4-7　硬纸板桶的示意

图 4-8　瓦楞纸箱侧面的示意

图 4-9　钙塑板箱侧面的示意

四、塑料包装

1. 塑料袋

① 袋的材料应用质量良好的塑料制成，接缝和封口应牢固、密闭性能好，有足够强度，并在正常运输条件下能保持其效能。

② 最大净重为50kg。

2. 塑料桶、塑料罐

① 所用材料能承受正常运输条件下的磨损、撞击、温度、光照及老化作用的影响。

② 材料内可加入合适的紫外线防护剂，但应与桶（罐）内装物性质相容，并在使用期内保持其效能。用于其他用途的添加剂，不得对包装材料的化学和物理性质产生有害作用。

③ 桶（罐）身任何一点厚度均应与桶（罐）的容积、用途和每一点可能受到的压力相适应。

④ 最大容积：塑料桶为450L、塑料罐为60L。最大净重：塑料桶为400kg、塑料罐为120kg。

塑料桶和塑料罐的示意如图4-10所示。

(a) 塑料桶　　(b) 塑料罐

图4-10　塑料桶、塑料罐的示意

第三节　危险化学品包装标志及标记代号

根据国家相关标准，危险化学品包装标志从包装储运标志和危险货物包装标志两个方面分别进行阐述。

一、危险化学品包装储运标志

根据国家标准《包装储运图示标志》(GB/T 191—2008)，在货物包装件上规定了提醒储运人员的注意事项，如易碎、请勿堆码等，如表4-2所列，供操作人员在装箱、搬运和装卸时进行相应的操作。

表 4-2　包装储运图示标志

序号	标志名称	图形符号	标志	含义	说明及示例
1	易碎物品		 易碎物品	表明运输包装件内装易碎物品，搬运时应小心轻放	位置示例 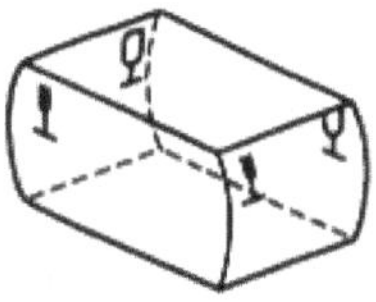
2	禁用手钩		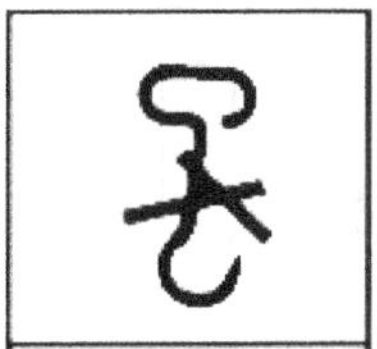 禁用手钩	表明搬运运输包装件时禁用手钩	
3	向上		 向上	表明该运输包装件在运输时应竖直向上	位置示例 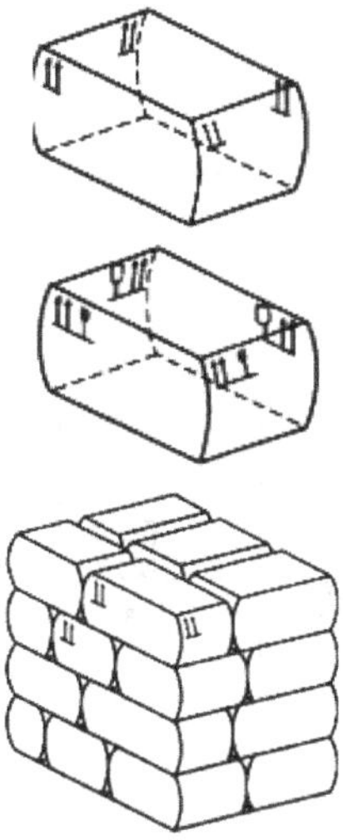
4	怕晒		 怕晒	表明该物品一旦受辐射会变质或损坏	
5	怕辐射		 怕辐射	表明该物品一旦受辐射会变质或损坏	

续表

序号	标志名称	图形符号	标志	含义	说明及示例
6	怕雨		怕雨	表明该运输包装件怕雨淋	
7	重心		重心	表明该包装件的重心位置，便于起吊	位置示例 该标志应标在实际位置上
8	禁止翻滚		禁止翻滚	表明搬运时不能翻滚该运输包装件	
9	禁止使用手推车		此面禁用手推车	表明搬运货物时此面禁止放在手推车上	
10	禁用叉车		禁用叉车	表明不能用升降叉车搬运的包装件	
11	由此夹起		由此夹起	表明搬运货物时可用夹持的面	

续表

序号	标志名称	图形符号	标志	含义	说明及示例
12	此处不能卡夹		此处不能卡夹	表明搬运货物时不能用夹持的面	
13	堆码质量极限	…kg$_{max}$	…kg$_{max}$ 堆码质量极限	表明该运输包装件所能承受的最大质量极限	
14	禁止堆码		禁止堆码	表明该包装件只能单层放置	
15	堆码层数极限	n	n 堆码层数极限	表明可堆码相同运输包装件的最大层数	包含该包装件，n 表示从底层到顶层的总层数
16	由此吊起		由此吊起	表明起吊货物时挂绳索的位置	位置示例 应标在实际起吊位置上
17	温度极限		温度极限	表明该运输包装件应该保持的温度范围	

标志外框为长方形，其中图形符号外框为正方形，尺寸一般分为 4 种，见表 4-3。如果包装尺寸过大或过小，可等比例放大或缩小。

表 4-3　图形符号及标志外框尺寸　　单位：mm

序号	图形符号外框尺寸	标志外框尺寸	序号	图形符号外框尺寸	标志外框尺寸
1	50×50	50×70	3	150×150	150×210
2	100×100	100×140	4	200×200	200×280

标志颜色一般为黑色，如果包装的颜色使得标志显得不清晰，则应在印刷面上用适当的对比色，黑色标志最好以白色作为标志的底色。必要时，标志也可使用其他颜色，除非另有规定，一般应避免采用红色、橙色或黄色，以避免同危险品标志相混淆。

二、危险货物包装标志

根据国家标准《危险货物包装标志》(GB 190—2009)，规定了危险货物图示标志的类别、名称、尺寸和颜色，具体见表 4-4。

表 4-4　危险货物包装标志图一览表

序号	标签名称	标签图形	对应的危险货物类项号
1	爆炸性物质或物品	(符号：黑色，底色：橙红色) 1.4 (符号：黑色，底色：橙红色) 1.5 (符号：黑色，底色：橙红色)	1.1 1.2 1.3 1.4 1.5

续表

序号	标签名称	标签图形	对应的危险货物类项号
1	爆炸性物质或物品	1.6 * 1 (符号：黑色，底色：橙红色) * * 项号的位置——如果爆炸性是次要危险性,留空白 * 配装组字母的位置——如果爆炸性是次要危险性,留空白	1.6
2	易燃气体	2 (符号：黑色，底色：正红色) 2 (符号：白色，底色：正红色)	2.1
	非易燃无毒气体	2 (符号：黑色，底色：绿色) 2 (符号：白色，底色：绿色)	2.2

续表

序号	标签名称	标签图形	对应的危险货物类项号
2	毒性气体	 (符号：黑色，底色：白色)	2.3
3	易燃液体	 (符号：黑色，底色：正红色)  (符号：白色，底色：正红色)	3
4	易燃固体	 (符号：黑色，底色：白色红条)	4.1
	易于自燃的物质	 (符号：黑色，底色：上白下红)	4.2

续表

序号	标签名称	标签图形	对应的危险货物类项号
4	遇水放出易燃气体的物质	（符号：黑色，底色：蓝色） （符号：白色，底色：蓝色）	4.3
5	氧化性物质	（符号：黑色，底色：柠檬黄色）	5.1
	有机过氧化物	（符号：黑色，底色：红色和柠檬黄色） （符号：白色，底色：红色和柠檬黄色）	5.2

续表

序号	标签名称	标签图形	对应的危险货物类项号
6	毒性物质	（符号：黑色，底色：白色）	6.1
	感染性物质	（符号：黑色，底色：白色）	6.2
7	一级放射性物质	（符号：黑色；底色：白色，附一条红竖条） 黑色文字，在标签下半部分写上： “放射性” “内装物_____” “放射性强度_____” 在“放射性”字样之后应有一条红竖条	7A

续表

序号	标签名称	标签图形	对应的危险货物类项号
7	二级放射性物质	（符号：黑色，底色：上黄下白，附两条红竖条） 黑色文字，在标签下半部分写上： “放射性” “内装物_____” “放射性强度_____” 在一个黑边框格内写上：“运输指数” 在“放射性”字样之后应有两条红竖条	7B
	三级放射性物质	（符号：黑色，底色：上黄下白，附三条红竖条） 黑色文字，在标签下半部分写上： “放射性” “内装物_____”	7C
8	腐蚀性物质	（符号：黑色，底色：上白下黑）	8

续表

序号	标签名称	标签图形	对应的危险货物类项号
9	杂项危险物质和物品	9 （符号：黑色，底色：白色）	9

危险货物标志的尺寸一般分为 4 种，见表 4-5。

表 4-5　危险货物包装标志尺寸　　单位：mm

序号	长	宽	序号	长	宽
1	50	50	3	150	150
2	100	100	4	250	250

注：如遇特大或特小的运输包装件，标志的尺寸可按规定适当扩大或缩小。

除另有规定外，根据《危险货物运输包装通用技术条件》（GB 12268—2009）确定的危险货物正式运输名称及相应编号应标志在每个包装件上。如果是无包装物品，标志应标示在物品上、其托架上或其装卸、储存或发射装置上。

标志的使用和要求如下。

① 应明显可见而且易读：箱状包装标志位于包装端面或侧面的明显处；袋、捆包装标志位于包装明显处；桶形包装标志位于桶身或桶盖；集装箱、成组货物标志粘贴四个侧面。

② 应能够经受日晒雨淋而不显著减弱其效果。

③ 应标示在包装件外表面的反衬底色上。

④ 不得与可能大大降低其效果的其他包装件标记放在一起。

⑤ 出口货物的标志应按我国执行的有关国际公约（规则）办理。

三、危险货物包装标记代号

根据《危险货物运输包装通用技术条件》（GB 12463—2009）的规定，危险货物的包装标记代号包括包装级别、包装材质等内容。

1. 包装级别的标记代号

级别的标记代号用下列小写英文字母表示：

① x——符合Ⅰ、Ⅱ、Ⅲ级包装要求。

② y——符合Ⅱ、Ⅲ级包装要求。

③ z——符合Ⅲ级包装要求。

2. 包装容器的标记代号

包装容器的标记代号用下列阿拉伯数字表示：

1 为桶；2 为木琵琶桶；3 为罐；4 为箱、盒；5 为袋、软管；6 为复合包装；7 为压力容器；8 为筐、篓；9 为瓶、坛。

3. 包装容器的材质标记代号

包装容器的材质标记代号用下列大写英文字母表示：

A 为钢；B 为铝；C 为天然木；D 为胶合板；E 为再生木板；

F 为再生木板（锯末板）；G 为硬质纤维板、硬纸板、瓦楞纸板、钙塑板；

H 为塑料材料；L 为编织材料；M 为多层纸；N 为金属（钢、铝除外）；

P 为玻璃、陶瓷；K 为柳条、荆条、藤条及竹篾。

4. 包装件组合类型标记代号的表示方法

（1）单一包装

单一包装型号由一个阿拉伯数字和一个英文字母组成，英文字母表示包装容器的材质，其左边平行的阿拉伯数字代表包装容器的类型。英文字母右下方的阿拉伯数字，代表同一类型包装容器不同开口的型号。

例如：1A 表示钢桶；$1A_1$ 表示闭口钢桶；$1A_2$ 表示中开口钢桶；$1A_3$ 表示全开口钢桶。

其他包装容器开口型号的表示方法，详见《危险货物运输包装通用技术条件》（GB 12463—2009）中的附件 A。

（2）复合包装

复合包装型号由一个表示复合包装的阿拉伯数字“6”和一组表示包装材质和包装型式的字符组成。这组字符为两个大写英文字母和一个阿拉伯数字。第一个英文字母表示内包装的材质，第二个英文字母表示外包装的材质，右边的阿拉伯数字表示包装型式。

例如：$6HA_1$ 表示内包装为塑料容器，外包装为钢桶的复合包装。

5. 其他标记代号

① S——表示拟装固体的包装标记。

② L——表示拟装液体的包装标记。

③ R——表示修复后的包装标记。

④ Ⓖ——表示符合国家标准要求。

⑤ Ⓤ——表示符合联合国规定的要求。

例如：钢桶标记代号及修复后标记代号。

（1）新桶

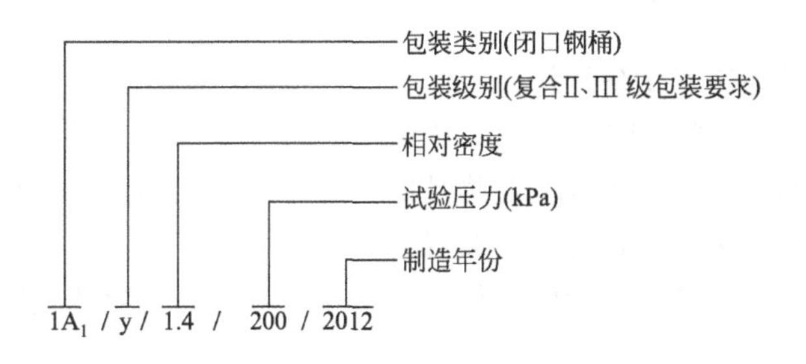

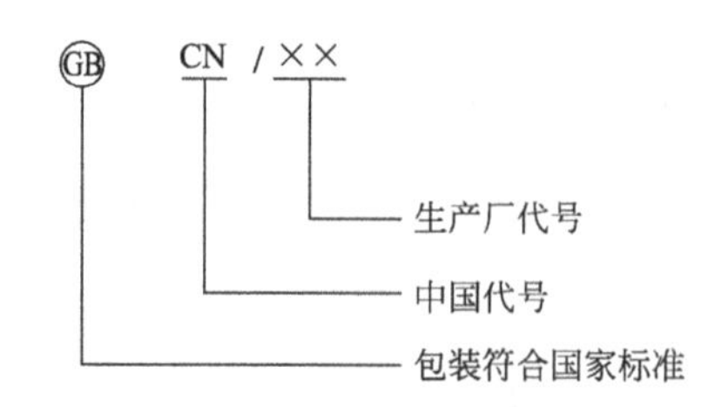

（2）修复后的桶

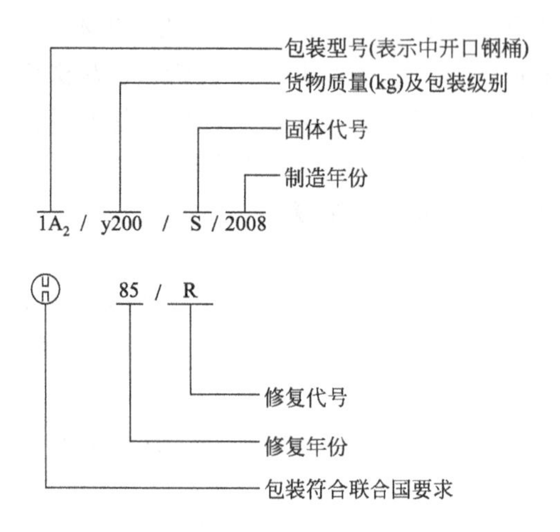

6. 标记的制作及使用方法

① 标记采用白底（或采用包装容器底色）黑字，字体要清楚、醒目。

② 标记的制作方法可以印刷、粘贴、涂打和钉附。

③ 钢制品容器可以打钢印。

第四节　危险化学品运输的安全要求

危险化学品运输是危险化学品流通过程中的一个重要环节，每年因危险化学品运输事故所造成的人员、环境和财产损失，在所有事故中占有相当大的比例。为了加强对危险化学品运输的安全管理，防止事故发生，《中华人民共和国安全生产法》（以下简称《安全生产法》）、《危险化学品安全管理条例》、《铁路危险货物运输管理规则》等法律法规、标准规范均对危险化学品运输做了相关安全技术和管理的规定及要求。

一、主要法律法规标准规范中的要求

1.《中华人民共和国安全生产法》

2014 年 12 月 1 日新修订的《安全生产法》中第三十七条规定：生产、经营、运输、储存、使用危险物品或者处置废弃危险物品的，由有关主管部门依照有关法律、法规的规定和国家标准或者行业标准审批并实施监督管理。

生产经营单位生产、经营、运输、储存、使用危险物品或者处置废弃危险物品，必须执行有关法律、法规和国家标准或者行业标准，建立专门的安全管理制度，采取可靠的安全措施，接受有关主管部门依法实施的监督管理。

2.《危险化学品安全管理条例》

《危险化学品安全管理条例》第四十三条规定：从事危险化学品道路运输、水路运输的，应当分别依照有关道路运输、水路运输的法律、行政法规的规定，取得危险货物道路运输许可、危险货物水路运输许可，并向工商行政管理部门办理登记手续。危险化学品道路运输企业、水路运输企业应当配备专职安全管理人员。

《危险化学品安全管理条例》第四十四条规定：危险化学品道路运输企业、水路运输企业的驾驶人员、船员、装卸管理人员、押运人员、申报人员、集装箱装箱现场检查员应当经交通运输主管部门考核合格，取得从业资格。具体办法由国务院交通运输主管部门制定。

《危险化学品安全管理条例》第四十五条规定：运输危险化学品，应当根据危险化学品的危险特性采取相应的安全防护措施，并配备必要的防护用品和应急救援器材。

运输危险化学品的驾驶人员、船员、装卸管理人员、押运人员、申报人员、集装箱装箱现场检查员，应当了解所运输的危险化学品的危险特性及其包装物、容器的使用要求和出现危险情况时的应急处置方法。

《危险化学品安全管理条例》第四十七条规定：通过道路运输危险化学品的，应当按照运输车辆的核定载质量装载危险化学品，不得超载。危险化学品运输车辆应当符合国家标准要求的安全技术条件，并按照国家有关规定定期进行安全技术检验。危险化学品运输车辆应当悬挂或者喷涂符合国家标准要求的警示标志。

《危险化学品安全管理条例》第五十二条规定：通过水路运输危险化学品的，应当遵守法律、行政法规以及国务院交通运输主管部门关于危险货物水路运输安全的规定。

《危险化学品安全管理条例》第六十五条规定：通过铁路、航空运输危险化学品的安全管理，依照有关铁路、航空运输的法律、行政法规、规章的规定执行。

新修订的《危险化学品安全管理条例》对相关部门职责进行了更具体的说明，同时从我国实际出发，按照现有分工，规定由交通、铁路、民航部门负责各自行业危险化学品运输单位和运输工具的安全管理、监督检查和资质认定等。

3.《道路危险货物运输管理规定》

2013年7月1日新修订的《道路危险货物运输管理规定》，共分为7章，包括总则，道路危险货物运输许可，专用车辆、设备管理，道路危险货物运输，监督检查，法律责任，附则共71条。同时相关的标准和规定有《汽车危险货物运输规则》(JT 3130)、《汽车运输危险货物品名表》、《道路运输危险货物车辆标志》(GB 13392—2005) 和《汽车运输出境危险货物包装容器检验管理办法》等。

4.《铁路危险货物运输管理规则》

《铁路危险货物运输管理规则》[铁运（2008）174号] 共23章，包括：总则；承运人、托运人资质；办理站和专用线（专用铁路）；托运和承运；包装和标志；新品名、新包装等运输条件；基础管理制度；运输及签认制度；危险货物运输押运管理；消防、劳动安全及防护；洗刷除污；保管和交付；培训与考核；危险货物自备货车、自备集装箱技术审查程序；危险货物自备货车运输；危险货物集装箱运输；剧毒品运输；放射性物质运输；技术咨询与培训机构；事故应急预案及施救信息网络；监督与处罚等方面做出了规定。同时还有《铁路运输危险货物采用集装箱的规定》、《铁路危险货物运输管理细则》和《铁路危险货物品名表》等。

5.《水路危险货物运输规则》

1996 年 12 月 1 日起实施的《水路危险货物运输规则》，其内容包括船舶运输的积载、隔离、危险货物的品名、分类、标记、标识、包装检测标准等方面的规定。相关的规定有《港口危险货物管理规定》和《船舶载运危险货物安全监督管理规定》等。

二、危险化学品运输中的一般安全规定

根据危险化学品运输事故发生经验的总结及日常安全管理，一般安全规定主要包括如下 18 个方面。

(1) 运输、装卸危险化学品，应当依照有关法律、法规、规章的规定和国家标准的要求并按照危险化学品的危险特性，采取必要的安全防护措施。

(2) 用于化学品运输工具的槽罐以及其他容器，必须依照《危险化学品安全管理条例》的规定，由专业生产企业定点生产，并经检测、检验合格，方可使用。质检部门应当对前款规定的专业生产企业定点生产的槽罐以及其他容器的产品质量进行定期或者不定期的检查。

(3) 运输危险化学品的槽罐以及其他容器必须封口严密，能够承受正常运输条件下产生的内部压力和外部压力，保证危险化学品运输中不因温度、湿度或者压力的变化而发生任何渗（洒）漏。

(4) 装运危险货物的罐（槽）应适合所装货物的性能，具有足够的强度，并应根据不同货物的需要配备泄压阀、防波板、遮阳物、压力表、液位计、导除静电等相应的安全装置；罐（槽）外部的附件应有可靠的防护设施，必须保证所装货物不发生"跑、冒、滴、漏"并在阀门口装置积漏处。

(5) 通过公路运输危险化学品，必须配备押运人员，并随时处于押运人员的监管之下，不得超装、超载，不得进入危险化学品运输车辆禁止通行的区域；确需进入禁止通行区域的，应当事先向当地公安部门报告，由公安部门为其指定行车时间和路线，运输车辆必须遵守公安部门规定的行车时间和路线。

危险化学品运输车辆禁止通行区域，由设区的市级人民政府公安部门划定，并设置明显的标志。

运输危险化学品途中需要停车住宿或者遇到无法正常运输的情况时，应当向当地公安部门报告。

(6) 运输危险化学品的车辆应专车专用，并有明显标志，要符合交通管理部门对车辆和设备的规定：

① 车厢、底板必须平坦完好，周围栏板必须牢固。

② 机动车辆排气管必须装有有效的隔热和熄灭火星的装置，电路系统应有切断总电源和隔离火花的装置。

③ 车辆左前方必须悬挂黄底黑字“危险品”字样的信号旗。

④ 根据所装危险货物的性质，配备相应的消防器材和捆扎、防水、防散失等用具。

(7) 应定期对装运放射性同位素的专用运输车辆、设备、搬动工具、防护用品进行放射性污染程度的检查，当污染量超过规定的允许水平时，不得继续使用。

(8) 装运集装箱、大型气瓶、可移动罐（槽）等的车辆，必须设置有效的紧固装置。

(9) 各种装卸机械和工具要有足够的安全系数，装卸易燃、易爆危险货物的机械和工具，必须有消除产生火花的措施。

(10) 三轮机动车、全挂汽车列车、人力三轮车、自行车和摩托车不得装运爆炸品、一级氧化剂、有机过氧化物；拖拉机不得装运爆炸品、一级氧化剂、有机过氧化物、一级易燃品；自卸汽车除二级固体危险货物外，不得装运其他危险货物。

(11) 危险化学品在运输中包装应牢固，各类危险化学品包装应符合国家标准《危险货物运输包装通用技术条件》(GB 12463—2009) 的规定。

(12) 性质或消防方法相互抵触，以及配装号或类项不同的危险化学品不能装在同一车、船内运输。

(13) 易燃品、易爆品不能装在铁帮、铁底车、船内运输。

(14) 易燃品闪点在28℃以下，气温高于28℃时应在夜间运输。

(15) 运输危险化学品的车辆、船只应有防火安全措施。

(16) 禁止无关人员搭乘运输危险化学品的车、船和其他运输工具。

(17) 运输爆炸品和需凭证运输的危险化学品，应有运往地县、市公安部门的《爆炸品准运证》或《危险化学物品准运证》。

(18) 通过航空运输危险化学品的，应按照国务院民航部门的有关规定执行。

三、剧毒化学品的运输安全要求

《危险化学品安全管理条例》第五十条规定：通过道路运输剧毒化学品的，托运人应当向运输始发地或者目的地县级人民政府公安机关申请剧毒化学品道路运输通行证。

申请剧毒化学品道路运输通行证，托运人应当向县级人民政府公安机关提交下列材料。

① 拟运输的剧毒化学品品种、数量的说明。

② 运输始发地、目的地、运输时间和运输路线的说明。

③ 承运人取得危险货物道路运输许可、运输车辆取得营运证以及驾驶人员、押运人员取得上岗资格的证明文件。

④ 本条例第三十八条第一款、第二款规定的购买剧毒化学品的相关许可证件，或者海关出具的进出口证明文件。

县级人民政府公安机关应当自收到前款规定的材料之日起7日内，做出批准或者不予批准的决定。予以批准的，颁发剧毒化学品道路运输通行证；不予批准的，书面通知申请人并说明理由。

剧毒化学品道路运输通行证管理办法由国务院公安部门制定。

《危险化学品安全管理条例》第五十一条规定：剧毒化学品、易制爆危险化学品在道路运输途中丢失、被盗、被抢或者出现流散、泄漏等情况的，驾驶人员、押运人员应当立即采取相应的警示措施和安全措施，并向当地公安机关报告。公安机关接到报告后，应当根据实际情况立即向安全生产监督管理部门、环境保护主管部门、卫生主管部门通报。有关部门应当采取必要的应急处置措施。

《危险化学品安全管理条例》第五十四条规定：禁止通过内河封闭水域运输剧毒化学品以及国家规定禁止通过内河运输的其他危险化学品。

前款规定以外的内河水域，禁止运输国家规定禁止通过内河运输的剧毒化学品以及其他危险化学品。

禁止通过内河运输的剧毒化学品以及其他危险化学品的范围，由国务院交通运输主管部门会同国务院环境保护主管部门、工业和信息化主管部门、安全生产监督管理部门，根据危险化学品的危险特性、危险化学品对人体和水环境的危害程度以及消除危害后果的难易程度等因素规定并公布。

危险化学品储存安全

Chapter 05

生产、经营、储存、使用危险化学品的企业都存在危险化学品的储存问题。危险化学品储存是流通过程中非常重要的一个环节，安全管理不当，就会造成事故。例如 2015 年 8 月 12 日，天津港危险化学品特大爆炸事故，造成 165 人遇难，165 人遇难、798 人受伤、直接经济损失 68.66 亿元人民币，给生命、环境和财产造成造成了巨大损失。为了加强对危险化学品的安全管理，国家制定了一系列法规和标准。

《危险化学品安全管理条例》从第十一条到第二十七条，从危险化学品储存场所的选址、审批、验收、安全评价、储存场所的安全管理等方面均做了相关规定。

第一节　危险化学品的储存分类

根据危险化学品的特性以及《危险化学品安全管理条例》、《建筑设计防火规范》等法律法规、标准规范中的仓库建筑要求及养护技术要求，将危险化学品储存安全要求归为三类，包括易燃易爆性物质、毒害性物质和腐蚀性物质。

一、易燃易爆性物质

易燃易爆性物品包括爆炸品、气体、易燃液体、易燃固体、易自燃物质、遇湿放出易燃气体的物质氧化性物质和有机过氧化物。在储存过程中，按照 2015 年 5 月 1 日实施的《建设设计防火规范》中的要求，分为五类（见表 5-1）。

表 5-1　储存物品的火灾危险性分类

储存的火灾危险性类别	储存物品的火灾危险性特征
甲	1. 闪点小于 28℃的液体(如丙酮闪点－20℃、乙醇闪点 12℃) 2. 爆炸下限小于 10%的气体，受到水或空气中水蒸气的作用能产生爆炸下限小于 10%气体的固体物质(如丁烷的爆炸下限是 1.9%、甲烷的爆炸下限是 5.0%、乙炔的爆炸下限是 2.1%、硫化氢的爆炸下限是 4.0%。) 3. 常温下能自行分解或在空气中氧化能导致迅速自燃或爆炸的物质(如硝化棉、黄磷) 4. 常温下受到水或空气中水蒸气的作用，能产生可燃气体并引起燃烧或爆炸的物质(如金属钠、金属钾及碳化物) 5. 遇酸、受热、撞击、摩擦以及遇有机物或硫黄等易燃的无机物，极易引起燃烧或爆炸的强氧化剂(如氯酸钾、氯酸钠、硝酸胍、高氯酸铵) 6. 受撞击、摩擦或与氧化剂、有机物接触时能引起燃烧或爆炸的物质(如五硫化磷、三硫化磷)

续表

储存的火灾危险性类别	储存物品的火灾危险性特征
乙	1. 闪点不小于28℃，但小于60℃的液体（如松节油闪点为35℃、异丁醇闪点为28℃） 2. 爆炸下限不小于10%的气体（如氨气的爆炸下限为15.7%，一氧化碳的爆炸下限为12.5%） 3. 不属于甲类的氧化剂（如重铬酸钠、铬酸钾） 4. 不属于甲类的易燃固体（如硫黄、工业萘） 5. 助燃气体（如氧气、氟） 6. 常温下与空气接触能缓慢氧化，积热不散引起自燃的物品
丙	1. 闪点不小于60℃的液体（如糠醛闪点为75℃、环己酮闪点为63.9℃、苯胺闪点为70℃） 2. 可燃固体（如天然橡胶及其制品）
丁	难燃烧物品
戊	不燃烧物品

二、毒害性物质

根据《化学品分类和危险性公示　通则》（GB 13690—2009）、《危险货物分类和品名编号》（GB 6944—2012）中对有毒品的分类，毒害性物质按毒性大小进行如下划分。

毒性物质是指经吞食、吸入或与皮肤接触后可能造成死亡或严重受伤或损害人类健康的物质。包括满足下列条件之一即为毒性物质（固体或液体）：

① 急性口服毒性：$LD_{50}\leqslant 300mg/kg$。

② 急性皮肤接触毒性：$LD_{50}\leqslant 1000mg/kg$。

③ 急性吸入粉尘和烟雾毒性：$LC_{50}\leqslant 4mg/L$。

④ 急性吸入蒸气毒性：$LC_{50}\leqslant 5000mL/m^3$且在20℃和标准大气压力下的饱和蒸气浓度大于等于$1/5LC_{50}$。

经口摄入、经皮肤接触和吸入粉尘或烟雾的分类标准按照表5-2，分为3个级别。

表5-2　经口摄入、经皮肤接触和吸入粉尘或烟雾的分类级别

包装类别	经口毒性 LD_{50}/(mg/kg)	经皮肤接触 LD_{50}/(mg/kg)	吸入粉尘和烟雾毒性 LC_{50}/(mg/L)
Ⅰ	≤5.0	≤50	≤0.2
Ⅱ	>5.0和≤50	>50和≤200	>0.2和≤2.0
Ⅲ	>50和≤300	>200和≤1000	>2.0和≤4.0

三、腐蚀性物质

根据《化学品分类和危险性公示　通则》（GB 13690—2009）、《危险货物分类和品名编号》（GB 6944—2012）中对腐蚀性物质的规定，满足下列条件之一的物质均为腐蚀性物质：

① 使完好皮肤组织在暴露超过60min、但不超过4h之后开始的最多14d观察期内全

厚度毁损的物质。

② 被判定不引起完好皮肤组织全厚度毁损，但在55℃试验温度下，对钢或铝的表面腐蚀率超过6.25mm/a的物质。

腐蚀性物质根据其包装要求，把腐蚀性物质分为3个级别（见表5-3）。

表5-3 腐蚀性物质分级

包装级别	腐蚀性物质
Ⅰ	使完好皮肤组织暴露3min或少于3min之后开始的最多60min观察期内全厚度毁损的物质
Ⅱ	使完好皮肤组织暴露3min但不超过60min之后开始的最多14d观察期内全厚度毁损的物质
Ⅲ	(1)使完好皮肤组织暴露超过60min，但不超过4h之后开始的最多14d观察期内全厚度毁损的物质； (2)被判定不引起完好皮肤组织全毁损，但在55℃试验温度下，对S235JR+CR型或类似型号钢或非复合型铝的表面腐蚀率超过6.25mm/a的物质

第二节 危险化学品的储存方式与储存条件

一、危险化学品的储存方式

危险化学品的储存方式分为隔离储存、隔开储存和分离储存3种。

1. 隔离储存

在同一房间同一区域内，不同的物料之间分开一定距离，非禁忌物料间用通道保持空间的储存方式。隔离储存示意如图5-1所示。

图5-1 隔离储存示意

2. 隔开储存

在同一建筑或同一区域内，用隔板或墙将其与禁忌物料分离开的储存方式。

3. 分离储存

在不同建筑物或远离所有建筑的外部区域内的储存方式。分离储存示意如图5-2所示。

图 5-2　分离储存示意

二、危险化学品储存的堆垛安全距离

根据《易燃易爆性商品储存养护技术条件》(GB 17914—2013)、《腐蚀性商品储存养护技术条件》(GB 17915—2013)、《毒害性商品储存养护技术条件》(GB 17916—2013)中的对危险化学品储存堆垛各安全距离进行的规定，分别对易燃易爆性物质、腐蚀性物质、毒害性物质进行阐述。

1. 易燃易爆性物质堆垛

根据库房条件，物质性质和包装形态采取适当的堆码和垫底方法。

各种物质不允许直接落地存放。根据库房地势高低，一般应垫 15cm 以上。遇湿放出易燃气体的物质、易燃物质、易吸潮溶化和吸潮分解的物质应根据情况加大下垫高度。各种物品应码行列式压缝货垛，做到出入库方便，一般垛高不超过 3m。

堆垛间距根据《易燃易爆性商品储存养护技术条件》(GB 17914—2013) 中的规定，应满足如下条件。

① 主通道≥180cm。

② 支通道≥80cm。

③ 墙距≥30cm。

④ 柱距≥10cm。

⑤ 垛距≥10cm。

⑥ 顶距≥50cm。

2. 腐蚀性物质堆垛

库房、货棚或露天货场储存的物质，货垛不应有隔潮设施，库房一般不低于 15cm，货场不低于 30cm。

根据物质性质、包装规格采用适当的堆垛方法，要求货垛整齐，堆码牢固，数量准确，禁止倒置。按出厂先后或批号分别堆码。

根据《腐蚀性商品储存养护技术条件》(GB 17915—2013) 中的规定，堆垛高度与堆垛间距应满足相应要求。

堆垛高度应满足如下条件：

① 大铁桶液体：立码；固体：平放，不应超过 3m。

② 大箱（内装坛、桶）不应超过 1.5m。

③ 化学试剂木箱不应超过 3m；纸箱不应超过 2.5m。

④ 袋装 3～3.5m。

堆垛间距应满足如下条件：

① 主通道≥180cm。

② 支通道≥80cm。

③ 墙距≥30cm。

④ 柱距≥10cm。

⑤ 垛距≥10cm。

⑥ 顶距≥50cm。

3. 毒害性物质堆垛

堆垛要符合安全、方便的原则，便于堆码、检查和消防扑救。货垛下应有防潮设施，垛底距地面距离不小于 15cm。货垛应牢固、整齐、通风，垛高不超过 3m。

根据《毒害性商品储存养护技术条件》（GB 17916—2013）中的规定，堆垛间距应满足如下条件。

① 主通道≥180cm。

② 支通道≥80cm。

③ 墙距≥30cm。

④ 柱距≥10cm。

⑤ 垛距≥10cm。

⑥ 顶距≥50cm。

三、危险化学品安全储存的条件

根据《易燃易爆性商品储存养护技术条件》（GB 17914—2013）、《腐蚀性商品储存养护技术条件》（GB 17915—2013）、《毒害性商品储存养护技术条件》（GB 17916—2013）中的对危险化学品储存条件的规定，分别进行讲述。

1. 易燃易爆品的储存条件

储存危险化学品的库房应符合《建筑设计防火规范》（GB 50016—2014）中 3.3.2 的要求，库房耐火等级不低于二级。

（1）库房基本条件

① 应干燥、易于通风、密闭和避光，并应安装避雷装置；库房内可能散发（或泄漏）可燃气体、可燃蒸气的场所应安装可燃气体检测报警装置。

② 各类物质依据性质和灭火方法的不同，应严格分区、分类和分库存放。

1）易爆性物质应储存于一级轻顶耐火建筑的库房内。

2）低、中闪点液体、一级易燃固体、易于自燃的物质、气体类应储存于一级耐火建筑的库房内。

③ 遇湿易放出易燃气体的物质、氧化性物质和有机过氧化物应储存于一、二级耐火建筑的库房内。

④ 二级易燃固体、高闪点液体应储存于耐火等级不低于二级的库房内。

⑤ 易燃气体不应与助燃气体同库储存。

(2) 库房安全要求

① 商品应避免阳光直射、远离火源、热源、电源及产生火花的环境。

② 除按表 5-4 中的规定分类储存外，以下品种应专库储存。

1）爆炸品：黑色火药类、爆炸性化合物应专库储存。

2）气体：易燃气体、助燃气体和有毒气体应专库储存。

3）易燃液体可同库储存，但灭火方法不同的商品应分库储存。

4）易燃固体可同库储存，但发乳剂 H 与酸或酸性商品应分库储存。

5）硝酸纤维素酯、安全火柴、红磷及硫化磷、铝粉等金属粉类应分库储存。

6）自燃物质：黄磷、烃基金属化合物，浸动、植物油的制品应分库储存。

7）遇湿易燃商品应专库储存。

8）氧化性物质和有机过氧化物，一、二级无机氧化剂与一级有机氧化剂应分库储存；氯酸盐类、高锰酸盐、亚硝酸盐、过氧化钠、过氧化氢等必须分别专库储存。

表 5-4　危险化学品混存性能互抵表

化学危险物品分类		爆炸品				氧化性物质和有机过氧化物				气体				易于自燃的物质		遇水放出易燃气体的物质		易燃液体		易燃固体		毒害性物质				腐蚀性物质				放射性物质
	小类																									酸性		碱性		
化学危险物品分类	小类	点火器材	起爆器材	爆炸及爆炸性药品	其他爆炸品	一级无机	一级有机	二级无机	二级有机	剧毒	易燃	助燃	不燃	一级	二级	一级	二级	一级	二级	一级	二级	剧毒无机	剧毒有机	有毒无机	有毒有机	无机	有机	无机	有机	
爆炸品	点火器材	○																												
	起爆器材	○	○																											
	爆炸及爆炸性药品	○	×	○																										
	其他爆炸品	○	×	×	○																									
氧化性物质和有机过氧化物	一级无机	×	×	×	×	①																								
	一级有机	×	×	×	×	×	○																							
	二级无机	×	×	×	×	○	×	②																						
	二级有机	×	×	×	×	×	○	×	○																					
气体	剧毒(液氨和液氯有抵触)	×	×	×	×	×	×	×	×	○																				
	易燃	×	×	×	×	×	×	×	×	×	○																			
	助燃	×	×	×	×	×	×	分	×	○	×	○																		
	不燃	×	×	×	×	分	消	分	分	○	○	○	○																	
易于自燃的物质	一级	×	×	×	×	×	×	×	×	×	×	×	×	○																
	二级	×	×	×	×	×	×	×	×	×	×	×	×	×	○															

续表

化学危险物品分类	小类	爆炸品：点火器材	爆炸品：起爆器材	爆炸品：爆炸及爆炸性药品	爆炸品：其他爆炸品	氧化性物质和有机过氧化物：一级无机	氧化性物质和有机过氧化物：一级有机	氧化性物质和有机过氧化物：二级无机	氧化性物质和有机过氧化物：二级有机	气体：剧毒	气体：易燃	气体：助燃	气体：不燃	易于自燃的物质：一级	易于自燃的物质：二级	遇水放出易燃气体的物质：一级	遇水放出易燃气体的物质：二级	易燃液体：一级	易燃液体：二级	易燃固体：一级	易燃固体：二级	毒害性物质：剧毒无机	毒害性物质：剧毒有机	毒害性物质：有毒无机	毒害性物质：有毒有机	腐蚀性物质 酸性：无机	腐蚀性物质 酸性：有机	腐蚀性物质 碱性：无机	腐蚀性物质 碱性：有机	放射性物质
遇水放出易燃气体的物质	一级	×	×	×	×	×	×	×	×	×	×	×	×	×	×	○														
	二级	×	×	×	×	×	×	×	×	消	×	×	消	×	消	×	○													
易燃液体	一级	×	×	×	×	×	×	×	×	×	×	×	×	×	×	×	×	○												
	二级	×	×	×	×	×	×	×	×	×	×	×	×	×	×	×	×	○	○											
易燃固体	一级	×	×	×	×	×	×	×	×	×	×	×	×	×	×	×	×	消	消	○										
	二级	×	×	×	×	×	×	×	×	×	×	×	×	×	×	×	×	消	消	○	○									
毒害性物质	剧毒无机	×	×	×	×	分	×	分	消	分	分	分	分	×	分	消	消	消	消	分	分	○								
	剧毒有机	×	×	×	×	×	×	×	×	×	×	×	×	×	×	×	×	×	×	×	×	○	○							
	有毒无机	×	×	×	×	分	×	分	分	分	分	分	分	×	分	消	消	消	消	分	分	○	○	○						
	有毒有机	×	×	×	×	×	×	×	×	×	×	×	×	×	×	×	×	分	分	消	消	○	○	○	○					
腐蚀性物质 酸性	无机	×	×	×	×	×	×	×	×	×	×	×	×	×	×	×	×	×	×	×	×	×	×	×	×	○				
	有机	×	×	×	×	×	×	×	×	×	×	×	×	×	×	×	×	消	消	×	×	×	×	×	×	×	○			
腐蚀性物质 碱性	无机	×	×	×	×	分	消	分	消	分	分	分	分	分	分	消	消	消	消	分	分	×	×	×	×	×	×	○		
	有机	×	×	×	×	×	×	×	×	×	×	×	×	×	×	×	×	消	消	消	消	×	×	×	×	×	×	○	○	
放射性物质		×	×	×	×	×	×	×	×	×	×	×	×	×	×	×	×	×	×	×	×	×	×	×	×	×	×	×	×	○

注："○"符号表示可以混存。

"×"符号表示不可以混存。

"分"指应按危险化学品的分类进行分区分类储存，如果物品不多或仓位不够时，因其性能并不互相抵触，也可以混存。

"消"指两种物品性能并不互相抵触，但消防施救方法不同，条件许可时最好分存。

① 说明过氧化钠等过氧化物不宜和无机氧化剂混存。

② 说明具有还原性的亚硝酸钠等亚硝酸盐类，不宜和其他无机氧化剂混存。

凡混存物品，货垛与货垛之间应留有1m以上的距离；并要求包装容器完整，不使两种物品发生接触。

（3）库房安全的温湿度要求

各类易燃易爆物质适宜储存的温湿度见表5-5。

2. 腐蚀性物质的储存条件

腐蚀性物质应阴凉、干燥、通风、避光。库房应经过防腐蚀、防渗处理，库房的建筑应符合《工业建筑防腐蚀设计规范》（GB 50046—2008）的规定。

储存发烟硝酸、溴素、高氯酸的库房应干燥通风，耐火要求应符合《建筑设计防火规范》（GB 50016—2014）中3.3.2的要求的规定，耐火等级不低于二级。

表 5-5　易燃易爆物质库房温湿度条件

类别	品名	温度/℃	相对湿度/%	备注
爆炸品	黑火药、化合物	≤32	≤80	
	水作稳定剂的	＞1	＜80	
气体	易燃、不燃、有毒	≤30	—	
易燃液体	低闪点	≤29	—	
	中高闪点	≤37	—	
易燃固体	易燃固体	≤35	—	
	硝酸纤维素酯	≤25	≤80	
	安全火柴	≤35	≤80	
	红磷、硫化磷、铝粉	≤35	＜80	
易于自燃的物质	黄磷	＞1	—	
	烃基金属化合物	≤30	≤80	
	含油制品	≤32	≤80	
遇水放出易燃气体的物质	遇水放出易燃气体的物质	≤32	≤75	
氧化性物质和有机过氧化物	氧化性物质和有机过氧化物	≤30	≤80	
	过氧化钠、镁、钙等	≤30	≤75	
	硝酸锌、钙、镁等	≤28	≤75	袋装
	硝酸铵、亚硝酸钠	≤30	≤75	袋装
	盐的水溶液	＞1	—	
	结晶硝酸锰	＜25	—	
	过氧化苯甲酰	2～25	—	含稳定剂
	过氧化丁酮等有机氧化剂	≤25	—	

(1) 腐蚀性物质储存基本条件与安全要求

① 腐蚀性物质应避免阳光直射、暴晒，远离热源、电源、火源，库房建筑及各种设备应符合 GB 50016—2014 的规定。

② 腐蚀性物质应按不同类别、性质、危险程度、灭火方法等分区分类储存，性质和消防施救方法相抵的商品不应同库储存。

③ 应在库区设置洗眼器等应急处置设施。

④ 库区的杂物、易燃物应及时清理，排水保持畅通。

(2) 库房安全的温湿度要求

各类腐蚀性物质适宜储存的温湿度见表 5-6。

3. 毒害性物质的储存条件

库房干燥、通风。机械通风排毒应有安全防护和处理措施，库房耐火等级不低于二级。

(1) 库房的基本条件和安全要求

① 仓库应远离居民区和水源。

表 5-6 腐蚀性物质库房温湿度条件

类别	主要品种	适宜温度/℃	适宜相对湿度/%
酸性腐蚀品	发烟硫酸、亚硫酸	0～30	<80
	硝酸、盐酸及氢卤酸、氟硅(硼)酸、氯化硫、磷酸等	≤30	≤80
	磺酰氯、氯化亚砜、氧氯化磷、氯磺酸、溴乙酰、三氯化磷等多卤化物	≤30	≤75
	发烟硝酸	≤25	≤80
	溴素、溴水	0～28	—
	甲酸、乙酸、乙酸酐等有机酸类	≤32	≤80
碱性腐蚀品	氢氧化钾(钠)、硫化钾(钠)	≤30	≤80
其他腐蚀品	甲醛溶液	10～30	—

② 物品应避免阳光直射、暴晒，远离热源、电源、火源，在库内（区）固定和方便的位置配备与毒害性商品性质相匹配的消防器材、报警装置和急救药箱。

③ 不同种类的毒害性物质，视其危险程度和灭火方法的不同应分开存放，性质相抵的毒害性商品不应同库混存。

④ 剧毒性物质应专库储存或存放在彼此间隔的单间内，并安装防盗报警器和监控系统，库门装双锁，实行双人收发、双人保管制度。

(2) 库房安全的温湿度要求

库房温度不宜超过 35℃。易挥发的毒害性商品，库房温度应控制在 32℃以下，相对湿度应在 85%以下。对于易潮解的毒害性商品，库房相对湿度应控制在 80%以下。

第三节 危险化学品的储存安全管理

一、危险化学品储存的基本要求

根据《常用危险化学品储存通则》(GB 15603)，危险化学品储存需满足以下基本要求和安排。

(1) 危险化学品的储存必须遵照国家法律、法规和其他有关的规定。

(2) 危险化学品必须储存在经有关部门批准设置的专门的危险化学品仓库中，经销部门自管仓库储存危险化学品及储存数量必须经有关部门批准。未经批准不得随意设置危险化学品储存仓库。

(3) 危险化学品露天堆放，应符合防火、防爆的安全要求，爆炸物品、一级易燃物品、遇湿燃烧物品、剧毒物品不得露天堆放。

(4) 储存危险化学品的仓库必须配备有专业知识的技术人员，其库房及场所应设专人管理，同时必须配备可靠的个人防护用品。

(5) 储存危险化学品分类可按爆炸品、气体、易燃液体、易爆固体、易于自燃的物质和遇水放出易燃气体的物质、氧化性物质和有机过氧化物、毒害性物质、腐蚀性物质等分类。

① 爆炸品不准和其他类物品同储，必须单独隔离限量储存。

② 气体必须与爆炸品、氧化性物质、易燃物质、易于自燃的物质、腐蚀性物质隔离储存；易燃气体不得与助燃气体、剧毒气体同储；氧气不得与油脂混合储存。

③ 易燃液体、遇水放出易燃气体的物质、易燃固体不得与氧化性物质混合储存，具有还原性的氧化剂，应单独存放。

④ 有毒物质物品应储存在阴凉、通风、干燥的场所，不要露天存放，不要接近酸类物质。

⑤ 腐蚀性物质包装必须严密，不允许泄漏，严禁与液化气体和其他物质共存。

(6) 储存危险化学品应有明显的标志，标志应符合国标的规定。如同一区域储存两种以上不同级别的危险品时，应按最高等级危险物品的性能标示。

(7) 储存危险化学品应根据危险品性能分区、分类、分库储存。各类危险品不得与禁忌物料混合储存。

(8) 储存危险化学品的建筑物、区域内严禁吸烟和使用明火。

(9) 危险化学品的储存量及储存安排见表5-7。

表5-7　危险化学品的储存量及储存安排

储存要求	储存类别			
	露天储存	隔离储存	隔开储存	分离储存
平均单位面积储存量/(t/m^2)	1.0～1.5	0.5	0.7	0.7
单一储存区最大储量/t	2000～2400	200～300	200～300	400～600
垛距限制/m	2	0.3～0.5	0.3～0.5	0.3～0.5
通道宽度/m	4～6	1～2	1～2	5
墙距宽度/m	2	0.3～0.5	0.3～0.5	0.3～0.5
与禁忌品距离/m	10	不得同库储存	不得同库储存	7～10

二、危险化学品的出入库管理

危险化学品出入库必须严格按照出入库管理制度进行，同时对进入库区车辆，装卸、搬运物品都应根据危险化学品性质按规定进行。

1. 入库要求

① 入库物品必须附有生产许可证和产品检验合格证，进口物品必须附有中文安全技术说明书或其他说明。

② 物品性状、理化常数应符合产品标准，由存货方负责检验。

③ 保管方对物品外观、内外标志、容器包装及衬垫进行感官检验，验收后做出验收记录。

④ 验收在库外安全地点或专门的验收地点进行。

⑤ 每种物品拆箱验收2～5箱（免检物品除外），发现问题扩大验收比例，验收后将商品包装复原，并做标记。

验收内容包括：数量、包装、危险标志。经核对后方可入库，当物品性质未弄清时不得入库。

入库的基本程序：填制入库单、建立明细账、立卡、建档。

2. 出库要求

① 保管员发货必须以手续齐全的发货凭证为依据。

② 按生产日期和批号顺序先进先出。

③ 对毒害性物质还应执行双锁、双人复核制发放，详细记录以备查用。

3. 其他要求

① 进入危险化学品储存区域的人员、机动车辆和作业车辆，必须采取防火措施。

② 装卸、搬运危险化学品时应按有关规定进行，做到轻装、轻卸。严禁摔、碰、撞、击、拖拉、倾倒和滚动。

③ 装卸对人身有毒害及腐蚀性的物品时，操作人员应根据危险性，穿戴相应的防护用品。

④ 不得用同一车辆运输互为禁忌的物料。

⑤ 修补、换装、清扫、装卸易燃、易爆物料时，应使用不产生火花的铜制、合金制或其他工具。

三、危险化学品的储存安全操作

储存危险化学品的操作人员，搬进或搬出物品必须按不同物品性质进行操作，在操作过程中应遵守安全管理的相关规定。

1. 易燃易爆性物质

① 作业人员应有操作易燃易爆性物质的上岗作业资格证书。

② 作业人员应穿防静电工作服，戴手套和口罩等防护用具，禁止穿钉鞋。

③ 操作中轻搬轻放，防止摩擦和撞击，汽车出入库要带好防火罩，排气管不应直接对准库房门。

④ 各项操作不应使用能产生火花的工具，不应使用叉车搬运、装卸压缩和液化的气体钢瓶，热源与火源应远离作业现场。

⑤ 库房内不应进行分装、改装、开箱、开桶、验收等，以上活动应在库房外进行。

2. 腐蚀性物质

① 作业人员应持有腐蚀性物质养护上岗作业资格证书。

② 作业时应穿戴防护服、护目镜、橡胶手套等防护用具，应做到：

a. 操作时应轻搬轻放，防止摩擦震动和撞击；b. 不应使用沾染异物和能产生火花的机具，作业现场远离热源和火源；c. 分装、改装、开箱检查等应在库房外进行；d. 有氧化性的强酸不应采用木质品或易燃材质的货架或垫衬。

3. 毒害性物质

① 作业人员应持有毒害性物质养护上岗作业资格证书。

② 作业人员应佩戴手套和相应的防毒口罩或面具，穿防护服。

③ 作业中不应饮食，不应用手擦嘴、脸、眼睛。每次作业完毕，应及时用肥皂（或专用洗涤剂）洗净面部、手部，用清水漱口，防护用具应及时清洗，集中存放。

④ 操作时轻拿轻放，不应碰撞、倒置，防止包装破损，物质散漏。

四、危险化学品的储存养护

危险化学品入库后应采取适当的养护措施，针对品质变化、包装、渗漏等情况定期进行检查，发现问题应及时处理。库房温度、湿度应严格控制，发现变化及时调整。

1. 易燃易爆物质储存养护

（1）温湿度管理

① 库房内设置温湿度表，按规定时间进行观测和记录。

② 根据物品的不同性质，采取密封、通风和库内吸潮相结合的温湿度管理办法，严格控制并保持库房内的温湿度，具体见表 5-5。

（2）安全检查

① 每天对库房内外进行安全检查，检查地面是否有散落物、货垛牢固程度和异常现象等，发现问题及时处理。

② 定期检查库内设施、消防器材、防护用具是否齐全有效。

（3）质量检查

① 根据物品性质，定期进行以感官为主的库内质量检查，每种物品抽查 1～2 件，检查物品自身变化，包装容器、封口、包装和衬垫等在储存期间的变化。

② 爆炸品：检查外包装，不应拆包检查，爆炸性化合物可拆箱检查。

③ 气体：用称量法检查其质量；可用检漏仪检查钢瓶是否漏气；也可用棉球蘸稀盐酸液（用于氨）、稀氨水（用于氯）涂在瓶口处进行检查。

④ 易燃液体：检查封口是否严密，有无挥发或渗漏，有无变色、变质和沉淀现象。

⑤ 易燃固体：检查有无溶（熔）化、升华和变色、变质现象。

⑥ 易于自燃的物质、遇水放出易燃气体的物质：检查有无挥发、渗漏、吸潮溶化，以及稳定剂是否足量。

⑦ 氧化性物质和有机过氧化物：检查包装封口是否严密，有无吸潮溶化，变色变质；有机过氧化物、含稳定剂的容器内要足量，封口严密有效。

⑧ 按质量计量的物品应抽检质量，以控制商品保管损耗。

⑨ 每次质量检查后，外包装上均应做出明显的标记，并做好记录。

（4）检查结果问题处理

① 检查结果逐项记录，在物品外包装上做出标记。

② 检查中发现的问题，及时填写问题物品通知单通知存货方，若问题严重或危及安全时立即汇报和通知存货方，采取应急措施。

2. 腐蚀性物质储存养护

（1）温湿度管理

① 库内设置温湿度计，按时观测、记录。

② 根据库房条件和商品性质，应采用机械（要有防护措施）方法通风、去湿、保温。温湿度应符合表 5-5 的规定。

（2）安全检查

① 每天对库房内外进行安全检查，及时清理易燃物，应维护货垛牢固，无异常，无泄漏。

② 遇特殊天气应及时检查物品有无受潮，货场货垛苫垫是否严密。

③ 定期检查库内设施、消防器材、防护用具是否齐全有效。

（3）质量检查

① 根据物品性质，定期进行感官质量检查，每种商品抽查 1～2 件。

② 检查物品包装、封口、衬垫有无破损、渗漏，商品外观有无变化。

③ 入库计量的物品，定时抽检计算保管损耗。

（4）问题处理

① 检查结果逐项记录，在物品外包装上做出标记。

② 发现问题，应采取防治措施，通知存货方及时处理，不应作为正常物品出库。

3. 毒害性物质储存养护

（1）温湿度管理

① 库房内设置温湿度表，按时观测、记录。

② 严格控制库内温湿度，保持在要求范围之内。

（2）安全检查

① 每天对库区进行检查，检查易燃物等是否清理，货垛是否牢固，有无异常。

② 遇特殊天气应及时检查物品有无受损。

③ 定期检查库内设施、消防器材、防护用具是否齐全有效。

（3）质量检查

① 根据物品性质，定期进行质量检查，每种物品抽查 1～2 件。

② 检查物品包装、封口、衬垫有无破损，物品外观和质量有无变化。

（4）检查问题的处理

① 检查结果逐项记录，并做标记。

② 对发现的问题做好记录，通知存货方，采取措施进行防治。

危险化学品重大危险源管理

Chapter 06

在化工企业中，根据生产、储存场所存在的危险化学品进行重大危险源辨识、做好安全监控、日常安全检查、安全隐患排查及整改，对于防止事故的发生极其重要。

第一节　重大危险源辨识与分级

目前，我国有关重大危险源普查辨识的标准及规范主要有：《危险化学品重大危险源辨识》、《危险化学品重大危险源监督管理暂行规定》、《关于开展重大危险源监督管理工作的指导意见》。《危险化学品重大危险源辨识》（GB 18218—2009）列出了危险化学品辨识方法，并按照9类，即爆炸品、气体、易燃液体、易燃固体、易于自燃的物质、遇水放出易燃气体的物质、氧化性物质、有机过氧化物和毒性物质，具体列出了78种危险化学品的具体临界量。

一、重大危险源的辨识

1. 危险化学品重大危险源

根据《危险化学品重大危险源辨识》（GB 18218—2009）中的规定，危险化学品重大危险源（以下简称重大危险源），是指长期或临时地生产、加工、使用和储存危险化学品，且危险化学品的数量等于或者超过临界量的单元。

2. 重大危险源的辨识方法

危险化学品重大危险源的辨识，主要通过计算单元内拥有的危险物质的数量是否超过临界量来界定。临界量是对于某种或某类危险化学品规定的数量，具体见表6-1和表6-2。

当危险化学品单位厂区内存在多个（套）危险化学品的生产装置、设施或场所，并且相互之间的边缘距离小于500m时，都应按一个单元来进行重大危险源辨识。

当满足下列两种情况之一时，即可确定为重大危险源。

① 单元内现有的任一种危险物品的量达到或超过其对应的临界量。

② 单元内有多种危险物品且每一种物品的储存量均未达到或超过其对应临界量，但满足式（6-1）。

$$\frac{q_1}{Q_1}+\frac{q_2}{Q_2}+\frac{q_3}{Q_3}+\cdots+\frac{q_n}{Q_n}\geqslant 1 \quad (6\text{-}1)$$

式中　q_1，q_2，…，q_n——每一种危险化学品的现存量，t；

Q_1，Q_2，…，Q_n——对应危险化学品的临界量，t。

表 6-1　危险化学品的临界量

序号	类别	危险化学品名称和说明	临界量/t
1	爆炸品	叠氮化钡	0.5
2		叠氮化铅	0.5
3		雷酸汞	0.5
4		三硝基苯甲醚	5
5		三硝基甲苯	5
6		硝化甘油	1
7		硝化纤维素	10
8		硝酸铵(含可燃物>0.2%)	5
9	易燃气体	丁二烯	5
10		二甲醚	50
11		甲烷,天然气	50
12		氯乙烯	50
13		氢	5
14		液化石油气(含丙烷、丁烷及其混合物)	50
15		一甲胺	5
16		乙炔	1
17		乙烯	50
18	毒性气体	氨	10
19		二氟化氧	1
20		二氧化氮	1
21		二氧化硫	20
22		氟	1
23		光气	0.3
24		环氧乙烷	10
25		甲醛(含量>90%)	5
26		磷化氢	1
27		硫化氢	5
28		氯化氢	20
29		氯	5
30		煤气(CO、CO 和 H_2、CH_4的混合物等)	20
31		砷化三氢(胂)	12
32		锑化氢	1
33		硒化氢	1
34		溴甲烷	10

续表

序号	类别	危险化学品名称和说明	临界量/t
35	易燃液体	苯	50
36		苯乙烯	500
37		丙酮	500
38		丙烯腈	50
39		二硫化碳	50
40		环己烷	500
41		环氧丙烷	10
42		甲苯	500
43		甲醇	500
44		汽油	200
45		乙醇	500
46		乙醚	10
47		乙酸乙酯	500
48		正己烷	500
49	易于自燃的物质	黄磷	50
50		烷基铝	1
51		戊硼烷	1
52	遇水放出易燃气体的物质	电石	100
53		钾	1
54		钠	10
55	氧化性物质	发烟硫酸	100
56		过氧化钾	20
57		过氧化钠	20
58		氯酸钾	100
59		氯酸钠	100
60		硝酸(发红烟的)	20
61		硝酸(发红烟的除外,含硝酸＞70%)	100
62		硝酸铵(含可燃物≤0.2%)	300
63		硝酸铵基化肥	1000
64	有机过氧化物	过氧乙酸(含量≥60%)	10
65		过氧化甲乙酮(含量≥60%)	10
66	毒性物质	丙酮合氰化氢	20
67		丙烯醛	20
68		氟化氢	1
69		环氧氯丙烷(3-氯-1,2-环氧丙烷)	20

续表

序号	类别	危险化学品名称和说明	临界量/t
70	毒性物质	环氧溴丙烷(表溴醇)	20
71		甲苯二异氰酸酯	100
72		氯化硫	1
73		氰化氢	1
74		三氧化硫	75
75		烯丙胺	20
76		溴	20
77		亚乙基亚胺	20
78		异氰酸甲酯	0.75

表 6-2　未在表 6-1 中列举的危险化学品类别及其临界量

类别	危险性分类及说明	临界量/t
爆炸品	1.1A 项爆炸品	1
	除 1.1A 项外的其他 1.1 项爆炸品	10
	除 1.1 项外的其他爆炸品	50
气体	易燃气体:危险性属于 2.1 项的气体	10
	氧化性气体:危险性属于 2.2 项非易燃无毒气体且次要危险性为 5 类的气体	200
	剧毒气体:危险性属于 2.3 项且急性毒性为类别 1 的毒性气体	5
	有毒气体:危险性属于 2.3 项的其他毒性气体	50
易燃液体	极易燃液体:沸点≤35℃且闪点<0℃的液体;或保存温度一直在其沸点以上的易燃液体	10
	高度易燃液体:闪点<23℃的液体(不包括极易燃液体);液态退敏爆炸品	1000
	易燃液体:23℃≤闪点<61℃的液体	5000
易燃固体	危险性属于 4.1 项且包装为Ⅰ类的物质	200
易于自燃的物质	危险性属于 4.2 项且包装为Ⅰ或Ⅱ类的物质	200
遇水放出易燃气体的物质	危险性属于 4.3 项且包装为Ⅰ或Ⅱ的物质	200
氧化性物质	危险性属于 5.1 项且包装为Ⅰ类的物质	50
	危险性属于 5.1 项且包装为Ⅱ或Ⅲ类的物质	200
有机过氧化物	危险性属于 5.2 项的物质	50
毒性物质	危险性属于 6.1 项且急性毒性为类别 1 的物质	50
	危险性属于 6.1 项且急性毒性为类别 2 的物质	500
注:以上危险化学品危险性类别及包装类别依据 GB 12286 确定,急性毒性类别依据 GB 20592 确定。		

二、重大危险源的分级

根据国家安全生产监督管理总局令第 40 号令《危险化学品重大危险源监督管理暂行规

定》第八条规定：危险化学品单位应当对重大危险源进行安全评估并确定重大危险源等级。

重大危险源根据其危险程度，定量的划分为四级，一级为最高级别。

1. 分级指标

采用单元内各种危险化学品实际存在（在线）量与其在《危险化学品重大危险源辨识》（GB 18218—2009）中规定的临界量比值，经校正系数校正后的比值之和 R 作为分级指标。R 的计算方法：

$$R=\alpha\left(\beta_1\frac{q_1}{Q_1}+\beta_2\frac{q_2}{Q_2}+\beta_3\frac{q_3}{Q_3}+\cdots+\beta_n\frac{q_n}{Q_n}\right) \quad (6\text{-}2)$$

式中 q_1，q_2，…，q_n——每一种危险化学品的现存量，t；

Q_1，Q_2，…，Q_n——对应危险化学品的临界量，t；

β_1，β_2，β_3——与各危险化学品相对应的校正系数；

α——该危险化学品重大危险源厂区外暴露人员的校正系数。

2. β 的取值

根据单元内存在的危险化学品的所属类别不同，选择校正系数 β 值，具体见表 6-3。常见毒性气体校正系数 β 值取值见表 6-4。

表 6-3　校正系数 β 的取值

危险化学品类别	毒性气体	爆炸品	易燃气体	其他类别
β 取值	见表 6-4	2	1.5	1

注：危险化学品类别依据《危险货物品名表》中分类标准确定。

表 6-4　常见毒性气体校正系数 β 值取值

毒性气体名称	一氧化碳	二氧化硫	氨	环氧乙烷	氯化氢	溴甲烷	氯
β	2	2	2	2	3	3	4
毒性气体名称	硫化氢	氟化氢	二氧化氮	氰化氢	碳酰氯	磷化氢	异氰酸甲酯
β	5	5	10	10	20	20	20

注：未在表 6-4 中列出的有毒气体可按 $\beta=2$ 取值，剧毒气体可按 $\beta=4$ 取值。

3. 校正系数 α 的取值

根据重大危险源的厂区边界向外扩展 500m 范围内的常住人口数量，设定厂外暴露人员校正系数 α 值，见表 6-5。

表 6-5　校正系数 α 取值表

厂外可能暴露人员数量	α	厂外可能暴露人员数量	α
100 人以上	2.0	1～29 人	1.0
50～99 人	1.5	0 人	0.5
30～49 人	1.2		

4. 分级标准

根据计算出来的 R 值，按表 6-6 确定危险化学品重大危险源的级别。

表 6-6 危险化学品重大危险源级别和 R 值的对应关系

危险化学品重大危险源级别	R 值	危险化学品重大危险源级别	R 值
一级	$R \geqslant 100$	三级	$10 \leqslant R < 50$
二级	$50 \leqslant R < 100$	四级	$R < 10$

三、重大危险源辨识与分级实例

实例 1：单一危险化学品重大危险源辨识与分级

某企业存在的主要危险化学品为氨，储存量为 26t，生产现场为 0.2t，且生产现场与储存区的距离小于 500m，所以算一个单元，暴露在 500m 范围内的人数超过 100 人。氨的临界量为 10t。

（1）进行重大危险源辨识

根据公式（6-1）：(26+0.2)/10=2.62>1。

所以该单元为重大危险源。

（2）进行重大危险源分级

根据表 6-4，β 的取值为 2。

根据表 6-5，α 的取值为 2。

计算出 $R=2\times 2\times 26.2/10=10.48>10$

根据上述 R 值可判定，液氨站重大危险源级别为三级。

实例 2：存在多种危险化学品的重大危险源辨识与分级

某化工企业生产实际划分为烧碱装置区和 PVC 装置区两个单元。

（1）进行重大危险源辨识

① 烧碱装置区重大危险源辨识

企业烧碱装置区危险化学品实际情况见表 6-7。

表 6-7 企业烧碱装置区危险化学品实际情况

序号	物质名称	存量 q/t	临界量 Q/t	q/Q 值
1	氯	151.15	5	30.23
2	氢气	0.3	5	0.06
3	氯化氢	0.5	20	0.025

根据公式（6-1），进行计算和辨识：

计算结果：151.15/5+0.3/5+0.5/20=30.315≥1。

辨识结果：烧碱装置区单元为重大危险源。

② PVC 装置区重大危险源辨识

企业 PVC 装置区危险化学品实际情况见表 6-8。

根据公式（6-1），进行计算和辨识：

计算结果：396.3/50+1.54/20+2.95/1+1000/100=12.95≥1。

辨识结果：PVC 装置区单元为重大危险源。

表 6-8　企业 PVC 装置区危险化学品实际情况

序号	物质名称	存量 q/t	临界量 Q/t	q/Q 值
1	氯乙烯	396.3	50	7.952
2	氯化氢	1.54	20	0.077
3	乙炔	2.95	1	2.95
4	电石	1000	100	10

最终辨识结果企业烧碱装置区和 PVC 装置区两个单元已经构成重大危险源。

(2) 进行重大危险源分级

① 烧碱装置区重大危险源分级

企业烧碱装置区实际情况及校正系数取值见表 6-9。

表 6-9　企业烧碱装置区实际情况及校正系数取值

序号	物质名称	存量 q/t	临界量 Q/t	q/Q 值	β 取值	α 取值
1	氯	151.15	5	30.23	4	1
2	氢气	0.3	5	0.06	1.5	1
3	氯化氢	0.5	20	0.025	3	1

根据公式 (6-2)，进行计算和分级：

计算结果：$R=1\times(30.23\times4+0.06\times1.5+0.025\times3)=121.085>100$。

分级结果：烧碱装置区为危险化学品重大危险源一级。

② PVC 装置区重大危险源分级

企业 PVC 装置区实际情况及校正系数取值见表 6-10。

表 6-10　企业 PVC 装置区实际情况及校正系数取值

序号	物质名称	存量 q/t	临界量 Q/t	q/Q 值	β 取值	α 取值
1	氯乙烯	396.3	50	7.952	1.5	1
2	氯化氢	1.54	20	0.077	3	1
3	乙炔	2.95	1	2.95	1.5	1
4	电石	1000	100	10	1	1

根据公式 (6-2)，进行计算和分级：

计算结果：$R=1\times(7.952\times1.5+0.077\times3+2.95\times1.5+10\times1)=42.609$。

结果范围：$50>42.609>10$。

分级结果：PVC 装置区为危险化学品重大危险源三级。

第二节　重大危险源管理

为了加强危险化学品重大危险源的安全监督管理，防止和减少危险化学品事故的发生，根据《中华人民共和国安全生产法》和《危险化学品安全管理条例》等有关法律、行政法规，2011年12月1日颁布实施了《危险化学品重大危险源监督管理暂行规定》（国家安全生产监督管理总局令第40号令），从事危险化学品生产、储存、使用和经营的单位的危险化学品重大危险源的辨识、评估、登记建档、备案、核销及其监督管理，均适用本规定。

一、重大危险源安全评估

《危险化学品重大危险源监督管理暂行规定》第八条规定：危险化学品单位应当对重大危险源进行安全评估并确定重大危险源等级。危险化学品单位可以组织本单位的注册安全工程师、技术人员或者聘请有关专家进行安全评估，也可以委托具有相应资质的安全评价机构进行安全评估。

依照法律、行政法规的规定，危险化学品单位需要进行安全评价的，重大危险源安全评估可以与本单位的安全评价一起进行，以安全评价报告代替安全评估报告，也可以单独进行重大危险源安全评估。

《危险化学品重大危险源监督管理暂行规定》第十条规定：重大危险源安全评估报告应当客观公正、数据准确、内容完整、结论明确、措施可行，并包括下列内容。

① 评估的主要依据。

② 重大危险源的基本情况。

③ 事故发生的可能性及危害程度。

④ 个人风险和社会风险值（仅适用定量风险评价方法）。

⑤ 可能受事故影响的周边场所、人员情况。

⑥ 重大危险源辨识、分级的符合性分析。

⑦ 安全管理措施、安全技术和监控措施。

⑧ 事故应急措施。

⑨ 评估结论与建议。

危险化学品单位以安全评价报告代替安全评估报告的，其安全评价报告中有关重大危险源的内容应当符合本条第一款规定的要求。

二、重大危险源安全管理

危险化学品重大危险源安全管理应从以下几方面着手。

（1）危险化学品单位应当建立完善重大危险源安全管理规章制度和安全操作规程，并采取有效措施保证其得到执行。

（2）危险化学品单位应当根据构成重大危险源的危险化学品种类、数量、生产、使用工艺（方式）或者相关设备、设施等实际情况，按照下列要求建立健全安全监测监控体系，完善控制措施。

① 重大危险源配备温度、压力、液位、流量、组分等信息的不间断采集和监测系统以及可燃气体和有毒有害气体泄漏检测报警装置，并具备信息远传、连续记录、事故预

警、信息存储等功能；一级或者二级重大危险源，具备紧急停车功能。记录的电子数据的保存时间不少于30d。

② 重大危险源的化工生产装置装备满足安全生产要求的自动化控制系统；一级或者二级重大危险源，装备紧急停车系统。

③ 对重大危险源中的毒性气体、剧毒液体和易燃气体等重点设施，设置紧急切断装置；毒性气体的设施，设置泄漏物紧急处置装置。涉及毒性气体、液化气体、剧毒液体的一级或者二级重大危险源，配备独立的安全仪表系统（SIS）。

④ 重大危险源中储存剧毒物质的场所或者设施，设置视频监控系统。

⑤ 安全监测监控系统符合国家标准或者行业标准的规定。

（3）定期对重大危险源的安全设施和安全监测监控系统进行检测、检验，并进行经常性维护、保养，保证重大危险源的安全设施和安全监测监控系统有效、可靠运行。维护、保养、检测应当做好记录，并由有关人员签字。

（4）明确重大危险源中关键装置、重点部位的责任人或责任部门，并对重大危险源的安全生产状况进行定期检查，及时采取措施消除事故隐患。事故隐患难以立即排除的，应当及时制订治理方案，落实整改措施、责任、资金、时限和预案。

（5）对重大危险源的管理和操作岗位人员进行安全操作技能培训，使其了解重大危险源的危险特性，熟悉重大危险源安全管理规章制度和安全操作规程，掌握本岗位的安全操作技能和应急措施。

（6）在重大危险源所在场所设置明显的安全警示标志，写明紧急情况下的应急处置办法。

（7）将重大危险源可能发生的事故后果和应急措施等信息，以适当方式告知可能受影响的部门及人员。

（8）依法制定重大危险源事故应急预案，建立应急救援组织或者配备应急救援人员，配备必要的防护装备及应急救援器材、设备、物资，并保障其完好和方便使用。

① 存在吸入性有毒、有害气体的重大危险源，应当配备便携式浓度检测设备、空气呼吸器、化学防护服、堵漏器材等应急器材和设备。

② 存在剧毒气体的重大危险源，还应当配备两套及以上气密型化学防护服。

③ 存在易燃易爆气体或者易燃液体蒸气的重大危险源，还应当配备一定数量的便携式可燃气体检测设备。

（9）制定重大危险源事故应急预案演练计划，并按照下列要求进行事故应急预案演练。

① 对重大危险源专项应急预案，每年至少进行一次。

② 对重大危险源现场处置方案，每半年至少进行一次。

应急预案演练结束后，对应急预案演练效果进行评估，撰写应急预案演练评估报告，分析存在的问题，对应急预案提出修订意见，并及时修订完善。

（10）确认为重大危险源的，应及时、逐项进行登记建档。重大危险源档案应当包括下列文件、资料。

① 辨识、分级记录。

② 重大危险源基本特征表。

③ 涉及的所有化学品安全技术说明书。

④ 区域位置图、平面布置图、工艺流程图和主要设备一览表。

⑤ 重大危险源安全管理规章制度及安全操作规程。

⑥ 安全监测监控系统、措施说明、检测、检验结果。

⑦ 重大危险源事故应急预案、评审意见、演练计划和评估报告。

⑧ 安全评估报告或者安全评价报告。

⑨ 重大危险源关键装置、重点部位的责任人、责任机构名称。

⑩ 重大危险源场所安全警示标志的设置情况。

⑪ 其他文件、资料。

(11) 危险化学品单位新建、改建和扩建危险化学品建设项目，应当在建设项目竣工验收前完成重大危险源的辨识、安全评估和分级、登记建档工作，并向所在地县级人民政府安全生产监督管理部门备案。

职业危害与防护

Chapter 07

危险化学品存在火灾、爆炸、有毒、腐蚀的职业危害，从事危险化学品作业（场所）都会不同程度地接触到各种危险化学品，危险化学品对人体的健康影响，从轻微的皮疹到一些急、慢性伤害甚至癌症。近年来，我国在职业健康方面逐渐重视，先后在职业卫生和职业病防治方面颁布了一系列的法律法规文件。因此，了解和掌握危险化学品所造成的危害及预防知识，对危险化学品从业人员来说，具有十分重要的意义。

第一节　职业危害

职业危害因素包括职业活动中存在的各种有害的化学、物理、生物因素以及在作业过程中产生的其他职业有害的因素。

一、有毒物质进入人体的途径

当有害物质进入人的机体并积累到一定量后，就会与体液和组织发生生物化学作用或生物物理变化，扰乱或破坏机体的正常生理机能，使某些器官和组织发生暂时性或长久性病变，甚至危及生命，人们称该物质为有毒物质。

有毒物质以下面五种形式存在于生产环境，对人体造成毒害。

（1）气体

在常温常压下呈气态的物质。如 H_2S、Cl_2、CO 等。

（2）蒸气

由液体蒸发或固体升华而形成的气体。前者如苯蒸气、汞蒸气，后者如磷熔化时的磷蒸气。

（3）雾

混悬在空气中的液体微粒，多由蒸气冷凝或液体喷散所形成。如喷漆时所形成的漆雾、电镀铬和酸洗时所形成的铬酸雾和硫酸雾等。

（4）烟尘

悬浮在空气中的烟状固体微粒，其直径往往小于 $0.1\mu m$。如铅块加热熔融时在空气中形成的氧化铅烟、塑料热加工时产生的烟等。

（5）粉尘

粉尘是指能较长时间飘浮于空气中的固体颗粒。其直径多为0.1～10μm。主要是固体物质经机械加工时形成。

有毒物质进入人体的途径有3个：呼吸道、皮肤和消化道。

在生产条件下，有毒物质多数是经呼吸道进入人体的。这是最主要、最常见、最危险的途径。有些毒物可以通过皮肤和毛囊与皮脂腺、汗腺而被吸收。由于表皮的屏障作用，相对分子质量大于300的物质不易被吸收。只有高度脂溶性和水溶性的物质如苯胺才易经皮肤吸收。毒物经毛囊、皮脂腺和汗腺吸收时是绕过表皮，故电解质和某些金属，特别是金属汞可经此途径被吸收。

在生产环境中，有毒物质单纯从消化道吸收的情况比较少见。多是不良卫生习惯造成的，如被毒物污染的手直接拿食物吃或饮水而导致中毒。

二、主要的职业危害

危险化学品对人体的职业危害以中毒和粉尘危害为主。

（一）中毒

有毒物质侵入人体后，通过血液循环分布到全身各组织或器官。由于有毒物质本身的理化特性及各组织的生化、生理特点，从而破坏人的正常生理机能，导致中毒。中毒可大致分为急性中毒和慢性中毒。

1. 急性中毒

短时间内大量有毒物质迅速作用于人体后所发生的病变。表现为发病急剧、病情变化快、症状较重。

2. 慢性中毒

有毒物质作用于人体的速度缓慢，在较长时间内才发生病变，或长期接触少量毒物，毒物在人体内积累到一定程度所引起的病变。慢性中毒一般潜伏期较长，发病缓慢，病理变化缓慢且不易在短时期内治好。

职业中毒以慢性中毒为主，急性中毒多见于事故场合，一般较为少见，但危害甚大。由于有毒物质不同，作用于人体的不同系统，对各系统的危害也不同。

（1）造成呼吸系统窒息、呼吸抑制、呼吸道炎症和肺水肿

吸入如氨、氯、二氧化硫等物质造成急性中毒时，能引起喉痉挛和声门水肿，当病情严重时可发生呼吸道机械性阻塞而窒息死亡。

吸入如甲烷能稀释空气中氧气的气体，能形成高血红蛋白，使呼吸中枢因缺氧而受到抑制。

吸入刺激性气体以及镉、锰、铍的烟尘等对局部黏膜产生强烈的刺激作用可引起化学性肺炎。

吸入大量水溶性的刺激性气体或蒸气，如氯气、氨气、氮氧化物、光气、硫酸二甲酯、三氧化硫、卤代烃、羟基镍等引起肺水肿。

（2）造成神经系统急性中毒、神经炎和神经衰弱

“亲神经性毒物”如锰、汞、汽油、四乙基铅、苯、甲醇、有机磷等作用于人体会产生中毒性脑病。表现为神经系统症状，如头晕、呕吐、幻视、视觉障碍、复视、昏迷、抽搐等。有的患者有癔症样发作或神经分裂症、躁狂疾、忧郁症。有的会出现植物神经系统失调，如脉搏减慢、血压和体温降低、多汗等。

二硫化碳、有机溶剂、铊、砷的慢性中毒可引起指、趾触觉减退、麻木、疼痛、痛觉过敏。严重者会造成下肢运动神经元瘫痪和营养障碍等。

（3）造成血液系统白细胞数变化、血红蛋白变性和贫血

大部分中毒均呈现白细胞总数和中性粒细胞的增高。如苯、放射性物质等可抑制白细胞和血细胞核酸的合成，引起白细胞减少。

有毒物质引起的血红蛋白变性常以高铁血红蛋白症为最多。由于血红蛋白的变性，带氧功能受到障碍，患者常有缺氧症状。

砷化氢、苯胺、苯肼、硝基苯等中毒可引起溶血性贫血。由于红细胞迅速减少，导致缺氧，患者头昏、气急、心动过速等，严重者可引起休克和急性肾功能衰竭。

（4）造成对皮肤的危害

在从事化工生产中，皮肤接触外在刺激物的机会最多。许多有毒物质直接刺激皮肤造成皮肤危害，不同有毒物质对皮肤会产生不同的危害，常见的皮肤病症状有皮肤瘙痒、皮肤干燥、皲裂等。有些有毒物质还会引起皮肤附属器官及口腔黏膜的病变，如毛发脱落、甲沟炎、龈炎、口腔黏膜溃疡等。

（5）造成对眼睛的伤害

某些化学物质与眼部组织直接接触或化学物质进入体内后引起视觉病变或其他眼部病变。

化学物质的气体、烟尘或粉尘接触眼部，或其液体、碎屑飞溅到眼部，可引起色素沉着、过敏反应、刺激性炎症或腐蚀灼伤。如对苯二酚等可使角膜；结膜染色。刺激性较强的物质短时间接触，可引起角膜表皮水肿、结膜充血等。腐蚀性化学物质与眼部接触，可使角膜、结膜立即坏死糜烂。如果继续渗入可损坏眼球，导致视觉严重减退、失明或眼球萎缩。

毒物进入人体后，作用于不同的组织，对眼部有不同的损害。有些有毒物质作用于视网膜周边及视神经外围的神经纤维会导致视野缩小；有些有毒物质作用于视神经中轴及黄斑会形成视中心暗点；有些有毒物质作用于大脑皮层会引起幻视等。

（二）粉尘危害

粉尘长时间浮游于空气中，被人体吸收，并积累到一定程度后，会造成以下 5 方面的健康危害。

1. 尘肺

长期吸入粉尘达到一定量后，引起以肺组织为主的全身性疾病叫做尘肺。目前，我国最严重的职业危害病就是尘肺，2013 年公布的《职业病分类与目录》中，列有 13 种尘肺病，如石棉肺、炭黑尘肺、水泥尘肺、煤尘肺和矽肺等。

2. 中毒

吸入含铅、砷、锰、铍的等物质的粉尘会可引起职业性中毒。

3. 粉尘沉着症

吸入一定量的铁、锡、钡等粉尘，尘末在肺部沉着，构成一种病情轻、进展慢的肺部疾病。

4. 过敏性疾病

吸入含苯酐粉尘、甲苯二异氰酸酯可引起哮喘。

5. 局部作用

粉尘可造成皮脂腺孔堵塞，使皮肤干燥、皲裂，引起粉刺、毛囊炎，严重时可引起脓皮病。

第二节　职业危害防治的综合措施

预防为主、防治结合应是开展防治职业危害的基本原则。本节内容主要从安全技术措施，安全管理措施，个体防护等三方面进行阐述。

一、安全技术措施

1. 危险化学品或工艺取代

减少危险化学品危害的最有效方法是不使用有毒有害、易燃易爆的化学品，或尽可能使用相对比较安全的化学品。例如，使用水基涂料和水基黏合剂而不使用有机溶剂基的涂料或黏合剂；使用水基洗漆剂而不用溶剂基洗涤剂；使用三氯甲烷作为脱脂剂而取代三氯乙烯；喷漆和涂漆用的苯可用毒性小的甲苯代替；用高闪点化学品替代低闪点化学品等等。这是控制或消除作业场所危害首先采用的方法。

然而，在实际工作中可供选择的替代品往往是很有限的。特别是因为技术和经济方面的原因，大部分危险化学品不可避免地被使用，这时可以考虑取代工艺的方法。例如：改喷涂为电泳或浸涂；改人工装料为机械自动装料；改干法粉碎为湿法粉碎等。

当然，安全是想对的，在取代并不能达到本质安全时，则需要采取其他控制措施。

2. 隔离

隔离措施主要从 2 个方面考虑。

① 增大操作人员和危险化学品之间的距离。

② 针对职业危害源设置防护设施。

将加工生产化学品的设备完全封闭起来，限制其通过空气污染危害操作的人员，并减小火灾爆炸发生的危险，这是最理想的隔离方法。

从安全生产的角度考虑，最理想的工艺就是让工人最大限度地减少接触有害化学品的机会。例如，隔离整个机器、封闭加工过程中的扬尘点可有效地限制污染物扩散到作业环境中去。

隔离方法的另一种形式是将危险化学品的生产或操作过程通过屏障与其他生产操作过程分离开，减小危害范围。例如：用隔离板或墙把喷漆操作与其他操作分开；通过安全储存危险化学品和严格控制危险化学品在工作场所中的存放量（满足一天或一个班工作所需要的量）也可以获得隔离效果。

3. 通风

除了上述两种主要安全技术防治措施外，对于产生的粉尘和气体，通风是最有效的控制方法。借助于有效的通风和相关的除尘装置，直接捕集生产过程中所释放出的危险物质，防止其进入工人的呼吸系统。若通过通风管道将危险物质送还到收集器中，还避免了外部环境的污染，这需要通过专门的排气系统或加强全面通风来完成。

通风分局部通风和全面通风两种。

使用局部通风时，应使污染源处于通风罩控制范围内。为了确保通风系统的高效率，通风系统设计的合理性十分重要，对于已安装的通风系统，要经常维护和保养，使其有效发挥作用。

全面通风向工作场所提供新鲜的空气，达到稀释污染物或易燃气体（粉尘）的浓度。主要方法是采用自然通风和机械通风。采用全面通风时，在厂房设计阶段就要考虑空气流向等因素。因为全面通风的目的不是消除污染物，而是将污染物分散稀释，从而降低其浓度，所以全面通风只适合于低毒性、无腐蚀性污染物存在的作业场所，且数量不大的情况下才能使用。

二、安全管理措施

1. 企业制订行之有效的安全管理制度

企业及其主管部门在组织生产的同时，要加强对职业危害防治工作的领导和管理，要有专业人员分管这项工作，并列入议事日程，作为一项重点工作来抓。做到生产工作和安全工作“五同时”，即同时计划、布置、检查、总结、评比生产。对于新建、改建和扩建项目，职业防毒和防粉尘等技术措施要执行“三同时”（即同时设计、施工、投产）的原则。安全健康管理部门建立健全职业健康的管理制度，做好日常的职业健康安全管理工作。

① 对劳动者进行个人卫生指导。

② 定期对从事有毒有害作业的劳动者做健康检查。

③ 对新员工入厂进行体格检查。

④ 对从事有毒有害作业的人员，应按国家有关规定，按期发放保健费及保健食品。

⑤ 对于有可能发生急性中毒的岗位，应保证员工掌握中毒急救的知识，并准备好相应的医药器材。

2. 职业危害岗位的作业管理

职业危害作业管理是针对劳动者个人进行的管理，使之不受或少受有毒物质的危害。在化工生产中，劳动者个人的操作方法不当、技术不熟练、身体超过负荷或作业性质等，都是构成毒物散逸，甚至造成急性中毒。对有毒作业进行管理的方法是针对劳动者进行个别的指导，使之学会正确的作业方法。在操作中必须按生产要求严格控制工艺参数的数值，改变不适当的操作姿势和动作，以消除操作中可能出现的差错。通过改进作业方法、作业用具及工作状态等，防止劳动者在生产中超过身体负荷而损害健康。

三、个体防护

在无法将作业场所中的危险化学物质降低到可接受的水平时，工人就必须使用个体防护用品。个体防护用品不能降低和排除工作场所的有害化学品，它只是一道阻止有害物进入人体的屏障。防护用品本身的失效意味着保护屏障的消失。因此，个体防护不能被视为控制危害的主要手段，而只能作为对其他控制手段的补充，是一种辅助性手段。对于火灾爆炸来说，目前还没有十分可靠的个体防护用品可提供。个人防护措施就其作用分为呼吸防护和皮肤防护两个方面。

1. 呼吸防护

保护呼吸器官的防毒用具一般分为过滤式和隔离式两种。过滤式防毒用具有简易防毒口罩、橡胶防毒口罩和过滤式防毒面具等。隔离式防毒面具又可分为氧气呼吸器、自吸式橡胶长管面具和送风式防毒面具等。使用防毒面具时，应根据现场操作和设备条件、空气中含氧量、有毒物质的毒性和浓度、操作时间长短等情况来正确选用。

在选择防护面具时应考虑以下因素。

① 有害化学品的性质。

② 作业场所有毒有害物质可能达到的最高浓度。

③ 适合工种，且能消除对健康的危害。

④ 使用起来舒适、大方、美观。

目前在有毒有害场所常用的防护面具主要有以下 6 种。

（1）简易口罩

由 10 层纱布浸入药剂 2h，然后烘干制成，适用于空气中氧含量大于 18%，有毒气体含量小于 $200mg/m^3$ 的环境里。

（2）橡胶口罩

由橡胶主体、呼吸阀、滤毒罐和背包带四个部分组成。适用于低浓度的有机蒸气，不适用于在一氧化碳等无臭味的气体以及空气中氧含量低于 18%的环境中使用。

（3）过滤式防毒面具

由橡胶面具、导气管、滤毒罐等部分组成，可以过滤空气中的有毒气体、烟雾、放射性灰尘和细菌等，并可以保护眼睛、脸部免受有毒物质的伤害。适用于空气中氧含量大于 18%，有毒气体含量小于 2%的环境使用。

（4）氧气呼吸器

利用压缩氧气为供气源的防毒用具，适用于缺氧、有毒气体成分不明或浓度较高的环境。

（5）化学生氧式防毒面具

用金属过氧化物作为基本化学药剂的，适用于防护各种有害气体以及放射性粉尘和细菌等对人体的伤害，特别适用于在缺氧和含多种混合毒气的复杂环境中处理事故和抢救人员用。

(6) 自吸式长管防毒面具

由面罩、10～20m 长的蛇形橡胶导气管和腰带三部分组成。在缺氧、有毒气体成分不明和浓度较高的环境，特别适用于进入密闭设备、储罐内从事检修作业时佩戴。

呼吸防护面具示例如图 7-1 所示。

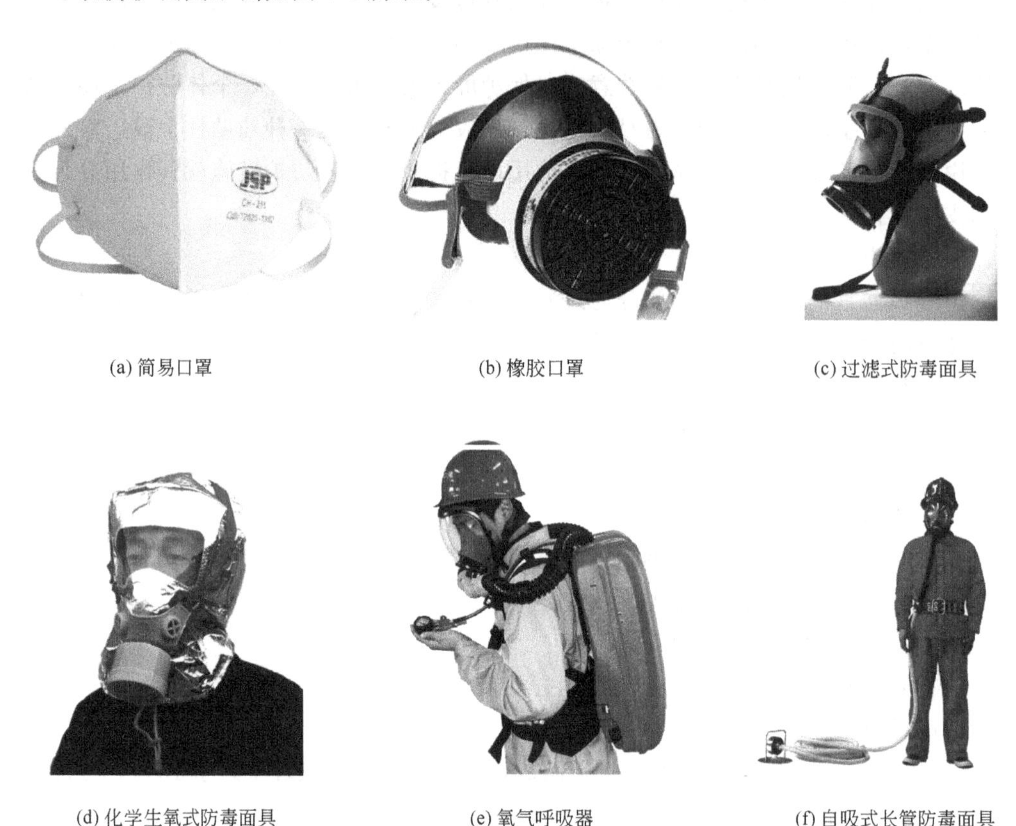

(a) 简易口罩　(b) 橡胶口罩　(c) 过滤式防毒面具

(d) 化学生氧式防毒面具　(e) 氧气呼吸器　(f) 自吸式长管防毒面具

图 7-1　呼吸防护面具示例

操作人员受化学品危害的情况不同，有时很难判断防护面具的保护效果，选择不当会增加意想不到的危害。而且使用面具会使作业人员感觉不舒服和使工作困难，因此，呼吸防护面具只有在采取取代、隔离、通风等措施但仍未消除化学危害的情况下或紧急状态下才使用。

为了确保防护面具的使用效果，必须培训工作人员如何正确佩载，保管和维护所使用的防护面具，必须注意，戴一个不好的防护面具比不戴带更危险。

2. 皮肤防护

皮肤防护常采用穿防护服，戴防护手套、帽子，护目镜等防护用品。用抗渗透材料制作的防护手套、靴和防护服，用于避免皮肤与化学品直接接触所造成的伤害，制造这类防护用品的材料不同，其作用也不同。没有任何手套和防护服等能保护作业人员免受工作场所的各种危害，只起到减缓和减少危害的效果。不同场合穿戴不同的防护服和防护手套如图 7-2 所示。

图 7-2　不同场合穿戴不同的防护服和防护手套

第三节　危险化学品的职业危害急救

在化工生产和检修现场，有时由于设备突发性损坏或泄漏致使大量有毒物质外溢（逸）造成作业人员急性中毒。急性中毒往往病情严重，发展速度快。因此，必须全力以赴，争分夺秒地抢救。及时、正确的抢救，对于挽救中毒者，减轻中毒程度，防止合并症的产生，具有十分重要的意义。另外，争取了时间，也为进一步治疗创造了有利条件。

一、危险化学品中毒急救

作业人员在中毒后，进行的急救流程主要如下：

1. 救护者的个人防护

急性中毒发生主要由呼吸系统和皮肤进入人体。因此，救护者在进入危险区抢救之前，首先要做好呼吸系统的个人防护和皮肤的个人防护，佩戴好供氧式防毒面具或氧气呼吸器，穿好防护服。进入设备内抢救时要系上安全带，再进行抢救。否则，不但中毒者不能获救，救护者也会中毒，致使中毒事故扩大。

2. 切断毒物来源

救护人员进入现场后，除对中毒者进行抢救外，同时应侦察毒物来源，采取果断措施切断其来源，如关闭泄漏管道的阀门、停止加送物料、堵塞泄漏设备等，以防止毒物继续外溢（逸）。对于已经扩散出来的有毒气体或蒸气应立即启动通风排毒设备或开启门窗，以降低有毒物质在空气中的含量为抢救工作创造有利条件。

3. 采取有效措施防止毒物继续侵入人体

（1）救护人员进入现场后，应迅速将中毒者转移至新鲜空气处，并解开中毒者的胸扣，以保持呼吸通畅。同时对中毒者要注意保暖和保持安静，严密注意中毒者神志、呼吸状态和循环系统的功能。在抢救搬运过程中，要注意人身安全，不能强硬拖拉，以防止造成外伤，致使病情加重。

（2）清除毒物，防止其沾染皮肤和黏膜。当皮肤受到腐蚀性毒物灼伤时，不论其吸收与否，均应立即采取下列措施进行清洗，防止伤害加重。

① 迅速脱去被污染的衣服、鞋袜、手套等。

② 立即彻底清洗被污染的皮肤，清洗皮肤表面的化学刺激性毒物，冲洗时间要达到15～30min左右。

③ 如中毒物溶于水，且现场无中和剂，可用大量的水冲洗。用中和剂冲洗时，酸性物质用弱碱性溶液冲洗，碱性物质用弱酸性溶液冲洗。

④ 非水溶刺激性物质的冲洗剂，必须用无毒或低毒物质。对于遇水能反应的物质，应先用干布擦去污染物，再用水冲洗。

⑤ 对于黏稠的物质，可用大量肥皂水冲洗。

⑥ 毒物进入眼睛时，应尽快用大量流水缓慢冲洗眼睛，冲洗时把眼睑撑开，让伤员的眼睛向各个方向缓慢转动。

⑦ 大面积冲洗时，要注意防止着凉、感冒，必要时可将冲洗溶液保持适当的温度，但以不影响冲洗剂的作用和冲洗及时为原则。

4. 促进生命器官功能恢复

中毒者若停止呼吸，应立即进行人工呼吸。人工呼吸的方式有压背式、振臂式、口对口式三种。最好采用口对口式人工呼吸，抢救者用手捏住中毒者鼻孔，以每分钟12～16次的速度向中毒者口中吹气，或者使用苏生器或自动苏生器。

心跳停止应立即进行人工复苏胸外挤压，将中毒者放平仰卧在硬地或木板床上，抢救者在患者一侧或骑在患者身上，面向患者头部，用双手以冲击式挤压胸骨下部位，每分钟60～70次。挤压时注意不要用力过猛，以免造成肋骨骨折、血气胸等。

发生急性中毒后应及时采取各种解毒及排毒措施，降低或消除毒物对肌体的作用。如采用各种金属配位剂与金属离子配合成稳定的有机配合物，随尿液排出体外。

毒物经口引起的急性中毒。如毒物无腐蚀性，应立即用催吐或洗胃等方法清除毒物。对于某些毒物也可以使其变为不溶的物质以防止其吸收，如氯化钡、碳酸钡中毒，可以口服硫酸钠，使胃肠道尚未吸收的钡盐变成硫酸钡沉淀而防止吸收。氨、铬酸盐、铜盐、汞盐、胺酸类、醛类、脂类中毒时，可以喝牛奶、生鸡蛋清等缓解剂。烷烃、苯、石油醚中毒时，可以给中毒者喝液体石蜡和一杯含硫酸镁或硫酸钠的水。一氧化碳中毒应立即吸入氧气，以缓解缺氧并促进毒物排出。

二、常见危险化学品急救措施

1. 强酸

皮肤沾染，用大量水冲洗，或用小苏打、肥皂水洗涤，必要时敷软膏；溅入眼睛用温水冲洗后，再用5%小苏打溶液或硼酸水洗；进入口内立即用大量水漱口，服大量冷开水催吐，或用氧化镁悬浊液洗胃，呼吸中毒立即移至空气新鲜处，保持体温，必要时吸氧，并送医诊治。

2. 强碱

接触皮肤可用大量水冲洗，或用硼酸水、稀乙酸冲洗后涂氧化锌软膏；触及眼睛用温水冲洗；吸入中毒者（氢氧化氨）移至空气新鲜处，并送医院诊治。

3. 氢氟酸

接触眼睛或皮肤，立即用清水冲洗 20min 以上，再用稀氨水敷浸后保暖，并送医院诊治。

4. 高氯酸

皮肤沾染后用大量温水及肥皂水冲洗，溅入眼内用温水或稀硼砂水冲洗，并送医院诊治。

5. 氯化铬酰

皮肤受伤用大量水冲洗后，再用硫代硫酸钠敷伤处后，并送医院诊治。

6. 氯磺酸

皮肤受伤用水冲洗后再用小苏打溶液洗涤，并以甘油和氧化镁润湿绷带包扎，并送医院诊治。

7. 溴（溴素）

皮肤灼伤以苯洗涤，再涂抹油；呼吸器官受伤可嗅氨，并送医院诊治。

8. 甲醛溶液

接触皮肤先用大量水冲洗，再用酒精洗后涂甘油；呼吸中毒可移到新鲜空气处，用2%碳酸氢钠溶液雾化吸入，以解除呼吸道刺激，并送医院诊治。

典型危险化学品事故案例分析

Chapter 08

第一节　典型危险化学品储存安全事故

案例：天津港“8·12”特大火灾爆炸事故

一、事故基本情况

2015 年 8 月 12 日，位于天津市滨海新区天津港的瑞海国际物流有限公司（以下简称瑞海公司）危险品仓库发生特别重大火灾爆炸事故。

事故发生前，瑞海公司危险品仓库内共储存危险货物 7 大类、111 种，共计 11383.79t，包括硝酸铵 800t，氰化钠 680.5t，硝化棉、硝化棉溶液及硝基漆片 229.37t。其中，运抵区内共储存危险货物 72 种、4840.42t，包括硝酸铵 800t，氰化钠 360t，硝化棉、硝化棉溶液及硝基漆片 48.17t。

事故造成 165 人遇难（参与救援处置的公安现役消防人员 24 人、天津港消防人员 75 人、公安民警 11 人，事故企业、周边企业员工和周边居民 55 人），8 人失踪（天津港消防人员 5 人，周边企业员工、天津港消防人员家属 3 人），798 人受伤住院治疗（伤情重及较重的伤员 58 人、轻伤 740 人）；304 幢建筑物（其中办公楼宇、厂房及仓库等单位建筑 73 幢，居民 1 类住宅 91 幢、2 类住宅 129 幢、居民公寓 11 幢）、12428 辆商品汽车、7533 个集装箱受损。

截至 2015 年 12 月 10 日，事故调查组依据《企业职工伤亡事故经济损失统计标准》（GB 6721—1986）等标准和规定统计，已核定直接经济损失 68.66 亿元人民币，其他损失尚需最终核定。

瑞海公司储存的 111 种危险货物的化学组分，确定至少有 129 种化学物质发生爆炸燃烧或泄漏扩散，其中氢氧化钠、硝酸钾、硝酸铵、氰化钠、金属镁和硫化钠这 6 种物质的重量占到总重量的 50%，本次事故残留的化学品与产生的二次污染物逾百种，对局部区域的大气环境、水环境和土壤环境造成了不同程度的污染。

二、事故原因与事故性质

1. 事故原因

最终认定事故的直接原因是：瑞海公司危险品仓库运抵区南侧集装箱内的硝化棉由于

湿润剂散失出现局部干燥，在高温（天气）等因素的作用下加速分解放热，积热自燃，引起相邻集装箱内的硝化棉和其他危险化学品长时间大面积燃烧，导致堆放于运抵区的硝酸铵等危险化学品发生爆炸。

2. 事故性质

经调查认定，天津港“5·12”爆炸事故是一起因违规储存危险化学品，导致爆炸事故发生的特别重大的生产安全责任事故。

三、存在的主要管理问题

瑞海公司违法违规经营和储存危险货物，安全管理极其混乱，未履行安全生产主体责任，致使大量安全隐患长期存在。

1. 严重违反天津市城市总体规划和滨海新区控制性详细规划，未批先建、边建边经营危险货物堆场

2. 无证违法经营

3. 以不正当手段获得经营危险货物批复

瑞海公司负责人在港口危险货物物流企业从业多年，很清楚在港口经营危险货物物流企业需要行政许可，但正规的行政许可程序需要经过多个部门审批，费时较长。为了达到让企业快速运营、尽快盈利的目的，负责人通过不正当手段，违规先后5次出具相关批复，而这种批复除瑞海公司外从未对其他企业用过。同时，利用自身关系，在港口审批、监管方面打通关节，对瑞海公司得以无证违法经营也起了很大作用。

（1）违规存放硝酸铵

瑞海公司违反《集装箱港口装卸作业安全规程》（GB 11602—2007）和《危险货物集装箱港口作业安全规程》（JT 397—2007），在运抵区多次违规存放硝酸铵，事发当日在运抵区违规存放硝酸铵高达800t。

（2）严重超负荷经营、超量存储

瑞海公司2015年月周转货物约6万吨，多种危险货物严重超量储存，事发时硝酸钾存储量为1342.8t，超设计最大存储量53.7倍；硫化钠存储量为484t，超设计最大存储量19.4倍；氰化钠存储量680.5t，超设计最大储存量42.5倍。

（3）违规混存、超高堆码危险货物

（4）违规开展拆箱、搬运、装卸等作业

瑞海公司违反《危险货物集装箱港口作业安全规程》（JT 397—2007），在拆装易燃易爆危险货物集装箱时，没有安排专人现场监护，使用普通非防爆叉车；对委托外包的运输、装卸作业安全管理严重缺失，在硝化棉等易燃易爆危险货物的装箱、搬运过程中存在用叉车倾倒货桶、装卸工滚桶码放等野蛮装卸行为。

4. 未按要求进行重大危险源登记备案

5. 安全生产教育培训严重缺失

瑞海公司违反《危险化学品安全管理条例》（国务院令第591号）和《港口危险货物安全管理规定》（交通运输部令2012年第9号），部分装卸管理人员没有取得港口相关部门颁发的从业资格证书，无证上岗。该公司部分叉车司机没有取得危险货物岸上作业资格证书，没有经过相关危险货物作业安全知识培训，对危险品防护知识的了解仅限于现场不准吸烟、车辆要带防火帽等，对各类危险物质的隔离要求、防静电要求、事故应急处置方法等均不了解。

6. 未按规定制订应急预案并组织演练

瑞海公司未按《机关、团体、企业、事业单位消防安全管理规定》，针对理化性质各异、处置方法不同的危险货物制订针对性的应急处置预案，组织员工进行应急演练；未履行与周边企业的安全告知书和安全互保协议。事故发生后，没有立即通知周边企业采取安全撤离等应对措施，使得周边企业的员工不能第一时间疏散，导致人员伤亡情况加重。

四、事故主要教训及整改方向

1. 事故企业严重违法违规经营

瑞海公司无视安全生产主体责任，置国家法律法规、标准预不顾，只顺经济利益、不顾生命安全，不择手段变更及扩展经营范围，长期违法违规经营危险货物，发全管理混乱，安全责任不落实，安全教育培训流于形式，企业负责人、管理人员及操作工、装卸工都不知道运抵区储存的危险货物种类、数量及理化性质，冒险蛮干问题十分突出，特别是违规大量储存硝酸铵等易爆危险品，直接造成此次特别重大火灾爆炸事故的发生。

2. 有关地方政府安全发展意识不强

瑞海公司长时间违法违规经营，有关政府部门在瑞海公司经营问题上一再违法违规审批、监管失职，最终导致天津港“8・12”事故的发生，造成严重的生命财产损失和恶劣的社会影响。事故的发生，暴露了天津市及滨海新区政府贯彻国家安全生产法律法规和有关决策部署不到位，对安全生产工作重视不足、摆位不够，安全生产领导责任落实不力、抓得不实，存在着“重发展、轻安全”的问题，致使重大安全隐患以及政府部门职责失守的问题未能被及时发现、及时整改。

3. 有关地方和部门违反法定城市规划

天津市政府和滨海新区政府严格执行城市规划法规意识不强，对违反规划的行为失察。天津市规划、国土资源管理部门和天津港（集团）有限公司严重不负责任、玩忽职守，违法通过瑞海公司危险品仓库和易燃易爆堆场的行政审批，致使瑞海公司与周边居民住宅小区、天津港公安局消防支队办公楼等重要公共建筑物以及高速公路和轻轨车站等交通设施的距离均不满足标准规定的安全距离要求，导致事故伤亡和财产损失扩大。

4. 有关职能部门有法不依、执法不严，甚至贪赃枉法

天津市涉及瑞海公司行政许可审批的交通运输等部门，没有严格执行国家和地方的法律法规和工作规定，没有严格履行职责，甚至与企业相互串通，以批复的形式代替许可，行政许可形同虚设。一些职能部门的负责人和工作人员在人情、关系和利益诱惑面前，存在失职渎职、玩忽职守等行为，为瑞海公司规避法定的审批、监管出意，呼应配合，致使该公司长期违法违规经营。

5. 港口管理体制不顺、安全管理不到位

天津港已移交天津市管理，但是天津港公安局及消防支队仍以交通运输部公安局管理为主。同时，天津市交通运输委员会、天津市建设管理委员会、滨海新区规划和国土资源管理局违法将多项行政职能委托天津港集团公司行使，客观上造成交通运输部、天津市政府以及天津港集团公司对港区管理职责交叉、责任不明，政企不分，安全监管工作同企业经营形成内在关系，难以发挥应有的监管作用。另外，港口海监管区（运抵区）安全监管职责不明，致使瑞海公司违法违规行为长期得不到有效纠正。

6. 危险化学品安全监管体制不顺、机制不完善

目前，危险化学品生产、储存、使用、经营、运输和进出口等环节涉及部门多，地区之间、部门之间的相关行政审批、资质管理、行政处罚等未形成完整的监管“链条”。同时，全国缺乏统一的危险化学品信息管理平台，部门之间没有做到互联互通，信息不能共享，不能实时掌握危险化学品的去向和情况，难以实现对危险化学品全时段、全流程、全覆盖的安全监管。

7. 危险化学品安全管理法律法规标准不健全

国家缺乏统一的危险化学品安全管理、环境风险防控的专门法律；《危险化学品安全管理条例》对危险化学品流通、使用等环节要求不明确、不具体，特别是针对物流企业危险化学品安全管理的规定空白点更多；现行有关法规对危险化学品安全管理违法行为处罚偏轻，单位和个人违法成本很低，不足以起到惩戒和震慑作用。与欧美发达国家和部分发展中国家相比，我国危险化学品缺乏完备的准入、安全管理、风险评价制度。危险货物大多涉及危险化学品、危险化学品安全管理涉及监管环节多、部门多、法规标准多，各管理部门立法出发点不同，对危险化学品安全要求不一致，造成当前危险化学品安全监管乏力以及企业安全管理要求模糊不清、标准不一、无所适从的现状。

第二节　典型危险化学品生产使用安全事故

一、案例一：河北省某化工有限公司“2·28”重大爆炸事故

（一）事故基本情况

河北省石家庄市某化工有限公司一车间共有8台反应釜，自北向南单排布置，依次为1～8号。2012年2月28日，1～5号反应釜投用，6～8号反应釜停用，当日8时30分左右，1号反应釜底部保温放料球阀的伴热导热油软管连接处发生泄漏自燃着火，当班工人使用灭火器紧急扑灭火情，其后20多分钟内，又发生3～4次同样火情，均被当班工人扑灭。9时4分许，1号反应釜突然爆炸，爆炸所产生的高强度冲击波以及高温、高速飞行的金属碎片瞬间引爆堆放在1号反应釜附近的硝酸胍，引起次生爆炸。事故爆炸当量相当于6.05吨TNT。

重大爆炸事故，造成25人死亡、4人失踪、46人受伤，直接经济损失4459万元。

（二）事故原因与事故性质

1. 直接原因

该公司从业人员不具备化工生产的专业技能，一车间擅自将导热油加热器出口温度设定高限由215℃提高至255℃，使反应釜内物料温度接近了硝酸胍的爆燃点（270℃）。1

号反应釜底部保温放料球阀的伴热导热油软管连接处发生泄漏着火后，当班人员处置不当，外部火源使反应釜底部温度升高，局部热量积聚，达到硝酸胍的爆燃点，造成釜内反应产物硝酸胍和未反应的硝酸铵急剧分解爆炸。1 号反应釜爆炸产生的高强度冲击波以及高温、高速飞行的金属碎片瞬间引爆堆放在 1 号反应釜附近的硝酸胍，引发次生爆炸，从而引发强烈爆炸。

2. 事故间接原因

（1）安全生产责任不落实

企业负责人对危险化学品的危险性认识严重不足，贯彻执行相关法律法规不到位，管理人员配备不足，单纯追求产量和效益，错误实行车间生产的计件制，造成超能力生产，严重违反工艺指标进行操作。技术、生产、设备、安全分管负责人严重失职，对违规拆除反应釜温度计，擅自提高导热油温度等违规行为，听之任之，不予以制止和纠正。2011 年 10 月 28 日，当一车间出现 1 号反应釜发生喷料着火；2011 年 11 月 23 日，7 号反应釜导热油管道保温层着火；2012 年 2 月 16 日，2 号反应釜内着火等 3 次异常情况后，不认真研究分析异常原因，放纵不管，失去整改机会，最终未能防范事故的发生。

（2）企业管理混乱，生产组织严重失控

公司技术、生产、安全等分管副职不认真履行职责，生产、设备、技术、安全等部门人员配备不足，无法实施有效管理，机构形同虚设。车间班组未配备专职管理人员，有章不循，管理失控。企业生产原料、工艺设施随意变更，未经安全审查，擅自将原料尿素变更为双氰胺。未制订改造方案，未经相应的安全设计和论证，增设一台导热油加热器，改造了放料系统。设备维护不到位，在反应釜温度计损坏无法正常使用时，不是研究制订相应的防范措施，而是擅自将其拆除，造成反应釜物料温度无法即时监控。生产组织不合理，一车间经常滞留夜班生产的硝酸胍，事故当日，反应釜爆炸引发滞留的硝酸胍爆炸，造成重大人员伤亡。

（3）车间管理人员、操作人员专业知识不够

公司车间主任和重要岗位员工全部来自周边农村，多为初中以下文化程度，缺乏化工生产必备的专业知识和技能，未经有效安全教育培训即上岗作业，把危险程度较低的生产过程变成了高度危险的生产过程；针对突发异常情况，缺乏有效应对的知识和能力。车间主任张某为加快物料熔融速度和反应速度，完成生产任务，擅自将绝不可以突破的工艺控制指标（两套导热油加热器出口温度设定高限）调高，使反应釜内物料温度接近了硝酸胍的爆燃温度（270℃）。车间操作人员对反应釜温度计的至关重要作用毫无认识，生产过程中，在出现因投入的硝酸铵物料块较大，反应釜搅拌器带动块状硝酸铵对温度计套管产生撞击，频繁导致温度计套管弯曲或温度指示不准等情况时，擅自拆除了温度计，导致对反应釜内物料温度失去了即时监控。

（4）企业隐患排查走过场

企业隐患排查治理工作不深入、不认真，对技术、生产、设备等方面存在的隐患和问题视而不见，甚至当上级和相关部门检查时弄虚作假，将已经拆除的反应釜温度计临时装上应付检查，蒙混过关。对反应釜温度缺乏即时监控、釜底连接短管缺乏保温等隐患，尤其是反应釜喷料、导热油管路着火等异常情况的内在隐患，以及导热油温度提高的危险性

等不重视，不分析研究，不及时认真整改。

（5）相关部门监管不力

对该化工有限公司这样发展速度快，各项管理存在严重缺陷的企业，缺乏有力跟进指导和具体帮助，属地管理存在漏洞，客观上助长了企业的畸形发展，埋下了重大事故隐患。安监、质监、工信、发改等部门以及企业所在生物产业园管委会监管力量不足，化工、医药专业人才少，现场检查时难以发现企业存在的专业性问题，加之企业弄虚作假，未能对企业的安全工作实施有效监督和指导，未能有效监督企业落实安全生产主体责任。

（6）政府监管不力

县乡政府对化工生产的危险性认识不足，对重点化工企业的特殊性重视不够，有重发展轻安全倾向，未能有效监管相关部门和监督企业落实生产安全主体责任。

3. 事故性质

经调查认定，该公司“2·28”重大爆炸事故是一起因严重违反操作规程，擅自提高导热油温度，导热油泄漏着火后处置不当而引发的重大生产安全责任事故。

（三）防范措施及整改建议

1. 开展危险化学品生产企业安全生产专项整治

组织专家全面检查企业工厂布局、生产工艺技术、设备设施、自动化控制水平的安全可靠性，全面检查企业管理机构设置、安全管理人员配备、人员素质、安全管理、责任制度、操作规程落实的满足性。特别是对涉及爆炸性危险化学品的企业，彻底排查企业防火防爆防雷防静电条件。对未经许可擅自改变原料、产品的，擅自改变工艺、设备的，擅自变更工艺指标的，超能力组织生产的，一律责令其停产整顿，并暂扣其安全生产许可证。对责令停产整顿的企业拒不实施停产的，一律由当地政府予以关闭。治理和纠正企业安全生产违规违章行为，推动企业安全生产主体责任和政府安全监管主体责任的落实，有效防范同类事故的发生。

2. 提高危险化学品行业准入门槛

政府和相关部门要严格按照《危险化学品生产企业安全生产许可证实施办法》（国家安全监管总局令第41号）、《危险化学品建设项目安全监督管理办法》（国家安全监管总局令第45号）的规定从严控制危险化学品项目和企业的设立，全面提升行业准入条件，提高行业整体安全水平。企业生产工艺、设备设施及联锁控制、外部条件、安全距离、平面布局、人员配备等安全生产条件应高于规定要求。新建危险化学品建设项目必须进入化工园区，未进园区的，发改部门不予审批、核准或备案，规划部门不予出具规划许可意见；把爆炸性危险化学品纳入重点监管范围，涉及危险化工工艺、重点监管危险化学品生产装置未实现自动化控制的，大型高度危险装置未装设紧急停车系统的，一律不予安全许可；立即组织开展现有企业安全设计诊断，对现有企业未经过正规设计的在役化工装置布局、工艺技术及流程、主要设备和管道、自动化控制、公用工程等进行设计复核，督促企业全面整改。对现有安全设施存在明显缺陷，到期未完成整改的，坚决责令停产整改。加强设计、施工、监理、安全评价等项目相关单位的管理，严格审查项目工艺技术的安全可靠性，全面系统论证项目安全设计内容，提高项目建设质量和企业本质安全水平。对不负责任、弄虚作假的相关单位，依法予以严肃处理。

3. 切实加强企业安全管理

企业要按照相关法律法规、标准和规范性文件的规定和要求，结合自身安全生产特点，制定适用的安全生产规章制度、安全生产责任制度和安全操作规程，加强安全管理。

① 建立健全安全、生产、技术、设备等管理机构，足额配备具有化工或相关专业知识的管理人员，在车间设置专兼职安全管理人员。

② 建立健全安全生产责任体系，严格落实主要负责人、分管负责人以及各职能部门、各级管理人员和岗位操作人员的安全生产责任。

③ 依据国家标准和规范，针对工艺、技术、设备设施特点和原材料、产品的特性，不断完善操作规程。

④ 制订并严格执行变更管理制度，对工艺、设备、原料、产品等的变更，严格履行变更手续。

⑤ 合理组织生产，严禁超能力生产，严格按相关规定和物质特性确定生产场所原料、产品的滞留量，做到原料随用随领，产品随时运走。

⑥ 加强对设备设施的日常维护保养和检验检测，确保设备设施完好有效、运行可靠。

⑦ 严禁边生产边施工建设，对确实不能避免的，要采取有效的安全防范措施，严格控制施工人员数量，确保生产、施工人员安全。

4. 全面提高从业人员专业素质

严控从业人员准入条件，强化培训教育，提高从业人员素质。提高操作人员准入门槛，涉及“两重点一重大”（重点危险化工工艺、重点监管危险化学品、重大危险源）的装置，要招录具有高中以上文化程度的操作人员、大专以上的专业管理人员，确保从业人员的基本素质；要持续不断地加强员工培训教育，使其真正了解作业场所、工作岗位存在的危险有害因素，掌握相应的防范措施、应急处置措施和安全操作规程，切实增强安全操作技能。

5. 深入排查治理事故隐患

企业要建立长期的隐患排查治理和监控机制，组织各职能部门的专业人员和操作人员定期进行隐患排查，建立事故隐患报告和举报奖励制度，鼓励从业人员自觉排查、消除事故隐患，形成全面覆盖、全员参与的隐患排查治理工作机制，使隐患排查治理工作制度化、常态化，做到隐患整改的措施、责任、资金、时限和预案“五到位”，确保事故隐患彻底整改。要加强安全事件的管理，深入分析涉险事故、未遂事故等安全事件的内在原因，制订有针对性的整改措施，防患于未然，把事故消灭在萌芽状态。

6. 全面加强危险化学品安全监管工作

各级政府要建立健全危险化学品安全监管工作协调机制，支持、督促负有危险化学品安全监管职责的有关部门依法履行职责，全面落实政府安全监管责任。各职能部门要进一步加强监管队伍建设，全面提升监管水平，针对危险化学品企业的危险特性和专业技术要求，配备具有大专以上化工专业学历的人员，对涉及“两重点一重大”的危险化学品企业实行定期监督检查，及时发现和解决企业在生产、发展中存在的突出问题。

二、案例二：山东省某化学有限公司“8·31”重大爆炸事故

（一）事故基本情况

2015年8月28日，经公司主要负责人批准，硝化装置投料试车。28日15时至29日24时，先后两次投料试车，均因硝化机控温系统不好、冷却水控制不稳定以及物料管道阀门控制不好，造成温度波动大，运行不稳定停车。8月31日16时，企业组织第三次投料。投料后，4#硝化机从21时27分至22时25分温度波动较大，最高达到96℃（正常温度为60～70℃）；5#硝化机从16时47分至22时25分温度波动较大，最高达到94.99℃（正常温度为60～80℃）。车间人员用工业水分别对4#、5#硝化机上部外壳浇水降温，中控室调大了循环冷却水量。期间，硝化装置二层硝烟较大，在试车指导专家建议下再次进行了停车处理，并决定当晚不再开车。22时停止投料，硝化机温度逐渐趋于平稳。

为防止硝化再分离器中混二硝基苯凝固，车间人员在硝化装置二层用胶管插入硝化再分离器上部观察孔中，试图利用“虹吸”方式将混二硝基苯吸出，但未成功。之后，又到装置一层，将硝化再分离器下部物料放净管道上的法兰（位置距离地面约2.5m高）拆开，此后装置二层的操作人员打开了位于装置二层的放净管道阀门，硝化再分离器中的物料自拆开的法兰口处泄出，先是有白烟冒出，继而变黄、变红、变棕红，见此情形，部分人员撤离了现场。

放料2～3min后，有一操作人员在硝化厂房的东北门外，看到预洗机与硝化再分离器中间部位出现直径1m左右的火焰，随即和其他4名操作人员进行及时撤离，23时19分硝化装置发生爆炸。

重大爆炸事故造成13人死亡，25人受伤，直接经济损失4326万元。

事故涉及的主要危险物料有：苯、硝酸、硫酸、硝基苯、间二硝基苯、邻二硝基苯、对二硝基苯。

（二）事故原因

1. 直接原因

车间负责人违章指挥，安排操作人员违规向地面排放硝化再分离器内含有混二硝基苯的物料，混二硝基苯在硫酸、硝酸以及硝酸分解出的二氧化氮等强氧化剂存在的条件下，自高处排向一楼水泥地面，在冲击力作用下起火燃烧，火焰炙烤附近的硝化机、预洗机等设备，使其中含有二硝基苯的物料温度升高，引发爆炸，是造成本次事故发生的直接原因。

2. 间接原因

该公司安全生产法制观念和安全意识淡薄，无视国家法律，安全生产主体责任不落实，项目建设和试生产过程中，存在严重的违法违规行为。

（1）违法建设

该公司在未取得土地、规划、住建、安监、消防、环保等相关部门审批手续之前，擅自开工建设；在环保、安监、住建等部门依法停止其建设行为后，逃避监管，不执行停止

建设指令，擅自私自开工建设。

（2）违规投料试车

未严格按照《山东省化工装置安全试车工作规范》对事故装置进行“三查四定”，未组织试车方案审查和安全条件审查，未成立试车管理组织机构，违规边施工、边建设、边试车，试车厂区违规临时居住施工人员，未严格按照相关规定开展工艺设备及管道试压、吹扫、气密、单机试车、仪表调校等试车前准备工作。

（3）违章指挥

在工艺条件、安全生产条件不具备的情况下，该企业主要负责人擅自决定投料试车；分管负责人在首次试车装置运行温度等重要工艺指标不稳定的原因未查明、未采取有效措施解决的情况下，先后两次违规组织进行投料试车，严重违反《山东省化工装置安全试车十个严禁》和《化工企业安全生产禁令》。

（4）强令冒险作业

在第三次投料试车紧急停车后，车间和工段负责人，违反相关规定，强令操作人员卸开硝化再分离器物料排净管道法兰，打开了放净阀，向地面排放含有混二硝基苯的物料。

（5）安全防护措施不落实

事故装置相关配套设施未建成，安全设施设备未全部投用，投用的安全设施设备未处于正常运行状态；未按照有关安全生产法律、法规、规章和国家标准、行业标准的规定，对建设项目安全设施进行检验、检测，安全设施不能满足危险化学品生产、储存的安全要求。

（6）安全管理混乱

安全生产管理机构及人员配备未达到《安全生产法》等法律法规要求，安全管理制度不健全，安全生产责任制不完善，从业人员未按照规定进行安全培训，未严格进行工艺、技术知识培训及相关模拟训练，没有按照要求编制规范的工艺操作法和安全操作规程，没有符合要求的操作运行记录和交接班记录。

3. 负有安全生产监督管理责任的有关部门履行安全生产监管职责不到位

① 该公司所在县安监局贯彻落实国家安全生产法律法规不到位，在对该公司未经安全审批即擅自开工建设的违法行为下达处理文书后，跟踪落实整改情况不力，未及时发现和制止该企业再次私自开工建设行为；落实上级安排部署特别是《山东省人民政府办公厅关于山东润兴化工科技有限公司“8·22”爆炸着火事故的通报》[鲁政办发明电（2015）64号，以下简称64号明电]文件要求不到位，未及时发现和制止企业违规投料试车行为；督促企业落实安全生产主体责任不力。

② 市安监局贯彻落实安全生产法律法规和上级部署要求不到位，对该公司安全条件和安全设施设计的审查不严格，未发现该公司已开展实际开工建设行为；跟踪督导该公司所在县安监局查处该公司未批先建问题不力。

③ 县公安局贯彻落实相关法律法规和上级部署要求不到位，对全县危险化学品监管和监督检查部署不力，未发现事故企业违规购置、使用硝酸问题，对易制爆危险化学品监管不力；对企业违规行为查处不力。

④ 该公司所在公安消防大队贯彻落实相关法律法规和上级部署要求不到位，对未批先建项目消防安全检查工作开展不力，未发现处于办理消防设计审核阶段的该公司的项目

已开工建设；未认真落实易燃易爆危险场所消防专项整治工作中将“严查是否通过消防审核验收”作为检查重点的要求，致使违法建设行为一直未能消除。

⑤ 县环保局贯彻落实相关法律法规和上级部署要求不到位，对事故企业在未获得环境影响评价报告批复情况下擅自开工建设行为采取措施不力；虽多次进行检查，但未按照法律法规要求加大惩治力度，致使违法建设行为一直未能消除。

⑥ 县住建局贯彻落实法律法规和上级部署要求不到位，违规为该公司补办建设用地规划许可证和建设工程规划许可证手续；对该公司未办理施工许可证擅自施工建设的行为查处不力，致使违法建设行为一直未能消除。

4. 地方政府安全生产监管职责落实不力

① 乡政府贯彻落实相关法律法规和上级安排部署不到位，对64号明电要求执行不到位，未按照要求加强对在建企业组织试生产的监督检查；履行安全生产属地管理责任不力，对辖区企业安全生产工作组织领导不力，督促企业落实安全生产主体责任不到位；主动开展安全生产监管工作力度不够；配合有关部门开展专项监督检查不力；对企业未批先建问题未予处置。

② 县政府贯彻落实相关法律法规和上级安排部署不到位，对64号明电要求执行不到位，未按照要求加强对在建企业组织试生产的监督检查；对安全生产工作不够重视，对企业审批、安全监管、执法检查等方面督导执行不严不实；履行安全生产属地管理责任不力，督促指导有关职能部门和乡党委政府落实安全、审批监管责任不到位。

③ 市政府贯彻落实相关法律法规和上级安排部署不到位，对64号明电要求执行不到位；组织全市安全生产工作不到位，对企业审批、安全监管、执法检查等方面督导执行不严不实；督促指导有关职能部门和相关县党委政府落实安全、审批监管责任不到位。

（三）事故防范措施建议

1. 进一步强化安全生产红线意识

相关政府及其有关部门要深刻吸取事故教训，认真贯彻落实习关于安全生产工作的一系列重要指示精神，牢固树立科学发展、安全发展理念，始终坚守“发展决不能以牺牲人的生命为代价”这条红线，建立健全“党政同责、一岗双责、齐抓共管”的安全生产责任体系，坚持“管行业必须管安全、管业务必须管安全、管生产经营必须管安全”的原则，推动实现责任体系“五级五覆盖”，进一步落实地方属地管理责任和企业主体责任。要针对本地区化工行业快速发展的实际，实施安全发展战略，把安全生产与转方式、调结构、促发展紧密结合起来，从根本上提高安全发展水平。要研究制定相应的政策措施，增强安全监管力量，加强剧毒、易制毒、易制爆等危险化学品安全管理，强化生产、购买、销售、运输、储存、使用等环节的管控，切实防范危险化学品事故发生。

2. 进一步加强危险化学品建设项目的安全管理。

各级政府和负有安全监管职责的部门，要加强对辖区内危险化学品建设项目的安全管理，严把立项审批、初步设计、施工建设、试生产（运行）和竣工验收等关口，及时纠正和查处各类违法违规建设行为；建立完善公开曝光、挂牌督办、处分与行政处罚、刑事责任追究相结合的责任监督体系，对不按规定履行安全批准和项目审批、核准或备案手续擅自开工建设的，发现一处，查处一起，并依法追究有关单位和人员的责任。强化建设项目试生产环节的安全管理。督促新建危险化学品企业认真落实《山东省化工装置安全试车工作规范》和《山东省化工装置安全试车十个严禁》提出的各项措施要求。要将危险化学品企业试生产环节作为化工企业安全监管的重点，建立和落实跟踪督查制度。

3. 进一步严格从业人员的准入条件

严格操作人员的招录条件，涉及“两重点一重大”（重点监管危险化工工艺、重点监管危险化学品和重大危险源）的企业，应招录具有高中（中专）以上文化程度的操作人员、大专以上的专业管理人员，确保从业人员的基本素质，逐步实现从化工安全相关专业毕业生中聘用。要加强化工安全从业人员在职培训，提高在职人员的专业知识、操作技能、安全管理等素质能力。要强化新就业人员的化工及化工安全知识培训。对关键岗位人员要进行安全技能培训和相关模拟训练，保证从业人员具备必要的安全生产知识和岗位安全操作技能，切实增强应急处置能力。

4. 进一步加强化工企业安全生产基础工作

化工企业要认真落实《化工（危险化学品）企业保障生产安全十条规定》（国家安监总局令第64号），严禁违章指挥和强令他人冒险作业，严禁违章作业、违反劳动纪律。要按照《国家安全监管总局关于加强化工过程安全管理的指导意见》[安监总管三（2013）88号] 和有关标准规范，装备自动控制系统，对重要工艺参数进行实时监控预警，采用在线安全监控、自动检测或人工分析数据等手段，及时判断发生异常工况的根源，评估可能产生的后果，制订安全处置方案，避免因处理不当造成事故。

5. 进一步落实企业安全生产主体责任

化工企业要按照“五落实五到位”的要求和《山东省生产经营单位安全生产主体责任规定》（省政府令第260号）等规章的规定，建立完善“横向到边、纵向到底”的安全生产责任体系，切实把安全生产责任落实到生产经营的每个环节、每个岗位和每名员工，真正做到安全责任到位、安全投入到位、安全培训到位、安全管理到位、应急救援到位。企业主要负责人要对落实本单位安全生产主体责任全面负责。

三、案例三：上海“8·31”液氨泄漏事故

（一）事故基本情况

2013年8月31日8时左右，上海市某公司员工陆续进入加工车间作业，至10时40分，约24人在单冻机生产线区域作业，38人在水产加工整理车间作业。约10时45分，氨压缩机房操作工在氨调节站进行热氨融霜作业。10时48分20秒起，单冻机生产线区域内的监控录像显示现场陆续发生约7次轻微震动，单次震动持续时间约1～6秒不等。10时50分15秒，正在进行融霜作业的单冻机回气集管北端管帽脱落，导致氨泄漏。8月31日10时50分左右，该公司发生氨泄漏事故，造成15人死亡，7人重伤，18人轻伤，事故造成直接经济损失约2510万元。

（二）事故原因与事故性质

1. 直接原因

严重违规采用热氨融霜方式，导致发生液锤现象，压力瞬间升高，致使存有严重焊接

缺陷的单冻机回气集管管帽脱落，造成氨泄漏。

2. 间接原因

（1）违规设计、违规施工和违规生产

在主体建筑的南侧、西侧、北侧，建设违法构筑物，并将设备设施移至西侧构筑物内组织生产。

（2）主体建筑竣工验收后，擅自改变功能布局

将原单冻机生产线区域、预留的水产精深加工区域及部分水产加工整理车间改为冷库等。

（3）水融霜设备缺失，无法按规程进行水融霜作业

无单冻机热氨融霜的操作规程，违规进行热氨融霜。

（4）氨调节站布局不合理

操作人员在热氨融霜控制阀门时，无法同时对融霜的关键计量设备进行监测。

（5）氨制冷设备及其管道附近，设置加工车间组织生产

（6）安全生产责任制、安全生产规章制度及安全技术操作规程不健全

未按有关法规和国家标准对重大危险源进行辨识；未设置安全警示标识和配备必要的应急救援设备。

（7）公司管理人员及特种作业人员未取证上岗，未对员工进行有针对性的安全教育和培训

（8）擅自安排临时用工

未对临时招用的工人进行安全三级教育，未告知作业场所存在的危险。

（9）相关区政府、相关城市工业园区、区质量技监局、区安全监管局、区规土局以及区公安消防支队履职不力。

3. 事故性质

经调查认定，上海市该公司的“8·31”重大氨泄漏事故是一起生产安全责任事故。

（三）事故防范和整改措施

1. 切实落实企业安全生产主体责任

生产经营单位要贯彻“安全第一、预防为主、综合治理”的方针，切实抓好安全生产工作。坚决执行安全生产和建筑施工、质量管理等方面的法律法规；建立健全并严格执行各项规章制度和安全操作规程，尤其要针对氨的危害性制订相应的安全技术规程；健全安全生产责任体系，明确各岗位的安全生产职责，严格安全生产绩效考核和责任追究制度；加强教育培训，提高从业人员的安全意识和操作技能；严格特种作业人员管理，杜绝无证上岗；全面彻底排查和治理安全隐患；加强应急管理尤其要加强应急预案建设和应急演练，提高事故灾难的应对处置能力。

2. 强化涉氨单位的安全监督管理

本市各级政府及有关部门要坚持以人为本，牢固树立科学发展、安全发展理念，严格履行安全监管责任。落实部门职责，完善对涉氨行业的规范管理，强化对涉氨单位的安全生产过程监控，加强事故防范。采取有力措施，加强宣传教育和业务培训，督促涉氨企业提高设备装置的本质安全度。氨制冷企业应注重“以人为本”的管理方式，采取生产作业

人员与涉氨设施相隔离的措施。积极培育和建立健全社会第三方监督管理机制，全面强化对涉氨行业的管理。

3. 加大对违法建筑的发现和整治力度

要严格落实建设单位主体责任，督促建设单位严格执行法律、法规和强制性标准相关规定，严格对设计、施工单位的资质管理，加强建设工程监管。要切实落实辖区内相关部门职责，加大对违规设计、违规施工、擅自改扩建等行为的打击力度。要进一步开展对违法建筑的专项治理，加强日常巡查，对检查中发现违法行为采取“零容忍”，严格追究责任和进行处罚。

4. 加快完善安全生产法规标准体系

本市各级政府、有关部门、行业系统要加快建立健全相关法规规章以及配套制度、标准和规范，针对各行业安全技术、准入条件、过程管控、隐患治理、人员培训、信息共享、应急救援等方面存在的问题，细化相关规定，全面完善本市安全生产法规标准体系。

5. 进一步深化企业安全生产标准化建设

本市各级政府及有关部门要把企业安全生产标准化建设作为实施安全生产分类指导、分级监管的重要依据和提升管控水平的重要抓手，结合实际制订有力的政策措施。将标准化建设与部门考核，以及企业安全许可、淘汰落后产能、工伤保险费率浮动、银行信贷等内容有效结合。强化对未开展安全生产标准化建设或未达到安全生产标准化规定等级的行业企业的重点监管。

6. 深化“打非治违”和隐患排查治理

本市各级政府及有关部门要把“打非治违”作为安全生产工作的一项重要内容制度化、常态化，集中严厉打击各类非法违法生产经营建设行为，认真组织开展隐患排查治理，要严检查、严执法、严整改、严处罚、严落实。全面落实“四个一律”要求，对非法生产经营建设和经停产整顿仍未达到要求的，一律关闭取缔；对非法生产经营建设的有关单位和责任人，一律按规定上限予以处罚；对存在非法生产经营建设的单位，一律责令停产整顿，并严格落实监管措施；对触犯法律的有关单位和人员，一律依法严格追究法律责任。

第三节　典型危险化学品运输安全事故

案例：晋济高速公路特大道路交通危险化学品燃爆事故

一、事故基本情况

2014年3月1日14时45分许，位于山西省晋城市泽州县的晋济高速公路山西晋城段岩后隧道内，两辆运输甲醇的铰接列车追尾相撞，前车A（出厂检验证书《危险化学品运输汽车罐体委托检验报告》允许装载介质为轻质燃油，发生事故时实际装载甲醇）甲醇泄漏起火燃烧，隧道内滞留的另外两辆危险化学品运输车和31辆煤炭运输车等车辆被引燃引爆，造成40人死亡、12人受伤和42辆车烧毁，直接经济损失8197万元。

二、事故原因与事故性质

1. 直接原因

运输车A、B在隧道内追尾，造成前车A装载甲醇泄漏，后车B发生电气短路，引燃周围可燃物，进而引燃泄漏的甲醇。

（1）两车追尾的原因

运输车A在进入隧道后，驾驶员未及时发现停在前方的挂铰接列车B，距前车仅五六米时才采取制动措施；运输车A准牵引总质量（37.6t），小于运输车B的整备质量与运输甲醇质量之和（38.34t），存在超载行为，影响刹车制动。

经认定，运输车A与运输车B追尾的交通事故中，运输车A的驾驶员负全部责任。

（2）车辆起火燃烧的原因

追尾造成运输车B的罐体下方主卸料管与罐体焊缝处撕裂，该罐体未按标准规定安装紧急切断阀，造成甲醇泄漏；运输车A的发动机舱内高压油泵向后位移，启动机正极多股铜芯线绝缘层破损，导线与输油泵输油管管头空心螺栓发生电气短路，引燃该导线绝缘层及周围可燃物，进而引燃泄漏的甲醇。

2. 间接原因

① 车A所在运输公司安全生产主体责任不落实。

② 车B所在运输公司危险货物运输安全生产的主体责任落实不到位。

③ 高速公路管理站违规设置指挥岗加重了车辆拥堵。

④ 汽车制造有限公司生产销售不合格产品。

⑤ 省、市交通运输管理部门对危险货物道路运输安全监管不力。

⑥ 高速公路管理部门对高速公路管理和拥堵信息处置不到位。

⑦ 高速交警部门履行道路交通安全监管责任不到位。

⑧ 罐车检测服务有限公司违规出具检验报告。

⑨ 事故暴露的其他问题。

此次事故中的危险化学品罐式半挂车实际运输介质均与设计充装介质、公告批准、合格证记载的运输介质不相符。按照GB 18564.1—2006的要求，不同的介质因为化学特性差异，在计算压力、卸料口位置和结构、安全泄放装置的设置要求等方面均存在差异，不按出厂标定介质充装，造成安全隐患。

3. 事故性质

经调查认定，晋济高速公路山西晋城段岩后隧道“3·1”特别重大道路交通危险化学品燃爆事故是一起生产安全责任事故。

三、事故防范和整改措施建议

针对事故暴露出来的问题，为了深刻吸取事故教训，举一反三，有效防范和减少危险化学品道路运输事故的发生，提出以下建议。

1. 要始终坚守保护人民群众生命安全的“红线”

山西、河南两省及其他各地各级人民政府及其有关部门要深刻吸取晋济高速公路山西晋城段岩后隧道"3·1"特别重大道路交通危险化学品燃爆事故的沉痛教训，要高度重视道路交通尤其是危险化学品道路运输和公路隧道的安全工作，进一步明确和落实道路运输企业安全生产主体责任、行业主管部门直接监管责任、安全监管部门综合监管责任和地方政府属地管理责任，充分发挥地方各级道路交通安全工作联席会议、危险化学品安全生产监管联席会议等协调机制的作用，针对事故暴露出的各类突出问题，逐一研究和落实防范措施，切实加强安全生产特别是危险货物道路运输和隧道交通安全工作。

2. 要大力推动危险货物道路运输企业落实安全生产主体责任

山西、河南两省及其他各地各级人民政府及其有关部门要督促各类危险货物道路运输企业切实落实安全生产主体责任，严格执行国家有关法律法规和规章标准，建立健全安全生产责任制、安全管理规章制度并认真贯彻落实，坚决杜绝"包而不管、挂而不管、以包代管、以挂代管"的情况发生；要督促运输企业加强驾驶员、押运员的培训、教育和管理工作，建立完善的安全培训、考核制度和录用、淘汰机制，着力提升从业人员的法制意识、安全意识和安全技能，严禁不具备相应资质、安全培训不合格和安全记录不良的人员驾驶危险货物机动车辆；要督促各类危险货物道路运输企业采购合格运输车辆，严格按照规定进行日常检查和定期维护保养，始终保持营运车辆技术状况良好，确保运输车辆安装符合《道路运输车辆卫星定位系统车载终端技术要求》(JT/T 794—2011) 的 GPS 卫星定位装置，并保证车辆监控数据准确、实时、完整地传输。

3. 要切实加大危险货物道路运输安全监管力度

4. 要全面排查整治在用危险货物运输车辆，加装紧急切断装置

山西、河南两省及其他各地区地方各级人民政府及其有关部门要督促各类危险货物运输企业严格执行 GB 18564.1—2006 强制性标准要求，逐台核查常压罐式危险货物运输车辆加装紧急切断装置情况。在企业自查的基础上，要组织有关部门对辖区内此类车辆安装情况进行全面摸底排查，集中进行整改。

5. 要进一步加强公路隧道安全管理

山西省及其他各地区地方各级人民政府及其有关部门要结合本地区实际，认真研究制订切实有效的公路隧道安全管理措施，提高公路隧道的本质安全度。

6. 要进一步加强公路隧道和危险货物运输的应急管理

山西、河南两省及其他各地区地方各级人民政府及其有关部门要高度重视公路隧道应急管理工作。要针对本地区路网布局、产业特点和可能发生的各类事故，抓紧完善危险货物道路运输事故应急预案和各类公路隧道事故应急处置方案；要下大力气整合危险货物运输企业 GPS 监控平台、高速公路交通运行监控系统、公安交警交通安全管理系统等信息系统资源，统一和规范地方政府危险货物事故接处警平台，强化应急响应和处置工作，建立责任明晰、运转高效的应急联动机制。

7. 要加强安全保障技术研究和健全完善安全标准规范工作

国家标准化管理部门要进一步修改完善《汽车和挂车后下部防护要求》(GB 11567.2—2001)、《道路运输液体危险货物罐式车辆第 1 部分：金属常压罐体技术要求》(GB 18564.1—2006) 等有关罐式危险货物运输车辆的技术标准和规范，对罐式危险货物运输车的后下部防护提出专门要求，提高危险货物运输车辆后下部防护装置的强度和性能；针对不同种类罐式危险货物运输车辆主卸料口的合理位置提出通用要求，明确罐式危险货物运输车辆主卸料口及三道安全阀的位置和设置，优化车辆罐体阀门等装置的连接方式，明确罐体出厂检验和定期检验的项目和要求，提升罐式危险货物运输车辆的被动安全性。特别是要以此次隧道事故暴露出的问题为导向，组织有关力量开展隧道安全保障技术研究，修改完善公路隧道相关设计建设标准规范，切实提高公路隧道安全设防的等级和本质安全水平。

危险化学品安全管理条例

《危险化学品安全管理条例》已经在2011年2月16日的国务院第144次常务会议上修订通过，现将修订后的《危险化学品安全管理条例》公布，自2011年12月1日起施行。

第一章 总 则

第一条 为了加强危险化学品的安全管理，预防和减少危险化学品事故，保障人民群众生命财产安全，保护环境，制定本条例。

第二条 危险化学品生产、储存、使用、经营和运输的安全管理，适用本条例。

废弃危险化学品的处置，依照有关环境保护的法律、行政法规和国家有关规定执行。

第三条 本条例所称危险化学品，是指具有毒害、腐蚀、爆炸、燃烧、助燃等性质，对人体、设施、环境具有危害的剧毒化学品和其他化学品。

危险化学品目录，由国务院安全生产监督管理部门会同国务院工业和信息化、公安、环境保护、卫生、质量监督检验检疫、交通运输、铁路、民用航空、农业主管部门，根据化学品危险特性的鉴别和分类标准确定、公布，并适时调整。

第四条 危险化学品安全管理，应当坚持安全第一、预防为主、综合治理的方针，强化和落实企业的主体责任。

生产、储存、使用、经营、运输危险化学品的单位（以下统称危险化学品单位）的主要负责人对本单位的危险化学品安全管理工作全面负责。

危险化学品单位应当具备法律、行政法规规定和国家标准、行业标准要求的安全条件，建立、健全安全管理规章制度和岗位安全责任制度，对从业人员进行安全教育、法制教育和岗位技术培训。从业人员应当接受教育和培训，考核合格后上岗作业；对有资格要求的岗位，应当配备依法取得相应资格的人员。

第五条 任何单位和个人不得生产、经营、使用国家禁止生产、经营、使用的危险化学品。

国家对危险化学品的使用有限制性规定的，任何单位和个人不得违反限制性规定使用危险化学品。

第六条 对危险化学品的生产、储存、使用、经营、运输实施安全监督管理的有关部门（以下统称负有危险化学品安全监督管理职责的部门），依照下列规定履行职责。

（一）安全生产监督管理部门负责危险化学品安全监督管理综合工作，组织确定、公布、调整危险化学品目录，对新建、改建、扩建生产、储存危险化学品（包括使用长输管道输送危险化学品，下同）的建设项目进行安全条件审查，核发危险化学品安全生产许可证、危险化学品安全使用许可证和危险化学品经营许可证，并负责危险化学品的登记工作。

（二）公安机关负责危险化学品的公共安全管理，核发剧毒化学品购买许可证、剧毒化学品道路运输通行证，并负责危险化学品运输车辆的道路交通安全管理。

（三）质量监督检验检疫部门负责核发危险化学品及其包装物、容器（不包括储存危险化学品的固定式大型储罐，下同）生产企业的工业产品生产许可证，并依法对其产品质量实施监督，负责对进出口危险化学品及其包装实施检验。

（四）环境保护主管部门负责废弃危险化学品处置的监督管理，组织危险化学品的环境危害性鉴定和环境风险程度评估，确定实施重点环境管理的危险化学品，负责危险化学品环境管理登记和新化学物质环境管理登记；依照职责分工调查相关危险化学品环境污染事故和生态破坏事件，负责危险化学品事故现场的应急环境监测。

（五）交通运输主管部门负责危险化学品道路运输、水路运输的许可以及运输工具的安全管理，对危险化学品水路运输安全实施监督，负责危险化学品道路运输企业、水路运输企业的驾驶人员、船员、装卸管理人员、押运人员、申报人员、集装箱装箱现场检查员的资格认定。铁路主管部门负责危险化学品铁路运输的安全管理，负责危险化学品铁路运输承运人、托运人的资质审批及其运输工具的安全管理。民用航空主管部门负责危险化学品航空运输以及航空运输企业及其运输工具的安全管理。

（六）卫生主管部门负责危险化学品毒性鉴定的管理，负责组织、协调危险化学品事故受伤人员的医疗卫生救援工作。

（七）工商行政管理部门依据有关部门的许可证件，核发危险化学品生产、储存、经营、运输企业营业执照，查处危险化学品经营企业违法采购危险化学品的行为。

（八）邮政管理部门负责依法查处寄递危险化学品的行为。

第七条　负有危险化学品安全监督管理职责的部门依法进行监督检查，可以采取下列措施：

（一）进入危险化学品作业场所实施现场检查，向有关单位和人员了解情况，查阅、复制有关文件、资料。

（二）发现危险化学品事故隐患，责令立即消除或者限期消除。

（三）对不符合法律、行政法规、规章规定或者国家标准、行业标准要求的设施、设备、装置、器材、运输工具，责令立即停止使用。

（四）经本部门主要负责人批准，查封违法生产、储存、使用、经营危险化学品的场所，扣押违法生产、储存、使用、经营、运输的危险化学品以及用于违法生产、使用、运输危险化学品的原材料、设备、运输工具。

（五）发现影响危险化学品安全的违法行为，当场予以纠正或者责令限期改正。

负有危险化学品安全监督管理职责的部门依法进行监督检查，监督检查人员不得少于2人，并应当出示执法证件；有关单位和个人对依法进行的监督检查应当予以配合，不得拒绝、阻碍。

第八条 县级以上人民政府应当建立危险化学品安全监督管理工作协调机制，支持、督促负有危险化学品安全监督管理职责的部门依法履行职责，协调、解决危险化学品安全监督管理工作中的重大问题。

负有危险化学品安全监督管理职责的部门应当相互配合、密切协作，依法加强对危险化学品的安全监督管理。

第九条 任何单位和个人对违反本条例规定的行为，有权向负有危险化学品安全监督管理职责的部门举报。负有危险化学品安全监督管理职责的部门接到举报，应当及时依法处理；对不属于本部门职责的，应当及时移送有关部门处理。

第十条 国家鼓励危险化学品生产企业和使用危险化学品从事生产的企业采用有利于提高安全保障水平的先进技术、工艺、设备以及自动控制系统，鼓励对危险化学品实行专门储存、统一配送、集中销售。

第二章 生产、储存安全

第十一条 国家对危险化学品的生产、储存实行统筹规划、合理布局。

国务院工业和信息化主管部门以及国务院其他有关部门依据各自职责，负责危险化学品生产、储存的行业规划和布局。

地方人民政府组织编制城乡规划，应当根据本地区的实际情况，按照确保安全的原则，规划适当区域专门用于危险化学品的生产、储存。

第十二条 新建、改建、扩建生产、储存危险化学品的建设项目（以下简称建设项目），应当由安全生产监督管理部门进行安全条件审查。

建设单位应当对建设项目进行安全条件论证，委托具备国家规定的资质条件的机构对建设项目进行安全评价，并将安全条件论证和安全评价的情况报告报建设项目所在地设区的市级以上人民政府安全生产监督管理部门；安全生产监督管理部门应当自收到报告之日起 45 日内做出审查决定，并书面通知建设单位。具体办法由国务院安全生产监督管理部门制定。

新建、改建、扩建储存、装卸危险化学品的港口建设项目，由港口行政管理部门按照国务院交通运输主管部门的规定进行安全条件审查。

第十三条 生产、储存危险化学品的单位，应当对其铺设的危险化学品管道设置明显标志，并对危险化学品管道定期检查、检测。

进行可能危及危险化学品管道安全的施工作业，施工单位应当在开工的 7 日前书面通知管道所属单位，并与管道所属单位共同制订应急预案，采取相应的安全防护措施。管道所属单位应当指派专门人员到现场进行管道安全保护指导。

第十四条 危险化学品生产企业进行生产前，应当依照《安全生产许可证条例》的规定，取得危险化学品安全生产许可证。

生产列入国家实行生产许可证制度的工业产品目录的危险化学品的企业，应当依照《中华人民共和国工业产品生产许可证管理条例》的规定，取得工业产品生产许可证。

负责颁发危险化学品安全生产许可证、工业产品生产许可证的部门，应当将其颁发许可证的情况及时向同级工业和信息化主管部门、环境保护主管部门和公安机关通报。

第十五条　危险化学品生产企业应当提供与其生产的危险化学品相符的化学品安全技术说明书，并在危险化学品包装（包括外包装件）上粘贴或者拴挂与包装内危险化学品相符的化学品安全标签。化学品安全技术说明书和化学品安全标签所载明的内容应当符合国家标准的要求。

危险化学品生产企业发现其生产的危险化学品有新的危险特性的，应当立即公告，并及时修订其化学品安全技术说明书和化学品安全标签。

第十六条　生产实施重点环境管理的危险化学品的企业，应当按照国务院环境保护主管部门的规定，将该危险化学品向环境中释放等相关信息向环境保护主管部门报告。环境保护主管部门可以根据情况采取相应的环境风险控制措施。

第十七条　危险化学品的包装应当符合法律、行政法规、规章的规定以及国家标准、行业标准的要求。

危险化学品包装物、容器的材质以及危险化学品包装的型式、规格、方法和单件质量（重量），应当与所包装的危险化学品的性质和用途相适应。

第十八条　生产列入国家实行生产许可证制度的工业产品目录的危险化学品包装物、容器的企业，应当依照《中华人民共和国工业产品生产许可证管理条例》的规定，取得工业产品生产许可证；其生产的危险化学品包装物、容器经国务院质量监督检验检疫部门认定的检验机构检验合格，方可出厂销售。

运输危险化学品的船舶及其配载的容器，应当按照国家船舶检验规范进行生产，并经海事管理机构认定的船舶检验机构检验合格，方可投入使用。

对重复使用的危险化学品包装物、容器，使用单位在重复使用前应当进行检查；发现存在安全隐患的，应当维修或者更换。使用单位应当对检查情况做出记录，记录的保存期限不得少于2年。

第十九条　危险化学品生产装置或者储存数量构成重大危险源的危险化学品储存设施（运输工具加油站、加气站除外），与下列场所、设施、区域的距离应当符合国家有关规定：

（一）居住区以及商业中心、公园等人员密集场所。

（二）学校、医院、影剧院、体育场（馆）等公共设施。

（三）饮用水源、水厂以及水源保护区。

（四）车站、码头（依法经许可从事危险化学品装卸作业的除外）、机场以及通信干线、通信枢纽、铁路线路、道路交通干线、水路交通干线、地铁风亭以及地铁站出入口。

（五）基本农田保护区、基本草原、畜禽遗传资源保护区、畜禽规模化养殖场（养殖小区）、渔业水域以及种子、种畜禽、水产苗种生产基地。

（六）河流、湖泊、风景名胜区、自然保护区。

（七）军事禁区、军事管理区。

（八）法律、行政法规规定的其他场所、设施、区域。

已建的危险化学品生产装置或者储存数量构成重大危险源的危险化学品储存设施不符合前款规定的，由所在地设区的市级人民政府安全生产监督管理部门会同有关部门监督其所属单位在规定期限内进行整改；需要转产、停产、搬迁、关闭的，由本级人民政府决定并组织实施。

储存数量构成重大危险源的危险化学品储存设施的选址，应当避开地震活动断层和容易发生洪灾、地质灾害的区域。

本条例所称重大危险源，是指生产、储存、使用或者搬运危险化学品，且危险化学品的数量等于或者超过临界量的单元（包括场所和设施）。

第二十条 生产、储存危险化学品的单位，应当根据其生产、储存的危险化学品的种类和危险特性，在作业场所设置相应的监测、监控、通风、防晒、调温、防火、灭火、防爆、泄压、防毒、中和、防潮、防雷、防静电、防腐、防泄漏以及防护围堤或者隔离操作等安全设施、设备，并按照国家标准、行业标准或者国家有关规定对安全设施、设备进行经常性维护、保养，保证安全设施、设备的正常使用。

生产、储存危险化学品的单位，应当在其作业场所和安全设施、设备上设置明显的安全警示标志。

第二十一条 生产、储存危险化学品的单位，应当在其作业场所设置通信、报警装置，并保证处于适用状态。

第二十二条 生产、储存危险化学品的企业，应当委托具备国家规定的资质条件的机构，对本企业的安全生产条件每3年进行一次安全评价，提出安全评价报告。安全评价报告的内容应当包括对安全生产条件存在的问题进行整改的方案。

生产、储存危险化学品的企业，应当将安全评价报告以及整改方案的落实情况报所在地县级人民政府安全生产监督管理部门备案。在港区内储存危险化学品的企业，应当将安全评价报告以及整改方案的落实情况报港口行政管理部门备案。

第二十三条 生产、储存剧毒化学品或者国务院公安部门规定的可用于制造爆炸物品的危险化学品（以下简称易制爆危险化学品）的单位，应当如实记录其生产、储存的剧毒化学品、易制爆危险化学品的数量、流向，并采取必要的安全防范措施，防止剧毒化学品、易制爆危险化学品丢失或者被盗；发现剧毒化学品、易制爆危险化学品丢失或者被盗的，应当立即向当地公安机关报告。

生产、储存剧毒化学品、易制爆危险化学品的单位，应当设置治安保卫机构，配备专职治安保卫人员。

第二十四条 危险化学品应当储存在专用仓库、专用场地或者专用储存室（以下统称专用仓库）内，并由专人负责管理；剧毒化学品以及储存数量构成重大危险源的其他危险化学品，应当在专用仓库内单独存放，并实行双人收发、双人保管制度。

危险化学品的储存方式、方法以及储存数量应当符合国家标准或者国家有关规定。

第二十五条 储存危险化学品的单位应当建立危险化学品出入库核查、登记制度。

对剧毒化学品以及储存数量构成重大危险源的其他危险化学品，储存单位应当将其储存数量、储存地点以及管理人员的情况，报所在地县级人民政府安全生产监督管理部门（在港区内储存的，报港口行政管理部门）和公安机关备案。

第二十六条 危险化学品专用仓库应当符合国家标准、行业标准的要求，并设置明显的标志。储存剧毒化学品、易制爆危险化学品的专用仓库，应当按照国家有关规定设置相应的技术防范设施。

储存危险化学品的单位应当对其危险化学品专用仓库的安全设施、设备定期进行检测、检验。

第二十七条 生产、储存危险化学品的单位转产、停产、停业或者解散的，应当采取有效措施，及时、妥善处置其危险化学品生产装置、储存设施以及库存的危险化学品，不得丢弃危险化学品；处置方案应当报所在地县级人民政府安全生产监督管理部门、工业和信息化主管部门、环境保护主管部门和公安机关备案。安全生产监督管理部门应当会同环境保护主管部门和公安机关对处置情况进行监督检查，发现未依照规定处置的，应当责令其立即处置。

第三章 使用安全

第二十八条 使用危险化学品的单位，其使用条件（包括工艺）应当符合法律、行政法规的规定和国家标准、行业标准的要求，并根据所使用的危险化学品的种类、危险特性以及使用量和使用方式，建立、健全使用危险化学品的安全管理规章制度和安全操作规程，保证危险化学品的安全使用。

第二十九条 使用危险化学品从事生产并且使用量达到规定数量的化工企业（属于危险化学品生产企业的除外，下同），应当依照本条例的规定取得危险化学品安全使用许可证。

前款规定的危险化学品使用量的数量标准，由国务院安全生产监督管理部门会同国务院公安部门、农业主管部门确定并公布。

第三十条 申请危险化学品安全使用许可证的化工企业，除应当符合本条例第二十八条的规定外，还应当具备下列条件。

（一）有与所使用的危险化学品相适应的专业技术人员。

（二）有安全管理机构和专职安全管理人员。

（三）有符合国家规定的危险化学品事故应急预案和必要的应急救援器材、设备。

（四）依法进行了安全评价。

第三十一条 申请危险化学品安全使用许可证的化工企业，应当向所在地设区的市级人民政府安全生产监督管理部门提出申请，并提交其符合本条例第三十条规定条件的证明材料。设区的市级人民政府安全生产监督管理部门应当依法进行审查，自收到证明材料之日起 45 日内做出批准或者不予批准的决定。予以批准的，颁发危险化学品安全使用许可证；不予批准的，书面通知申请人并说明理由。

安全生产监督管理部门应当将其颁发危险化学品安全使用许可证的情况及时向同级环境保护主管部门和公安机关通报。

第三十二条 本条例第十六条关于生产实施重点环境管理的危险化学品的企业的规定，适用于使用实施重点环境管理的危险化学品从事生产的企业；第二十条、第二十一条、第二十三条第一款、第二十七条关于生产、储存危险化学品的单位的规定，适用于使用危险化学品的单位；第二十二条关于生产、储存危险化学品的企业的规定，适用于使用危险化学品从事生产的企业。

第四章 经营安全

第三十三条 国家对危险化学品经营（包括仓储经营，下同）实行许可制度。未经许可，任何单位和个人不得经营危险化学品。

依法设立的危险化学品生产企业在其厂区范围内销售本企业生产的危险化学品，不需要取得危险化学品经营许可。

依照《中华人民共和国港口法》的规定取得港口经营许可证的港口经营人，在港区内从事危险化学品仓储经营，不需要取得危险化学品经营许可。

第三十四条 从事危险化学品经营的企业应当具备下列条件：

（一）有符合国家标准、行业标准的经营场所，储存危险化学品的，还应当有符合国家标准、行业标准的储存设施。

（二）从业人员经过专业技术培训并经考核合格。

（三）有健全的安全管理规章制度。

（四）有专职安全管理人员。

（五）有符合国家规定的危险化学品事故应急预案和必要的应急救援器材、设备。

（六）法律、法规规定的其他条件。

第三十五条 从事剧毒化学品、易制爆危险化学品经营的企业，应当向所在地设区的市级人民政府安全生产监督管理部门提出申请，从事其他危险化学品经营的企业，应当向所在地县级人民政府安全生产监督管理部门提出申请（有储存设施的，应当向所在地设区的市级人民政府安全生产监督管理部门提出申请）。申请人应当提交其符合本条例第三十四条规定条件的证明材料。设区的市级人民政府安全生产监督管理部门或者县级人民政府安全生产监督管理部门应当依法进行审查，并对申请人的经营场所、储存设施进行现场核查，自收到证明材料之日起30日内做出批准或者不予批准的决定。予以批准的，颁发危险化学品经营许可证；不予批准的，书面通知申请人并说明理由。

设区的市级人民政府安全生产监督管理部门和县级人民政府安全生产监督管理部门应当将其颁发危险化学品经营许可证的情况及时向同级环境保护主管部门和公安机关通报。

申请人持危险化学品经营许可证向工商行政管理部门办理登记手续后，方可从事危险化学品经营活动。法律、行政法规或者国务院规定经营危险化学品还需要经其他有关部门许可的，申请人向工商行政管理部门办理登记手续时还应当持相应的许可证件。

第三十六条 危险化学品经营企业储存危险化学品的，应当遵守本条例第二章关于储存危险化学品的规定。危险化学品商店内只能存放民用小包装的危险化学品。

第三十七条 危险化学品经营企业不得向未经许可从事危险化学品生产、经营活动的企业采购危险化学品，不得经营没有化学品安全技术说明书或者化学品安全标签的危险化学品。

第三十八条 依法取得危险化学品安全生产许可证、危险化学品安全使用许可证、危险化学品经营许可证的企业，凭相应的许可证件购买剧毒化学品、易制爆危险化学品。民用爆炸物品生产企业凭民用爆炸物品生产许可证购买易制爆危险化学品。

前款规定以外的单位购买剧毒化学品的，应当向所在地县级人民政府公安机关申请取得剧毒化学品购买许可证；购买易制爆危险化学品的，应当持本单位出具的合法用途说明。

个人不得购买剧毒化学品（属于剧毒化学品的农药除外）和易制爆危险化学品。

第三十九条 申请取得剧毒化学品购买许可证，申请人应当向所在地县级人民政府公安机关提交下列材料：

（一）营业执照或者法人证书（登记证书）的复印件。

（二）拟购买的剧毒化学品品种、数量的说明。

（三）购买剧毒化学品用途的说明。

（四）经办人的身份证明。

县级人民政府公安机关应当自收到前款规定的材料之日起3日内，做出批准或者不予批准的决定。予以批准的，颁发剧毒化学品购买许可证；不予批准的，书面通知申请人并说明理由。

剧毒化学品购买许可证管理办法由国务院公安部门制定。

第四十条 危险化学品生产企业、经营企业销售剧毒化学品、易制爆危险化学品，应当查验本条例第三十八条第一款、第二款规定的相关许可证件或者证明文件，不得向不具有相关许可证件或者证明文件的单位销售剧毒化学品、易制爆危险化学品。对持剧毒化学品购买许可证购买剧毒化学品的，应当按照许可证载明的品种、数量销售。

禁止向个人销售剧毒化学品（属于剧毒化学品的农药除外）和易制爆危险化学品。

第四十一条 危险化学品生产企业、经营企业销售剧毒化学品、易制爆危险化学品，应当如实记录购买单位的名称、地址、经办人的姓名、身份证号码以及所购买的剧毒化学品、易制爆危险化学品的品种、数量、用途。销售记录以及经办人的身份证明复印件、相关许可证件复印件或者证明文件的保存期限不得少于1年。

剧毒化学品、易制爆危险化学品的销售企业、购买单位应当在销售、购买后5日内，将所销售、购买的剧毒化学品、易制爆危险化学品的品种、数量以及流向信息报所在地县级人民政府公安机关备案，并输入计算机系统。

第四十二条 使用剧毒化学品、易制爆危险化学品的单位不得出借、转让其购买的剧毒化学品、易制爆危险化学品；因转产、停产、搬迁、关闭等确需转让的，应当向具有本条例第三十八条第一款、第二款规定的相关许可证件或者证明文件的单位转让，并在转让后将有关情况及时向所在地县级人民政府公安机关报告。

第五章 运输安全

第四十三条 从事危险化学品道路运输、水路运输的，应当分别依照有关道路运输、水路运输的法律、行政法规的规定，取得危险货物道路运输许可、危险货物水路运输许可，并向工商行政管理部门办理登记手续。

危险化学品道路运输企业、水路运输企业应当配备专职安全管理人员。

第四十四条 危险化学品道路运输企业、水路运输企业的驾驶人员、船员、装卸管理人员、押运人员、申报人员、集装箱装箱现场检查员应当经交通运输主管部门考核合格，取得从业资格。具体办法由国务院交通运输主管部门制定。

危险化学品的装卸作业应当遵守安全作业标准、规程和制度，并在装卸管理人员的现场指挥或者监控下进行。水路运输危险化学品的集装箱装箱作业应当在集装箱装箱现场检查员的指挥或者监控下进行，并符合积载、隔离的规范和要求；装箱作业完毕后，集装箱装箱现场检查员应当签署装箱证明书。

第四十五条 运输危险化学品，应当根据危险化学品的危险特性采取相应的安全防护措施，并配备必要的防护用品和应急救援器材。

用于运输危险化学品的槽罐以及其他容器应当封口严密，能够防止危险化学品在运输过程中因温度、湿度或者压力的变化发生渗漏、洒漏；槽罐以及其他容器的溢流和泄压装置应当设置准确、起闭灵活。

运输危险化学品的驾驶人员、船员、装卸管理人员、押运人员、申报人员、集装箱装箱现场检查员，应当了解所运输的危险化学品的危险特性及其包装物、容器的使用要求和出现危险情况时的应急处置方法。

第四十六条 通过道路运输危险化学品的，托运人应当委托依法取得危险货物道路运输许可的企业承运。

第四十七条 通过道路运输危险化学品的，应当按照运输车辆的核定载质量装载危险化学品，不得超载。

危险化学品运输车辆应当符合国家标准要求的安全技术条件，并按照国家有关规定定期进行安全技术检验。

危险化学品运输车辆应当悬挂或者喷涂符合国家标准要求的警示标志。

第四十八条 通过道路运输危险化学品的，应当配备押运人员，并保证所运输的危险化学品处于押运人员的监控之下。

运输危险化学品途中因住宿或者发生影响正常运输的情况，需要较长时间停车的，驾驶人员、押运人员应当采取相应的安全防范措施；运输剧毒化学品或者易制爆危险化学品的，还应当向当地公安机关报告。

第四十九条 未经公安机关批准，运输危险化学品的车辆不得进入危险化学品运输车辆限制通行的区域。危险化学品运输车辆限制通行的区域由县级人民政府公安机关划定，并设置明显的标志。

第五十条 通过道路运输剧毒化学品的，托运人应当向运输始发地或者目的地县级人民政府公安机关申请剧毒化学品道路运输通行证。

申请剧毒化学品道路运输通行证，托运人应当向县级人民政府公安机关提交下列材料：

（一）拟运输的剧毒化学品品种、数量的说明。

（二）运输始发地、目的地、运输时间和运输路线的说明。

（三）承运人取得危险货物道路运输许可、运输车辆取得营运证以及驾驶人员、押运人员取得上岗资格的证明文件。

（四）本条例第三十八条第一款、第二款规定的购买剧毒化学品的相关许可证件，或者海关出具的进出口证明文件。

县级人民政府公安机关应当自收到前款规定的材料之日起 7 日内，做出批准或者不予批准的决定。予以批准的，颁发剧毒化学品道路运输通行证；不予批准的，书面通知申请人并说明理由。

剧毒化学品道路运输通行证管理办法由国务院公安部门制定。

第五十一条 剧毒化学品、易制爆危险化学品在道路运输途中丢失、被盗、被抢或者出现流散、泄漏等情况的，驾驶人员、押运人员应当立即采取相应的警示措施和安全措施，并向当地公安机关报告。公安机关接到报告后，应当根据实际情况立即向安全生产监督管理部门、环境保护主管部门、卫生主管部门通报。有关部门应当采取必要的应急处置措施。

第五十二条 通过水路运输危险化学品的，应当遵守法律、行政法规以及国务院交通运输主管部门关于危险货物水路运输安全的规定。

第五十三条 海事管理机构应当根据危险化学品的种类和危险特性，确定船舶运输危险化学品的相关安全运输条件。

拟交付船舶运输的化学品的相关安全运输条件不明确的，应当经国家海事管理机构认定的机构进行评估，明确相关安全运输条件并经海事管理机构确认后，方可交付船舶运输。

第五十四条 禁止通过内河封闭水域运输剧毒化学品以及国家规定禁止通过内河运输的其他危险化学品。

前款规定以外的内河水域，禁止运输国家规定禁止通过内河运输的剧毒化学品以及其他危险化学品。

禁止通过内河运输的剧毒化学品以及其他危险化学品的范围，由国务院交通运输主管部门会同国务院环境保护主管部门、工业和信息化主管部门、安全生产监督管理部门，根据危险化学品的危险特性、危险化学品对人体和水环境的危害程度以及消除危害后果的难易程度等因素规定并公布。

第五十五条 国务院交通运输主管部门应当根据危险化学品的危险特性，对通过内河运输本条例第五十四条规定以外的危险化学品（以下简称通过内河运输危险化学品）实行分类管理，对各类危险化学品的运输方式、包装规范和安全防护措施等分别做出规定并监督实施。

第五十六条 通过内河运输危险化学品，应当由依法取得危险货物水路运输许可的水路运输企业承运，其他单位和个人不得承运。托运人应当委托依法取得危险货物水路运输许可的水路运输企业承运，不得委托其他单位和个人承运。

第五十七条 通过内河运输危险化学品，应当使用依法取得危险货物适装证书的运输船舶。水路运输企业应当针对所运输的危险化学品的危险特性，制订运输船舶危险化学品事故应急救援预案，并为运输船舶配备充足、有效的应急救援器材和设备。

通过内河运输危险化学品的船舶，其所有人或者经营人应当取得船舶污染损害责任保险证书或者财务担保证明。船舶污染损害责任保险证书或者财务担保证明的副本应当随船携带。

第五十八条 通过内河运输危险化学品，危险化学品包装物的材质、型式、强度以及包装方法应当符合水路运输危险化学品包装规范的要求。国务院交通运输主管部门对单船运输的危险化学品数量有限制性规定的，承运人应当按照规定安排运输数量。

第五十九条 用于危险化学品运输作业的内河码头、泊位应当符合国家有关安全规范，与饮用水取水口保持国家规定的距离。有关管理单位应当制定码头、泊位危险化学品事故应急预案，并为码头、泊位配备充足、有效的应急救援器材和设备。

用于危险化学品运输作业的内河码头、泊位，经交通运输主管部门按照国家有关规定验收合格后方可投入使用。

第六十条 船舶载运危险化学品进出内河港口，应当将危险化学品的名称、危险特性、包装以及进出港时间等事项，事先报告海事管理机构。海事管理机构接到报告后，应当在国务院交通运输主管部门规定的时间内做出是否同意的决定，通知报告人，同时通报港口行政管理部门。定船舶、定航线、定货种的船舶可以定期报告。

在内河港口内进行危险化学品的装卸、过驳作业，应当将危险化学品的名称、危险特性、包装和作业的时间、地点等事项报告港口行政管理部门。港口行政管理部门接到报告后，应当在国务院交通运输主管部门规定的时间内做出是否同意的决定，通知报告人，同时通报海事管理机构。

载运危险化学品的船舶在内河航行，通过过船建筑物的，应当提前向交通运输主管部门申报，并接受交通运输主管部门的管理。

第六十一条 载运危险化学品的船舶在内河航行、装卸或者停泊，应当悬挂专用的警示标志，按照规定显示专用信号。

载运危险化学品的船舶在内河航行，按照国务院交通运输主管部门的规定需要引航的，应当申请引航。

第六十二条 载运危险化学品的船舶在内河航行，应当遵守法律、行政法规和国家其他有关饮用水水源保护的规定。内河航道发展规划应当与依法经批准的饮用水水源保护区划定方案相协调。

第六十三条 托运危险化学品的，托运人应当向承运人说明所托运的危险化学品的种类、数量、危险特性以及发生危险情况的应急处置措施，并按照国家有关规定对所托运的危险化学品妥善包装，在外包装上设置相应的标志。

运输危险化学品需要添加抑制剂或者稳定剂的，托运人应当添加，并将有关情况告知承运人。

第六十四条 托运人不得在托运的普通货物中夹带危险化学品，不得将危险化学品匿报或者谎报为普通货物托运。

任何单位和个人不得交寄危险化学品或者在邮件、快件内夹带危险化学品，不得将危险化学品匿报或者谎报为普通物品交寄。邮政企业、快递企业不得收寄危险化学品。

对涉嫌违反本条第一款、第二款规定的，交通运输主管部门、邮政管理部门可以依法开拆查验。

第六十五条 通过铁路、航空运输危险化学品的安全管理，依照有关铁路、航空运输的法律、行政法规、规章的规定执行。

第六章 危险化学品登记与事故应急救援

第六十六条 国家实行危险化学品登记制度，为危险化学品安全管理以及危险化学品事故预防和应急救援提供技术、信息支持。

第六十七条 危险化学品生产企业、进口企业，应当向国务院安全生产监督管理部门负责危险化学品登记的机构（以下简称危险化学品登记机构）办理危险化学品登记。

危险化学品登记包括下列内容：

（一）分类和标签信息。

（二）物理、化学性质。

（三）主要用途。

（四）危险特性。

（五）储存、使用、运输的安全要求。

（六）出现危险情况的应急处置措施。

对同一企业生产、进口的同一品种的危险化学品，不进行重复登记。危险化学品生产企业、进口企业发现其生产、进口的危险化学品有新的危险特性的，应当及时向危险化学品登记机构办理登记内容变更手续。

危险化学品登记的具体办法由国务院安全生产监督管理部门制定。

第六十八条 危险化学品登记机构应当定期向工业和信息化、环境保护、公安、卫生、交通运输、铁路、质量监督检验检疫等部门提供危险化学品登记的有关信息和资料。

第六十九条 县级以上地方人民政府安全生产监督管理部门应当会同工业和信息化、环境保护、公安、卫生、交通运输、铁路、质量监督检验检疫等部门，根据本地区实际情况，制订危险化学品事故应急预案，报本级人民政府批准。

第七十条 危险化学品单位应当制订本单位危险化学品事故应急预案，配备应急救援人员和必要的应急救援器材、设备，并定期组织应急救援演练。

危险化学品单位应当将其危险化学品事故应急预案报所在地设区的市级人民政府安全生产监督管理部门备案。

第七十一条 发生危险化学品事故，事故单位主要负责人应当立即按照本单位危险化学品应急预案组织救援，并向当地安全生产监督管理部门和环境保护、公安、卫生主管部门报告；道路运输、水路运输过程中发生危险化学品事故的，驾驶人员、船员或者押运人员还应当向事故发生地交通运输主管部门报告。

第七十二条 发生危险化学品事故，有关地方人民政府应当立即组织安全生产监督管理、环境保护、公安、卫生、交通运输等有关部门，按照本地区危险化学品事故应急预案组织实施救援，不得拖延、推诿。

有关地方人民政府及其有关部门应当按照下列规定，采取必要的应急处置措施，减少事故损失，防止事故蔓延、扩大。

（一）立即组织营救和救治受害人员，疏散、撤离或者采取其他措施保护危害区域内的其他人员。

（二）迅速控制危害源，测定危险化学品的性质、事故的危害区域及危害程度。

（三）针对事故对人体、动植物、土壤、水源、大气造成的现实危害和可能产生的危害，迅速采取封闭、隔离、洗消等措施。

（四）对危险化学品事故造成的环境污染和生态破坏状况进行监测、评估，并采取相应的环境污染治理和生态修复措施。

第七十三条 有关危险化学品单位应当为危险化学品事故应急救援提供技术指导和必要的协助。

第七十四条 危险化学品事故造成环境污染的，由设区的市级以上人民政府环境保护主管部门统一发布有关信息。

第七章　法律责任

第七十五条　生产、经营、使用国家禁止生产、经营、使用的危险化学品的，由安全生产监督管理部门责令停止生产、经营、使用活动，处20万元以上50万元以下的罚款，有违法所得的，没收违法所得；构成犯罪的，依法追究刑事责任。

有前款规定行为的，安全生产监督管理部门还应当责令其对所生产、经营、使用的危险化学品进行无害化处理。

违反国家关于危险化学品使用的限制性规定使用危险化学品的，依照本条第一款的规定处理。

第七十六条　未经安全条件审查，新建、改建、扩建生产、储存危险化学品的建设项目的，由安全生产监督管理部门责令停止建设，限期改正；逾期不改正的，处50万元以上100万元以下的罚款；构成犯罪的，依法追究刑事责任。

未经安全条件审查，新建、改建、扩建储存、装卸危险化学品的港口建设项目的，由港口行政管理部门依照前款规定予以处罚。

第七十七条　未依法取得危险化学品安全生产许可证从事危险化学品生产，或者未依法取得工业产品生产许可证从事危险化学品及其包装物、容器生产的，分别依照《安全生产许可证条例》、《中华人民共和国工业产品生产许可证管理条例》的规定处罚。

违反本条例规定，化工企业未取得危险化学品安全使用许可证，使用危险化学品从事生产的，由安全生产监督管理部门责令限期改正，处10万元以上20万元以下的罚款；逾期不改正的，责令停产整顿。

违反本条例规定，未取得危险化学品经营许可证从事危险化学品经营的，由安全生产监督管理部门责令停止经营活动，没收违法经营的危险化学品以及违法所得，并处10万元以上20万元以下的罚款；构成犯罪的，依法追究刑事责任。

第七十八条　有下列情形之一的，由安全生产监督管理部门责令改正，可以处5万元以下的罚款；拒不改正的，处5万元以上10万元以下的罚款；情节严重的，责令停产停业整顿：

（一）生产、储存危险化学品的单位未对其铺设的危险化学品管道设置明显的标志，或者未对危险化学品管道定期检查、检测的。

（二）进行可能危及危险化学品管道安全的施工作业，施工单位未按照规定书面通知管道所属单位，或者未与管道所属单位共同制订应急预案、采取相应的安全防护措施，或者管道所属单位未指派专门人员到现场进行管道安全保护指导的。

（三）危险化学品生产企业未提供化学品安全技术说明书，或者未在包装（包括外包装件）上粘贴、拴挂化学品安全标签的。

（四）危险化学品生产企业提供的化学品安全技术说明书与其生产的危险化学品不相符，或者在包装（包括外包装件）粘贴、拴挂的化学品安全标签与包装内危险化学品不相符，或者化学品安全技术说明书、化学品安全标签所载明的内容不符合国家标准要求的。

（五）危险化学品生产企业发现其生产的危险化学品有新的危险特性不立即公告，或者不及时修订其化学品安全技术说明书和化学品安全标签的。

（六）危险化学品经营企业经营没有化学品安全技术说明书和化学品安全标签的危险化学品的。

（七）危险化学品包装物、容器的材质以及包装的型式、规格、方法和单件质量（重量）与所包装的危险化学品的性质和用途不相适应的。

（八）生产、储存危险化学品的单位未在作业场所和安全设施、设备上设置明显的安全警示标志，或者未在作业场所设置通信、报警装置的。

（九）危险化学品专用仓库未设专人负责管理，或者对储存的剧毒化学品以及储存数量构成重大危险源的其他危险化学品未实行双人收发、双人保管制度的。

（十）储存危险化学品的单位未建立危险化学品出入库核查、登记制度的。

（十一）危险化学品专用仓库未设置明显标志的。

（十二）危险化学品生产企业、进口企业不办理危险化学品登记，或者发现其生产、进口的危险化学品有新的危险特性不办理危险化学品登记内容变更手续的。

从事危险化学品仓储经营的港口经营人有前款规定情形的，由港口行政管理部门依照前款规定予以处罚。储存剧毒化学品、易制爆危险化学品的专用仓库未按照国家有关规定设置相应的技术防范设施的，由公安机关依照前款规定予以处罚。

生产、储存剧毒化学品、易制爆危险化学品的单位未设置治安保卫机构、配备专职治安保卫人员的，依照《企业事业单位内部治安保卫条例》的规定处罚。

第七十九条　危险化学品包装物、容器生产企业销售未经检验或者经检验不合格的危险化学品包装物、容器的，由质量监督检验检疫部门责令改正，处10万元以上20万元以下的罚款，有违法所得的，没收违法所得；拒不改正的，责令停产停业整顿；构成犯罪的，依法追究刑事责任。

将未经检验合格的运输危险化学品的船舶及其配载的容器投入使用的，由海事管理机构依照前款规定予以处罚。

第八十条　生产、储存、使用危险化学品的单位有下列情形之一的，由安全生产监督管理部门责令改正，处5万元以上10万元以下的罚款；拒不改正的，责令停产停业整顿直至由原发证机关吊销其相关许可证件，并由工商行政管理部门责令其办理经营范围变更登记或者吊销其营业执照；有关责任人员构成犯罪的，依法追究刑事责任：

（一）对重复使用的危险化学品包装物、容器，在重复使用前不进行检查的。

（二）未根据其生产、储存的危险化学品的种类和危险特性，在作业场所设置相关安全设施、设备，或者未按照国家标准、行业标准或者国家有关规定对安全设施、设备进行经常性维护、保养的。

（三）未依照本条例规定对其安全生产条件定期进行安全评价的。

（四）未将危险化学品储存在专用仓库内，或者未将剧毒化学品以及储存数量构成重大危险源的其他危险化学品在专用仓库内单独存放的。

（五）危险化学品的储存方式、方法或者储存数量不符合国家标准或者国家有关规定的。

（六）危险化学品专用仓库不符合国家标准、行业标准的要求的。

（七）未对危险化学品专用仓库的安全设施、设备定期进行检测、检验的。

从事危险化学品仓储经营的港口经营人有前款规定情形的，由港口行政管理部门依照前款规定予以处罚。

第八十一条 有下列情形之一的，由公安机关责令改正，可以处 1 万元以下的罚款；拒不改正的，处 1 万元以上 5 万元以下的罚款：

（一）生产、储存、使用剧毒化学品、易制爆危险化学品的单位不如实记录生产、储存、使用的剧毒化学品、易制爆危险化学品的数量、流向的。

（二）生产、储存、使用剧毒化学品、易制爆危险化学品的单位发现剧毒化学品、易制爆危险化学品丢失或者被盗，不立即向公安机关报告的。

（三）储存剧毒化学品的单位未将剧毒化学品的储存数量、储存地点以及管理人员的情况报所在地县级人民政府公安机关备案的。

（四）危险化学品生产企业、经营企业不如实记录剧毒化学品、易制爆危险化学品购买单位的名称、地址、经办人的姓名、身份证号码以及所购买的剧毒化学品、易制爆危险化学品的品种、数量、用途，或者保存销售记录和相关材料的时间少于 1 年的。

（五）剧毒化学品、易制爆危险化学品的销售企业、购买单位未在规定的时限内将所销售、购买的剧毒化学品、易制爆危险化学品的品种、数量以及流向信息报所在地县级人民政府公安机关备案的。

（六）使用剧毒化学品、易制爆危险化学品的单位依照本条例规定转让其购买的剧毒化学品、易制爆危险化学品，未将有关情况向所在地县级人民政府公安机关报告的。

生产、储存危险化学品的企业或者使用危险化学品从事生产的企业未按照本条例规定将安全评价报告以及整改方案的落实情况报安全生产监督管理部门或者港口行政管理部门备案，或者储存危险化学品的单位未将其剧毒化学品以及储存数量构成重大危险源的其他危险化学品的储存数量、储存地点以及管理人员的情况报安全生产监督管理部门或者港口行政管理部门备案的，分别由安全生产监督管理部门或者港口行政管理部门依照前款规定予以处罚。

生产实施重点环境管理的危险化学品的企业或者使用实施重点环境管理的危险化学品从事生产的企业未按照规定将相关信息向环境保护主管部门报告的，由环境保护主管部门依照本条第一款的规定予以处罚。

第八十二条 生产、储存、使用危险化学品的单位转产、停产、停业或者解散，未采取有效措施及时、妥善处置其危险化学品生产装置、储存设施以及库存的危险化学品，或者丢弃危险化学品的，由安全生产监督管理部门责令改正，处 5 万元以上 10 万元以下的罚款；构成犯罪的，依法追究刑事责任。

生产、储存、使用危险化学品的单位转产、停产、停业或者解散，未依照本条例规定将其危险化学品生产装置、储存设施以及库存危险化学品的处置方案报有关部门备案的，分别由有关部门责令改正，可以处 1 万元以下的罚款；拒不改正的，处 1 万元以上 5 万元以下的罚款。

第八十三条 危险化学品经营企业向未经许可违法从事危险化学品生产、经营活动的企业采购危险化学品的，由工商行政管理部门责令改正，处 10 万元以上 20 万元以下的罚款；拒不改正的，责令停业整顿直至由原发证机关吊销其危险化学品经营许可证，并由工商行政管理部门责令其办理经营范围变更登记或者吊销其营业执照。

第八十四条 危险化学品生产企业、经营企业有下列情形之一的，由安全生产监督管理部门责令改正，没收违法所得，并处10万元以上20万元以下的罚款；拒不改正的，责令停产停业整顿直至吊销其危险化学品安全生产许可证、危险化学品经营许可证，并由工商行政管理部门责令其办理经营范围变更登记或者吊销其营业执照：

（一）向不具有本条例第三十八条第一款、第二款规定的相关许可证件或者证明文件的单位销售剧毒化学品、易制爆危险化学品的。

（二）不按照剧毒化学品购买许可证载明的品种、数量销售剧毒化学品的。

（三）向个人销售剧毒化学品（属于剧毒化学品的农药除外）、易制爆危险化学品的。

不具有本条例第三十八条第一款、第二款规定的相关许可证件或者证明文件的单位购买剧毒化学品、易制爆危险化学品，或者个人购买剧毒化学品（属于剧毒化学品的农药除外）、易制爆危险化学品的，由公安机关没收所购买的剧毒化学品、易制爆危险化学品，可以并处5000元以下的罚款。

使用剧毒化学品、易制爆危险化学品的单位出借或者向不具有本条例第三十八条第一款、第二款规定的相关许可证件的单位转让其购买的剧毒化学品、易制爆危险化学品，或者向个人转让其购买的剧毒化学品（属于剧毒化学品的农药除外）、易制爆危险化学品的，由公安机关责令改正，处10万元以上20万元以下的罚款；拒不改正的，责令停产停业整顿。

第八十五条 未依法取得危险货物道路运输许可、危险货物水路运输许可，从事危险化学品道路运输、水路运输的，分别依照有关道路运输、水路运输的法律、行政法规的规定处罚。

第八十六条 有下列情形之一的，由交通运输主管部门责令改正，处5万元以上10万元以下的罚款；拒不改正的，责令停产停业整顿；构成犯罪的，依法追究刑事责任：

（一）危险化学品道路运输企业、水路运输企业的驾驶人员、船员、装卸管理人员、押运人员、申报人员、集装箱装箱现场检查员未取得从业资格上岗作业的。

（二）运输危险化学品，未根据危险化学品的危险特性采取相应的安全防护措施，或者未配备必要的防护用品和应急救援器材的。

（三）使用未依法取得危险货物适装证书的船舶，通过内河运输危险化学品的。

（四）通过内河运输危险化学品的承运人违反国务院交通运输主管部门对单船运输的危险化学品数量的限制性规定运输危险化学品的。

（五）用于危险化学品运输作业的内河码头、泊位不符合国家有关安全规范，或者未与饮用水取水口保持国家规定的安全距离，或者未经交通运输主管部门验收合格投入使用的。

（六）托运人不向承运人说明所托运的危险化学品的种类、数量、危险特性以及发生危险情况的应急处置措施，或者未按照国家有关规定对所托运的危险化学品妥善包装并在外包装上设置相应标志的。

（七）运输危险化学品需要添加抑制剂或者稳定剂，托运人未添加或者未将有关情况告知承运人的。

第八十七条 有下列情形之一的，由交通运输主管部门责令改正，处10万元以上20万元以下的罚款，有违法所得的，没收违法所得；拒不改正的，责令停产停业整顿；构成犯罪的，依法追究刑事责任：

（一）委托未依法取得危险货物道路运输许可、危险货物水路运输许可的企业承运危险化学品的。

（二）通过内河封闭水域运输剧毒化学品以及国家规定禁止通过内河运输的其他危险化学品的。

（三）通过内河运输国家规定禁止通过内河运输的剧毒化学品以及其他危险化学品的。

（四）在托运的普通货物中夹带危险化学品，或者将危险化学品谎报或者匿报为普通货物托运的。

在邮件、快件内夹带危险化学品，或者将危险化学品谎报为普通物品交寄的，依法给予治安管理处罚；构成犯罪的，依法追究刑事责任。

邮政企业、快递企业收寄危险化学品的，依照《中华人民共和国邮政法》的规定处罚。

第八十八条 有下列情形之一的，由公安机关责令改正，处5万元以上10万元以下的罚款；构成违反治安管理行为的，依法给予治安管理处罚；构成犯罪的，依法追究刑事责任。

（一）超过运输车辆的核定载质量装载危险化学品的。

（二）使用安全技术条件不符合国家标准要求的车辆运输危险化学品的。

（三）运输危险化学品的车辆未经公安机关批准进入危险化学品运输车辆限制通行的区域的。

（四）未取得剧毒化学品道路运输通行证，通过道路运输剧毒化学品的。

第八十九条 有下列情形之一的，由公安机关责令改正，处1万元以上5万元以下的罚款；构成违反治安管理行为的，依法给予治安管理处罚。

（一）危险化学品运输车辆未悬挂或者喷涂警示标志，或者悬挂或者喷涂的警示标志不符合国家标准要求的。

（二）通过道路运输危险化学品，不配备押运人员的。

（三）运输剧毒化学品或者易制爆危险化学品途中需要较长时间停车，驾驶人员、押运人员不向当地公安机关报告的。

（四）剧毒化学品、易制爆危险化学品在道路运输途中丢失、被盗、被抢或者发生流散、泄漏等情况，驾驶人员、押运人员不采取必要的警示措施和安全措施，或者不向当地公安机关报告的。

第九十条 对发生交通事故负有全部责任或者主要责任的危险化学品道路运输企业，由公安机关责令消除安全隐患，未消除安全隐患的危险化学品运输车辆，禁止上道路行驶。

第九十一条 有下列情形之一的，由交通运输主管部门责令改正，可以处1万元以下的罚款；拒不改正的，处1万元以上5万元以下的罚款。

（一）危险化学品道路运输企业、水路运输企业未配备专职安全管理人员的。

（二）用于危险化学品运输作业的内河码头、泊位的管理单位未制订码头、泊位危险化学品事故应急救援预案，或者未为码头、泊位配备充足、有效的应急救援器材和设备的。

第九十二条 有下列情形之一的，依照《中华人民共和国内河交通安全管理条例》的规定处罚。

（一）通过内河运输危险化学品的水路运输企业未制订运输船舶危险化学品事故应急救援预案，或者未为运输船舶配备充足、有效的应急救援器材和设备的。

（二）通过内河运输危险化学品的船舶的所有人或者经营人未取得船舶污染损害责任保险证书或者财务担保证明的。

（三）船舶载运危险化学品进出内河港口，未将有关事项事先报告海事管理机构并经其同意的。

（四）载运危险化学品的船舶在内河航行、装卸或者停泊，未悬挂专用的警示标志，或者未按照规定显示专用信号，或者未按照规定申请引航的。

未向港口行政管理部门报告并经其同意，在港口内进行危险化学品的装卸、过驳作业的，依照《中华人民共和国港口法》的规定处罚。

第九十三条 伪造、变造或者出租、出借、转让危险化学品安全生产许可证、工业产品生产许可证，或者使用伪造、变造的危险化学品安全生产许可证、工业产品生产许可证的，分别依照《安全生产许可证条例》、《中华人民共和国工业产品生产许可证管理条例》的规定处罚。

伪造、变造或者出租、出借、转让本条例规定的其他许可证，或者使用伪造、变造的本条例规定的其他许可证的，分别由相关许可证的颁发管理机关处10万元以上20万元以下的罚款，有违法所得的，没收违法所得；构成违反治安管理行为的，依法给予治安管理处罚；构成犯罪的，依法追究刑事责任。

第九十四条 危险化学品单位发生危险化学品事故，其主要负责人不立即组织救援或者不立即向有关部门报告的，依照《生产安全事故报告和调查处理条例》的规定处罚。

危险化学品单位发生危险化学品事故，造成他人人身伤害或者财产损失的，依法承担赔偿责任。

第九十五条 发生危险化学品事故，有关地方人民政府及其有关部门不立即组织实施救援，或者不采取必要的应急处置措施减少事故损失，防止事故蔓延、扩大的，对直接负责的主管人员和其他直接责任人员依法给予处分；构成犯罪的，依法追究刑事责任。

第九十六条 负有危险化学品安全监督管理职责的部门的工作人员，在危险化学品安全监督管理工作中滥用职权、玩忽职守、徇私舞弊，构成犯罪的，依法追究刑事责任；尚不构成犯罪的，依法给予处分。

第八章 附 则

第九十七条 监控化学品、属于危险化学品的药品和农药的安全管理，依照本条例的规定执行；法律、行政法规另有规定的，依照其规定。

民用爆炸物品、烟花爆竹、放射性物品、核能物质以及用于国防科研生产的危险化学品的安全管理，不适用本条例。

法律、行政法规对燃气的安全管理另有规定的，依照其规定。

危险化学品容器属于特种设备的，其安全管理依照有关特种设备安全的法律、行政法规的规定执行。

第九十八条 危险化学品的进出口管理，依照有关对外贸易的法律、行政法规、规章的规定执行；进口的危险化学品的储存、使用、经营、运输的安全管理，依照本条例的规定执行。

危险化学品环境管理登记和新化学物质环境管理登记，依照有关环境保护的法律、行政法规、规章的规定执行。危险化学品环境管理登记，按照国家有关规定收取费用。

第九十九条 公众发现、捡拾的无主危险化学品，由公安机关接收。公安机关接收或者有关部门依法没收的危险化学品，需要进行无害化处理的，交由环境保护主管部门组织其认定的专业单位进行处理，或者交由有关危险化学品生产企业进行处理。处理所需费用由国家财政负担。

第一百条 化学品的危险特性尚未确定的，由国务院安全生产监督管理部门、国务院环境保护主管部门、国务院卫生主管部门分别负责组织对该化学品的物理危险性、环境危害性、毒理特性进行鉴定。根据鉴定结果，需要调整危险化学品目录的，依照本条例第三条第二款的规定办理。

第一百零一条 本条例施行前已经使用危险化学品从事生产的化工企业，依照本条例规定需要取得危险化学品安全使用许可证的，应当在国务院安全生产监督管理部门规定的期限内，申请取得危险化学品安全使用许可证。

第一百零二条 本条例自 2011 年 12 月 1 日起施行。

参考文献

[1] 蒋军成．危险化学品安全技术与管理．第三版．北京：化学工业出版社，2015.
[2] 张荣，张晓东．危险化学品安全技术．北京：化学工业出版社，2009.
[3] 孙道兴．危险化学品安全技术与管理．北京：中国纺织出版社，2011.
[4] 蒋军成．化工安全．北京．机械工业出版社，2008.
[5] 王德堂，孙玉叶．化工安全生产技术．天津：天津大学工业出版社，2009.
[6] 苏龙华，蒋清民．危险化学品安全管理．北京：化学工业出版社，2011.
[7] 张述伟．化工单元操作及工艺过程实践．大连：大连理工大学出版社，2015.
[8] 《中华人民共和国安全生产法》(中华人民共和国主席令第十三号).
[9] 《危险化学品安全管理条例》(中华人民共和国国务院令第 645 号).
[10] 孙玉叶．化工安全技术与职业健康．第二版．北京：化学工业出版社，2015.
[11] 陈卫红．职业危害与职业健康安全管理．北京：化学工业出版社，2006.
[12] 田莉瑛．化工工艺基础．北京：化学工业出版社，2013.
[13] 中国石油化工集团公司安全环保局．石油化工安全技术．北京：中国石化出版社，2013.
[14] GB 17914—2013.
[15] GB 17915—2013.
[16] GB 17916—2013.
[17] GB 50016—2014.